模拟电路实验技术

（上　册）

（第3版）

主编　谢礼莹

参编　张　玲　夏鸣凤　王艳琼

重庆大学出版社

内容简介

本书为高等学校实验课系列教材之一。全书分上、下册，上册包括两篇：器件实验基础、模拟电路课程设计，内容有：基础验证性实验、单元电路设计性实验、综合性小系统实验、研究性实验、音频域放大电路设计等。

本书供高等学校工科相关专业实验之用，也可供有关人员参考。

图书在版编目(CIP)数据

模拟电路实验技术.上册/谢礼莹主编.—3版.
—重庆：重庆大学出版社，2012.2(2020.7重印)
高等学校实验课系列教材
ISBN 978-7-5624-3516-7

Ⅰ.①模… Ⅱ.①谢… Ⅲ.①模拟电路—实验—高等学校—教材 Ⅳ.①TN710-33

中国版本图书馆CIP数据核字(2011)第275107号

模拟电路实验技术
(上　册)
(第3版)
主编　谢礼莹
参编　张　玲　夏鸣凤　王艳琼
责任编辑：曾令维　高鸿宽　版式设计：曾令维
责任校对：任卓惠　责任印制：张　策
*
重庆大学出版社出版发行
出版人：饶帮华
社址：重庆市沙坪坝区大学城西路21号
邮编：401331
电话：(023) 88617190　88617185(中小学)
传真：(023) 88617186　88617166
网址：http://www.cqup.com.cn
邮箱：fxk@cqup.com.cn (营销中心)
全国新华书店经销
POD：重庆新生代彩印技术有限公司
*
开本：787mm×1092mm　1/16　印张：12.25　字数：306千
2015年8月第3版　2020年7月第7次印刷
ISBN 978-7-5624-3516-7　定价：35.00元

前言

1995年原国家教委批准的《高等学校工程专科电子技术基础课程教学基本要求》明确指出：电子技术基础是一门实践性很强的课程，它的任务是使学生获得电子技术方面的基本理论基本知识和基本技能，培养学生分析问题和解决问题的能力。

进入21世纪后，电子技术的发展呈现出系统集成化、设计化、用户专用化和测试智能化的态势，为了培养21世纪电子技术人才和适应电子信息时代的发展要求，高等院校的电子技术课程体系结构也随之改革，模拟电路实验技术的内容也亟待拓展和更新。

本教材编写的指导思想是：夯实基本实验技能、突出电子电路基本分析方法和调试方法，引入现代电子新技术、新器件、新电路；同时精选内容，着重创新；编写时更力求思路清晰、深入浅出、文字通顺、图文并茂，便于阅读。

本教材的特点是：在保证基本验证性和训练性实验的基础上，加强了综合性、设计性实验，拓展了利用PSPICE软件的仿真新实验内容、利用ispPAC器件和PAC-Designer软件在系统可编程开发设计的实验内容。例如书中引入的电子电路计算机辅助分析与设计技术就可以使各位读者体会到这类仿真实验在很大程度上弥补了硬件实验在对电路的温度分析、参数分析、性能分析以及最坏情况分析方面的不足；ispPAC器件和PAC-Designer软件的开发实验则为学生建立了从集成模拟器件的开发设计到设计结果下载到芯片进行验证的完整实验模式；全书强调对实验结果的分析和调试，注重于引导学生把传统的验证性测试实验转变为主动的调试与研究性实验，充分激发学生在实践环节中的自主学习热情。

总之，模拟电路实验应当突出基本技能、强调设计性综合应用能力、创新能力和计算机应用能力的训练，以适应培养面向21世纪创新人才的要求。

全书分为上、下两册，在主要内容上，按照模拟电路实验的性质将所有实验分为基础验证性和训练性实验、设计性实验、综合性实验三大类。又按照实验材料和实验平台将整个课程的实验分为硬件实验和计算机辅助分析实验两大类。

其中基础验证性和训练性实验主要是培养和训练学生熟练掌握常用电子仪器来完成基本的单元电路实验;综合性、设计性实验则通过较系统的实践能力锻炼,使学生初步具有模拟电子线路的工程设计、安装调试技能,提高独立分析和处理实际问题的能力;而另一层次的利用 PSPICE 软件的仿真实验则使学生掌握了电路仿真分析、调试的技能,利用 ispPAC 器件和 PAC-Designer 软件的开发实验又为学生提供了集成模拟电路系统编程设计环境,拓展并延续了模拟电子技术的集成化、设计化、用户专用化和测试智能化实验思路。

本教材的教学基本要求是:书中的每个基本实验需 3 ~ 4 学时内完成,综合性设计实验则须安排较多的学时数。为了达到实验目的,应要求学生做好实验前的预习,实验中应独立思考,认真完成实验规定内容。实验结束后,能写出完整的实验报告,分析实验数据,提出实验处理建议,以加强对实验效果的分析和理解。

本教材适用于不同院校、各种层次专业(电类、非电类)的模拟电路实验课程教学;其最大优点是它适合这类课程的开放式教学,因为教材在实验内容、实验材料、实验平台和实验学时的安排上可以使教师和学生有很宽松的参考选择余地。

本教材的参考教学时数为:硬件实验 12 ~ 36 学时,仿真实验 8 ~ 20 学时,课程设计则为一周或 20 机时。

本教材由谢礼莹担任主编,曾孝平教授担任主审。

全书共分 4 篇,谢礼莹编写第 1 篇、第 3 篇;张玲编写第 2 篇;王艳琼编写第 4 篇;夏鸣凤、潘银松分别参与了第 1 篇、第 3 篇的编写。谢礼莹负责全书统稿。

本教材首先得到重庆大学教务处以及通信工程学院及基础实验教学中心各级领导的大力支持,同时也得到了电气工程学院、光电信息工程学院有关教师的技术支持,在此一并表示深切的谢意!

由于编者水平有限,时间仓促,书中难免还存在一些缺点和错误,其中如有不妥或错漏之处,殷切希望广大读者批评指正!

编　者

2015 年 6 月

模拟电路实验技术基本符号说明

(1)几点原则

1)电流和电压(以基极电流为例)

$I_{B(AV)}$	表示直流平均值
$I_B I_{(BQ)}$	大写字母、大写下标,表示直流量(或静态电流)
i_B	小写字母、大字下标,表示包含直流量的瞬时总量
I_b	大写字母、小写下标,表示交流有效值
i_b	小写字母、小写下标,表示交流瞬时值
$\dot{I}_b$	表示交流复数值
ΔI_B	表示直流变化量
Δi_B	表示直流瞬时值的变化量

2)电阻

R	电路中的电阻或等效电阻
r	器件内部的等效电阻

(2)基本符号

1)电流和电压

I,i	电流的通用符号
U,u	电压的通用符号
I_f,U_f	反馈电流、电压
I_i,U_i	交流输入电流、电压
I_o,U_o	交流输出电流、电压
I_Q,U_Q	电流、电压静态值
I_R,U_R或I_{REF},U_{REF}	参考电流、电压
i_P,u_P	集成运放同相输入电流、电压
i_N,u_N	集成运放反相输入电流、电压
u_{1c}	共模输入电压
u_{1d}	差模输入电压

Δu_{1c}　共模输入电压增量
Δu_{1d}　差模输入电压增量
U_s　交流信号源电压
U_T　电压比较器的阈值电压
U_{OH}　电压比较器的输出高电平
U_{OL}　电压比较器的输出低电平
V_{BB}　基极回路电源电压
V_{CC}　集电极回路电源电压
V_{DD}　漏极回路电源电压
V_{EE}　发射极回路电源电压
V_{SS}　源极回路电源电压

2)功率和效率

P　功率通用符号
p　瞬时功率
P_O　输出交流功率
P_{om}　最大输出交流功率
P_T　晶体管耗散功率
P_V　电源消耗的功率

3)频率

f　频率通用符号
f_{bw}　通频率
f_C　使放大电路增益为 0 dB 时的信号频率
f_H　放大电路的上限截止频率
f_L　放大电路的下限截止频率
f_p　滤波电路的截止频率
f_o　电路的振荡频率、中心频率
ω　角频率通用符号

4)电阻、电导、电容、电感

R　电阻通用符号
G　电导通用符号
C　电容通用符号
L　电感通用符号
R_i　放大电路的输入电阻
R_{if}　负反馈放大电路的输入电阻
R_L　负载电阻
R_N　集成运放反相输入端外接的等效电阻
R_P　集成运放同相输入端外接的等效电阻
R_O　放大电路的输出电阻
R_{of}　负反馈放大电路的输出电阻

R_s　信号源内阻

5)放大倍数、增益

A　放大倍数或增益的通用符号

A_c　共模电压放大倍数

A_d　差模电压放大倍数

A_u　电压放大倍数的通用符号,$A_u = U_o/U_i$

A_{uh}　高频电压放大倍数

A_{ul}　低频电压放大倍数

A_{um}　中频电压放大倍数

A_{up}　有源滤波电路的通带放大倍数

A_{us}　考虑信号源内阻时的电压放大倍数的通用符号,其 $A_{us} = U_o/U_s$

A_{uu}　第 1 个下标为输出量,第 2 个下标为输入量,电压放大倍数符号;A_{usi},A_{is},A_{isu}依此类推

F　反馈系数通用符号

$\dot{F}_{uu}$　第 1 个下标为反馈量,第 2 个下标为输出量,$F_{uu} = U_f/U_o$;$\dot{F}_{ui}$,$\dot{F}_{ii}$,$\dot{F}_{iu}$以此类推

(3)器件参数符号

1)P 型、N 型半导体和 PN 结

C_b　势垒电容

C_d　扩散电容

C_j　结电容

N　电子型半导体

n　电子浓度

n_{p0}　PN 结 P 区达到动态平衡时的电子浓度

P　空穴半导体

p　空穴浓度

U_{b0}　PN 结平衡时的位垒

U_T　温度的电压当量

2)二极管

D　二极管

D_z　稳压二极管

I_D　二极管的电流

$I_{D(AV)}$　二极管的整流平均电流

I_F　二极管的最大整流平均电流

I_R　二极管的反向电流

I_S　二极管的反向饱和电流

r_d　二极管导通时的动态电阻

r_z　稳压管工作在稳压状态下的动态电阻

U_{on}	二极管的开启电压
$U_{(BR)}$	二极管的击穿电压

3)双极型管

T	晶体管
b	基极
c	集电极
e	发射极
C_{ob}	共基接法时晶体管的输出电容
C_{π}	混合 π 等效电路中集电结的等效电容
C_{π}	混合 π 等效电路中发射结的等效电容
f_{β}	晶体管共射接法电流放大系数的上限截止频率
f_{α}	晶体管共基接法电流放大系数的上限截止频率
f_{T}	晶体管的特征频率,即共射接法下使电流放大系数为 1 的频率
g_{m}	跨导
$h_{11e},h_{12e},h_{21e},h_{22e}$	晶体管共射接法 h 参数等效电路的 4 个参数
I_{CBO}	发射极开路时 b-c 间的反向电流
I_{CEO}	发射极开路时 c-e 间的穿透电流
I_{CM}	集电极最大允许电流
P_{CM}	集电极最大允许耗散功率
$r_{bb'}$	基区体电阻
$r_{b'e}$	发射结微变等效电阻
$U_{(BR)CES}$	b-e 间短路时 b-c 间的击穿电压
$U_{(BR)CBO}$	发射极开路时 b-c 间的击穿电压
$U_{(BR)CBR}$	b-e 间加电阻时 c-e 间的击穿电压
$U_{(BR)CEO}$	基极开路时 c-e 间的击穿电压
U_{CES}	晶体管饱和管压降
U_{on}	晶体管 b-e 间的开启电压
α	晶体管共基交流电流放大系数
$\bar{\alpha}$	晶体管共基直流电流放大系数
β	晶体管共射交流电流放大系数
$\bar{\beta}$	晶体管共射直流电流放大系数

4)单极型管

T	场效应管
d	漏极
g	栅极
s	源极
C_{ds}	d-s 间的等效电容
C_{gs}	g-s 间的等效电容
C_{gd}	g-d 间的等效电容

g_m　跨导
I_D　漏极电流
I_{DO}　增强型 MOS 管 $U_{GS}=2U_{GS(th)}$ 时的漏极电流
I_{DSS}　耗尽型场效应管 $U_{GS}=0$ 时的漏极电流
I_S　场效应管的源极电流
P_{DM}　漏极最大允许耗散功率
r_{ds}　d-s 间的微变等效电阻
$U_{GS(off)}$ 或 U_P　耗尽型场效应管的夹断电压
$U_{GS(th)}$ 或 U_T　增强型场效应管的开启电压

5)集成运放

A　集成运放
A_{od}　开环差模增益
dI_{IO}/dT　I_{IO}的温漂
dU_{IO}/dT　U_{IO}的温漂
f_c　单位增益带宽
f_h　−3 dB 带宽
I_{IB}　输入级偏置电流
I_{IO}　输入失调电流
K_{CMR}　共模抑制比
r_{id}　差模输入电阻
SR　转换速率
U_{IO}　输入失调电压

(4)其他符号

D　非线性失真系数
K　热力学温度的单位
N_F　噪声系数
Q　静态工作点
S　整流电路的脉动系数
S_r　稳压电路中的脉动系数
T　温度,周期
η　效率,等于输出功率与电源提供的功率之比
τ　时间常数
φ　相位角

目录

第1篇　器件实验基础

第2篇　模拟电路课程设计

第 1 篇 器件实验基础

第 1 章 概述

目前,电子技术正在飞速发展,而且在电子工程、通信、信号处理、自动控制等领域有着广泛应用,电子技术实验及其实践环节的重要性更加突出。

模拟电路实验技术就是在模拟电子技术基础理论指导下的实验技术。利用模拟电路实验技术可以分析元器件、电子电路的工作原理;验证其功能,并对其进行调试、分析;排除电子电路故障;还可以测试元器件、电子电路的性能指标;最终设计并制作各种实用电子电路的样机。

模拟电路实验技术按其性质可分为:验证性和训练性实验、综合性实验、设计性实验 3 大类;按其实验环境和实验平台来分又有:硬件安装调试实验和计算机软件仿真分析实验。

尽管模拟电子技术各类实验的实验目的和实验内容各不相同,都是为了培养学生良好的学风,充分发挥学生的自主学习精神,促使其独立思考、独立完成实验并有所创新。因此,模拟电路实验的基本技术可归纳为以下 3 个方面:实验中的基本要求、实验的基本调试技术和基本抗干扰技术。

1.1 模拟电路实验技术的基本要求

模拟电路实验一般分为:准备阶段、进行阶段、完成阶段和实验报告阶段,这一节将对实验的各部分工作分别提出以下基本学习要求。

(1)实验前的准备阶段

为避免盲目性,进行实验者应当对实验内容进行前期预习。步骤如下:

①必须要明确实验目的要求,掌握有关电路的基本原理(设计性实验则要明确须要完成的设计任务和指标)。

②拟出实验方法和步骤,设计最能体现实验结果的实验表格。

③初步估算(或分析)实验结果(包括参数和波形)。

④对思考题做出解答,最后做出预习报告。

进行实验前,教师应当检查预习情况,并对学生进行提问,预习不合格者不准进行实验。

(2)实验的进行阶段

学生或者参与实验者一旦进入实验室进行实验,必须达到以下要求:

①参加实验者要自觉遵守实验室规则,服从实验指导教师的安排。

②根据实验内容合理布置实验现场,仪器设备和实验装置安装适当,按实验方案搭接实验电路和测试电路。

③要认真记录实验条件和所得数据、波形(同时进行分析判断所得数据、波形是否正确)。实验电路发生故障时,首先应独立思考,寻找原因,必要时再求助于老师。

④发生事故应立即切断电源,并报告指导教师和实验室有关人员,等候处理。

因此,在实验进行中师生的共同愿望是做好实验,保证实验质量。做好实验,并不是要求学生在实验过程中不发生问题,一次成功。实验过程不顺利,不一定是坏事,常常可从分析故障中增强独立工作能力;相反“一帆风顺”也不一定就有收获。因此,做好实验即是要独立解决实验中所遇到的问题,把实验做成功。

(3)实验的完成阶段

实验完成后,可将实验记录送交指导教师请他审阅签字。经教师审查后,才能拆除线路,清理实验现场。

(4)整理实验报告

作为一个电子技术的工程人员必须具有撰写实验报告这种技术文件的能力。

1)实验报告内容

①列出实验条件,包括何日何时与何人共同完成什么实验,当时的环境条件,使用仪器的名称及仪器编号等。

②认真整理和处理测试的数据和用坐标纸描绘的波形,并列出表格或用坐标纸画出曲线。

③对测试结果进行理论分析,做出简明扼要结论。找出产生误差原因,提出减少实验误差的措施。

④记录产生故障情况,说明排除故障的过程和方法。

⑤撰写本次实验的心得体会,以及改进实验的建议。

2)实验报告撰写要求

文理通顺,书写简洁;符号标准,图表齐全;讨论深入,结论简明。

1.2 模拟电路实验的基本调试技术

在长期的实践过程中已知:大多数的电子电路装置,即使按照设计的电路参数进行安装,往往也难以达到预期的性能指标。这是因为人们在设计时,不可能周全地考虑各种复杂的客观因素(如元件值的误差、器件参数的分散性、电路分布参数的影响等),只有通过安装后的测试和调整,才能发现和纠正设计方案的不足,然后采取措施加以改进,使装置达到预定的技术指标。因此,掌握电子电路的调试技术对于每个从事电子技术及其有关领域工作的人员来说,是非常重要的。

在模拟电路实验中,经常用来进行实验和调试的常规仪器有:万用表、稳压电源、示波器和信号发生器以及用做仿真实验的计算机系统。

下面介绍模拟电路实验中的一般调试技术和注意事项。

(1)硬件电路调试前首先做直观检查

电路安装完毕,通常不宜急于通电,先要认真检查一下,检查内容包括:

1)连线是否正确

检查电路连线是否正确,包括错线(连线一端正确,另一端错误)、少线(安装时完全漏掉的线)和多线(连线的两端在电路图上都是不存在的)。

检查电路连线的方法通常有两种:

①按照电路图检查安装的线路

这种方法的特点是,根据电路图连线,按一定顺序(如按信号传输流程)逐一检查安装好的线路,由此,可很容易查出错线和少线。

②按照实际线路来对照原理电路进行查线

这是一种以元件为中心进行查线的方法。把每个元件(包括器件)引脚的连线一次查清,检查每个去处在电路上是否存在,这种方法不但可以查出错线和少线,还容易查出多线。

为了防止出错,对于已查过的线通常应在电路图上做出标记,最好用指针式万用表“Ω×1”挡,或数字式万用表“Ω挡”的蜂鸣器来测量,而且直接测量元、器件引脚,同时可发现接触不良的地方。

2)元、器件安装情况

检查元、器件引脚之间有无短路;连接处有无接触不良;二极管、三极管、集成电路元件和电解电容的极性等是否连接有误。

3)电源供电(包括极性)、信号源连接是否正确。

4)电源端对地(⊥)是否存在短路,具体方法是:在通电前,断开一根电源线,用万用表检查电源端对地(⊥)是否存在短路。

若所安装的电路经过上述检查,并确认无误后,即可转入调试。

(2)基本调试方法

所谓电子电路的调试,是以达到电路设计指标为目的而进行的一系列的测量—判断—调整—再测量的反复进行过程。

为了使调试顺利进行,设计的电路图上应当标明各点的电位参数值,相应的波形图以及其他主要数据。电子电路的调试包括测试和调整两个方面:

①调试方法通常采用先分调后联调(总调):模拟电路一般采用此方法。

任何复杂电路都是由一些基本单元电路组成,因此,调试时可以循着输入信号的流程,逐级调整各单元电路,使其参数基本符合设计指标。这种调试方法的核心是:把组成电路的各功能块(或基本单元电路)先调试好,并在此基础上逐步扩大调试范围,最后完成整机调试。

采用先分调后联调的优点是:能及时发现问题和解决问题。对于包括模拟电路、数字、电路和微机系统的大型电子装置更应采用这种方法进行调试。因为只有把3部分分开调试后,分别达到设计指标,并经过信号及电平转换电路后才能实现整机联调。否则,由于各电路要求的输入、输出电压和波形不匹配,盲目进行联调就可能造成大量的器件损坏。

②除了上述方法外,对于已定型的产品和需要的相互配合才能运行的产品也可采用一次性调试。

(3)按照上述调试电路原则的具体调试步骤

①通电观察

把经过准确测量的电源接入电路。观察有无异常现象,包括有无冒烟,是否有异常气味,手摸元器件是否发烫,电源是否有短路现象等。如果出现异常,应立即切断电源,待排除故障后才能再通电。然后测量各路总电源电压和各器件的引脚的电源电压,以保证元器件正常工作。

通过通电观察,认为电路初步工作正常,就可转入正常调试。

在这里,需要指出的是,一般实验室中使用的稳压电源是一台仪器,它不仅有一个“+”端,一个“-”端,还有一个“地”接在机壳上,当电源与实验板连接时,为了能形成一个完整的屏蔽系统,实验板的“地”一般要与电源的“地”连起来,而实验板上用的电源可能是正电压,也可能是负电压,还可能正、负电压都有,因此,电源是“正”端接“地”,还是负端接“地”,使用时应先考虑清楚。如果要求电路浮地,则电源的“+”与“-”端都不与机壳相连。

另外,应注意一般电源在开与关的瞬间往往会出现瞬态电压上冲的现象,集成电路又最怕过电压的冲击,因此,一定要养成先开启电源,后接电路的习惯,在实验过程中,也不要随意将电源关掉。

②静态调试

交流、直流并存是电子电路工作的一个重要特点。

一般情况下,直流为交流服务,直流是电路工作的基础。因此,电子电路的调试有静态调试和动态调试之分。

静态调试一般是指在没有外加信号的条件下所进行的直流测试和调整过程。例如,通过静态模拟电路的静态工作点、数字电路的各输入端和输出端的高、低电平值及逻辑关系等,可以及时发现已经损坏的元器件,判断电路工作情况,并及时调整电路参数,使电路工作状态符合设计要求。

对于运算放大器,静态检查除测量正、负电源是否接上外,主要检查在输入为零时,输出端是否接近零电位,调零电路是否起作用。当运放输出直流电位始终接近正电源电压值或负电源电压值时,说明运放处于阻塞状态,可能是外电路没有接好,也可能是运放已经损坏。如果通过调零电位器不能使输出为零,除了运放内部对称性差外,也可能运放处于振荡状态,因此,实验板直流工作状态的调试,最好接上示波器进行监视。

③动态调试

动态调试是在静态调试的基础上进行的。调试的方法是在电路的输入端接入适当频率和幅值的信号,并循着信号的流向逐级检测各有关点的波形、参数和性能指标。发现故障现象,应采取不同的方法缩小故障范围,最后设法排除故障。

测试过程中不能凭感觉和印象,要始终借助仪器观察。使用示波器时,最好把示波器的信号输入方式置于"DC"挡,通过直流耦合方式,可同时观察被测信号的交、直流成分。

通过调试,最后检查功能块和整机的各种指标(如信号的幅值、波形形状、相位关系、增益输入阻抗和输出阻抗等)是否满足设计要求。必要时,再进一步对电路参数提出合理的修正。

(4)调试中的注意事项

调试结果的正确性很大程度受测量正确与否和测量精度的影响。为了保证调试的效果,必须减小测量误差,提高测量精度。为此,必须注意以下几点:

①正确使用测量仪器的接地端。凡是使用低端接机壳的电子仪器进行测量,仪器的接地端应和放大器的接地端连接在一起,否则,仪器机壳引入的干扰不仅会使放大器的工作状态发生变化,而且将使测量结果出现误差。根据这一原则,调试发射极偏置电路时,若需测量 V_{CE},不应把仪器的两端直接接在集电极和发射极上,而应分别对地测出 V_C,V_E,然后将二者相减得 V_{CE}。若使用干电池供电的万用表进行测量,由于电表的两个输入端是浮动的,因此允许直接跨接到测量点之间。

②在信号比较弱的输入端,尽可能用屏蔽线连线。屏蔽线的外屏蔽层要接到公共地线上。在频率比较高时要设法隔离连接线分布电容的影响,例如,用示波器测量时应该使用有控头的测量线,以减少分布电容的影响。

③测量电压所用仪器的输入阻抗必须远大于被测处的等效阻抗。因为,若测量仪器输入阻抗小,则在测量时会引起分流,给测量结果带来很大误差。

④测量仪器的带宽必须大于被测电路的带宽。例如,MF-20 型万用表的工作频率为 20 ~ 20 000 Hz。如果放大器的 $f_H = 100$ kHz,则不能用 MF-20 来测试放大器的幅频特性,否则,测试结果就不能反映放大器的真实情况。

⑤要正确选择测量点。用同一台测量仪进行测量时,测量点不同,仪器内阻引进的误差大小将不同。例如,如图 1.2.1 所示电路,测 $C1$ 点电压 V_{C1} 时,若选择 $e1$ 为测量点,测得 V_{E2},根据 $V_{C1} = V_{e2} + V_{BE2}$ 求得的结果,可能比直接从 $C1$ 点得到的 V_{C1} 的误差要小得多。因此,出现这种情况是因为 R_{e2} 较小,仪器内阻引进的测量误差小。

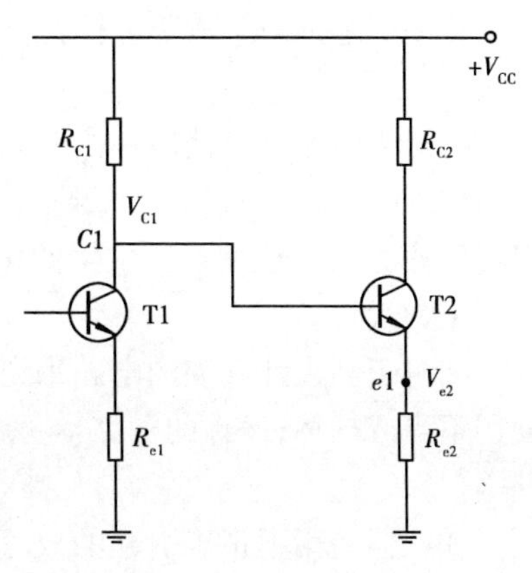

图 1.2.1 被测电路

⑥测量方法要方便可行。需要测量某电路的电流时,一般尽可能测电压而不测电流,因为测电压不必改动被测电路,测量方便。若需知道某一支路的电流值,可以通过测取该支路上电阻两端的电压,经过换算而得到。

⑦调试过程中,不但要认真观察和测量,还要善于记

录。记录的内容包括实验条件、观察的现象、测量的数据、波形和相位关系等。只有有了大量的可靠的实验记录并与理论结果加以比较,才能发现电路设计上的问题,逐步完善设计方案。

⑧调试出现故障时,要认真查找故障原因,切不可一遇故障解决不了就拆掉线路重新安装。因为重新安装的线路仍可能存在各种问题,如果是原理上的问题,即使重新安装也解决不了问题。应当把查找故障、分析故障原因当做一次好的学习机会,通过它不断地提高自己分析问题和解决问题的能力。

1.3 模拟电路的基本故障检查方法

电路故障是不期望但又是不可避免的电路异常工作状况。分析、寻找和排除故障是电子技术工程人员必备的实际技能。

对于一个复杂的系统来说,要在大量的元器件和线路中迅速、准确地找出故障是很不容易的。一般的故障诊断过程,就是从电路故障现象出发,通过反复测试,做出分析判断,逐步找出故障的过程。

(1)故障现象和产生故障的原因

1)常见的故障现象

①放大电路没有输入信号,而有输出波形。

②放大电路有输入信号,但没有输出波形,或者波形异常。

③串联稳压电源无电压输出,或输出电压过高且不能调整,或输出稳压性能变坏、输出电压不稳定等。

④振荡电路不产生振荡。

⑤计数器输出波形不稳,或不能正确计数。

⑥收音机中出现"嗡嗡"交流声和"啪啪"的汽船声等。

以上是最常见的一些故障现象,还有很多奇怪的现象,在这里不再列举。

2)产生故障的原因

故障产生的原因很多,情况也很复杂,有的是一种原因引起的简单故障,有的是多种原因相互作用引起的复杂故障。因此,引起故障的原因很难简单分类。这里只能进行一些粗略的分析。

①对于定型产品使用一段时间后出现故障,故障原因可能是元器件损坏,连线发生短路或断路(如焊点虚焊,接插件接触不良,可变电阻器、电位器、半可变电阻等接触不良接触面表面镀层氧化等),或使用条件发生变化(如电网电压波动、过冷或过热的工作环境等)影响电子设备的正常运行。

②对于新设计安装的电路来说,故障原因可能是:实际电路与设计的原理图不符;元器件使用不当或损坏;设计的电路本身就存在某些严重缺点,不满足技术要求;连线发生短路或断路等。

③仪器使用不正确引起的故障,如示波器使用不正确而造成的波形异常或无波形,共地问题处理不当而引入的干扰等。

④各种干扰引起的故障(有关噪声、干扰问题等)。

(2)检查故障的一般方法

查找故障的顺序可以从输入到输出,也可以从输出到输入。查找故障的一般方法有:

1)直接观察法

直接观察法是指不用任何仪器,利用人的视、听、嗅、触等作为手段来发现问题,寻找和分析故障。

直接观察包括不通电检查和通电观察。

检查仪器的选用和使用是否正确;电源电压的等级和极性是否符合要求;电解电容的极性,二极管和三极管的管脚、集成电路的引脚有无错接、漏接、互碰等情况;布线是否合理;印刷板有无断线;电阻电容有无烧焦和炸裂等。

通电观察元、器件有无发烫、冒烟,变压器有无焦味,电子管、示波管灯丝是否亮,有无高压打火等。

此法简单、有效,可用做初步检查,但对较隐蔽的故障无能为力。

2)用万用表检查静态工作点

电子电路的供电系统,电子管或半导体三极管、集成块的直流工作状态(包括元、器件引脚、电源电压)、线路中的电阻值等都可用万用表测定。当测得值与正常值相差较大时,经过分析可找到故障。现以图1.3.1两级放大器为例,正常工作时如图1.3.1所示。

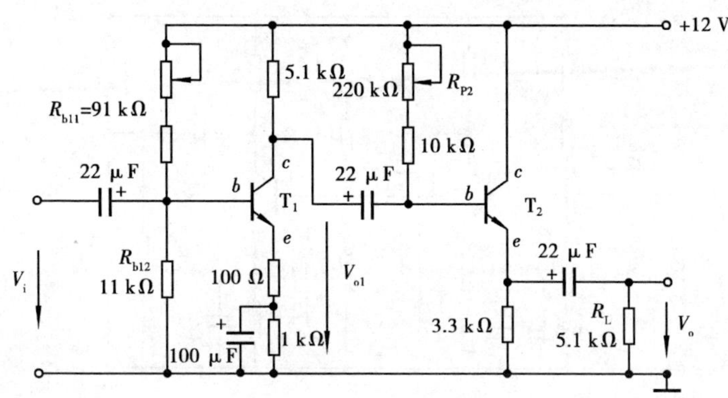

图1.3.1　两级放大器

静态时($v_1=0$),$V_{B1}=1.3$ V,$I_{C1}=1$ mA,$V_{C1}=6.9$ V,$I_{C2}=1.6$ mA,$V_{E2}=5.3$ V。但实测结果$V_{B1}=0.01$ V,$V_{C1}\approx V_{CE1}\approx V_{CC}=12$ V。考虑到正常放大工作时,硅管的V_{BE}为0.6~0.8 V,现在T_1显然处于截止状态。实例$V_{C1}\approx V_{CC}$也证明T_1是截止(或损坏),T_1的截止要从影响V_{B1}的R_{b11}和R_{b12}中去寻找。进一步检查发现,R_{b12}本应为11 kΩ,但安装时却用的是1.1 kΩ的电阻,将R_{b12}换上正确阻值的电阻,故障即消失。

顺便指出,静态工作点也可以用示波器"DC"输入方式测定。用示波器的优点是内阻高,能同时看到直流工作状态和被测点上的信号波形以及可能存在干扰信号及噪声电压等,更有利于分析故障。

3)信号寻迹法

对于各种较复杂的电路,可在输入端接入一个一定幅值、适当频率的信号(例如,对于多能放大器,可在其输入端接入$f=1\ 000$ Hz的正弦信号),用示波器由前级到原型级(或者相反),逐级观察波形及幅值的变化情况,如哪一级异常,则故障就在该级。这是深入检查电路的方法。

4)对比法

怀疑某一电路存在问题时,可用对比法将此电路的参数与工作状态和相同的正常电路的参数(或理论分析的电流、电压、波形等)进行一一对比,从中找出电路中的不正常情况进而分析故障原因,判断故障点。

5)部件替换法

有时故障比较隐蔽,不能一眼看出,如这时你手头有与故障仪器同型号的仪器时,可以将仪器中的部件、元件、插件板等替换有故障仪器中的相应部件,以便于故障范围,进一步查找故障。

6)旁路法

当有寄生振荡现象,可以利用适当容量的电容器,选择适当的检查点,将电容临时跨接在检查点与参考接地点之间,如果振荡消失,就表明振荡是产生在此附近或前级电路中。否则就在后面,再移动检查寻找之。

7)短路法

就是采取临时性短接一部分电路来寻找故障的方法。例如,如图 1.3.2 所示的放大电路,用万用表测量 T_2的集电极对地无电压。

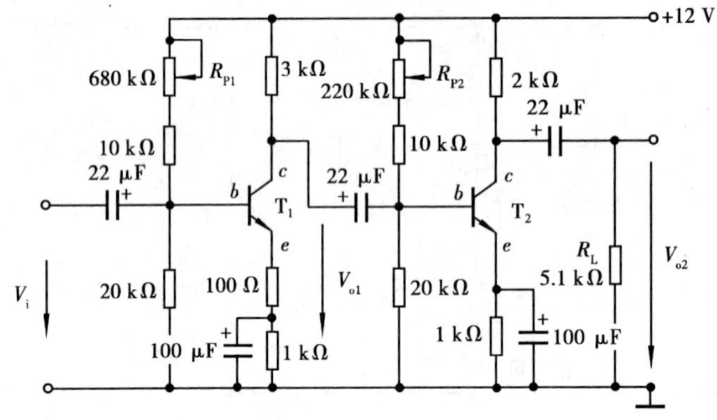

图 1.3.2　两级放大器

怀疑 R_{p2}断路,则可将 R_{p2}两端短路,如果此时有正常的 v_{B2}值,则说明故障发生在 R_{p2}上。

短路法对检查断路性故障最有效。但要注意对电源(电路)是不能采用短路法的。

8)断路法

断路法用于检查短路的故障最有效。断路法也是一种使故障怀疑点逐步缩小范围的方法。例如,某隐压电源因接入一带有故障的电路,使输出电流过大,采取依次断开电路的某一支路的办法来检查故障。如果断开该支路后,电流恢复正常,则故障就发生在此支路。

9)暴露法

有时故障不明显,或时有时无,一时很难确定,此时可采用暴露法。检查虚焊时对电路进行敲击就是暴露法的一种。另外还可以让电路长时间工作一段时间,如几小时,然后再来检查电路是否正常。这种情况下往往有些临界状态的元器件经不住长时间工作,就会暴露出问题来,然后对症处理。

实际调试时,寻找故障原因的方法多种多样,以上仅列举了几种常用方法。这些方法的使用可根据设备条件、故障情况的灵活掌握,对于简单的故障用一种方法即可查找出故障点,但对于较复杂的故障则需采取多种方法互相补充、互相配合,才能找出故障点。一般情况下,寻找故障的常规做法如下:

①先用直接观察法,排除明显的故障。

②再用万用表(或示波器)检查静态工作。

③信号寻迹法是对各种电路普遍适用而且简单直观的方法,在动态调试中广为应用。

应当指出,对于反馈环内的故障诊断是比较困难的,在这个闭环回路中,只要有一个元器件(或功能块)出故障,则往往整个回路中处处都存在故障现象。寻找故障的方法是先把反馈回路断开,使系统成为一个开环系统,然后再接入一适当的输入信号,利用信号寻迹法逐一寻找发生故障的元器件、器件(或功能块)。例如,图 1.3.3 是一个带有反馈的方波和锯齿波电压产生的电路,A_1的输出信号 V_{o1}作为 A_2的输入信号,A_2的输出信号 V_{o2}作为 A_1的输入信号,也就是说,不论 A_1组成的过零比较器或 A_2组成的积分器发生故障,都将导致 V_{o1},V_{o2}无输出波形。寻找故障的方法是,断开反馈回路中的一点(例如,R_3 或 R_P 断路)。

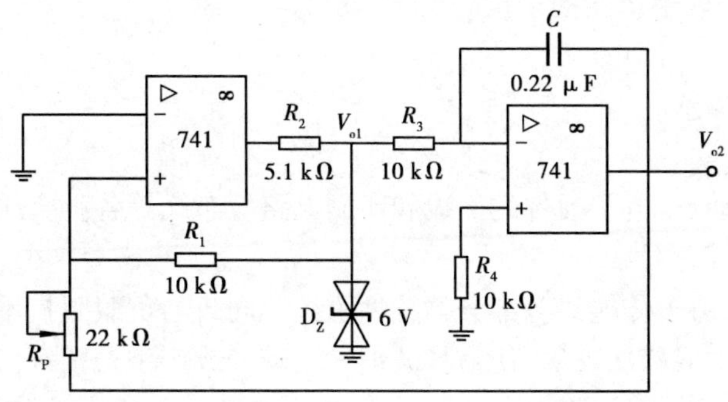

图 1.3.3 方波和锯齿波电压产生电路

假设断开 R_P 点,并从 R_P处输入一适当幅值的锯齿波,用示波器观测 V_{o1}输出波形应为方波,V_{o2}输出波形应为锯齿波,如果 V_{o1}(或 V_{o2})没有波形或波形出现异常,则故障就发生在 A_1组成的过零比较器(或 A_2组成的积分器)电路上。

1.4 电子电路抗干扰的基本抑制技术

电子电路工作时,往往在有用信号之外,还存在一些令人头痛的干扰电压(或电流),即干扰信号。如何克服这些干扰信号对电路的干扰是在设计、制造电子电路(设备)时的主要问题之一。

电子电路的工作可靠性是由多种因素决定的,其中,电路的抗干扰性能是电子电路可靠性的重要指标。因此,研究抗干扰技术也是模拟电路实验技术的重要内容。

在分析干扰时,要弄清形成干扰的三要素,即干扰源(噪声源)、接收电路和它们之间的耦合方式(干扰的传输途径)。

常见干扰类型有供电系统的电源干扰、电磁场干扰和通道干扰等。

抑制干扰主要从形成干扰的 3 个方面采取措施,包括:

①消除和抑制噪声源。

②破坏干扰通道。

③削弱接收电路对噪声干扰信号的敏感性。

在解决电路的抗干扰问题时,必须做好以下工作。

1.4.1 查找干扰来源及干扰途径

干扰信号产生于干扰源。干扰源有的在电子电路(设备)外部,也有的在电子电路(设备)内部。

(1)电子电路设备外部干扰源

①电弧机、日光灯、弧光灯、辉光放电管、火花点火装置等产生的干扰。

②直流发电机及电动机,交流整流子电动机等旋转设备,以及继电器、开关等产生的干扰。

③由大功率输电线产生的工频干扰。

④无线电设备辐射的电磁波等。

(2)电子电路设备内部产生的干扰

①交流声。

②不同信号的互相感应。

③寄生振荡。

④绕线电位器的动点、电子元件的引线和印刷电路板布线等各种金属的接点间,由于温度差而产生的热电动势等。

⑤在数字电路中,由于传输线各部分的特性阻抗不同或与负载阻抗不匹配时,所传输的信号在终端部位发生一次或多次反射,使信号波形发生畸变或产生振荡等。

1.4.2 采取对应的抑制措施

对以上干扰源的干扰可以对症采取相应的屏蔽、滤波和接地等电磁兼容技术。目前,广泛采用的抗干扰措施有以下几种方法:

(1)供电系统抗干扰措施

任何电源及输电线路都存在内阻,正是这些内阻引进了电源的噪声干扰。如果无内阻存在,任何噪声都会被电源短路吸收,在线路中不会建立任何干扰电压。

为保证电子线路正常工作,防止从电源引入干扰,可采取以下措施:

1)采用交流稳压器供电

用交流稳压器供电可保证供电的稳定性,防止电源系统的过压与欠压,有利于提高整个系统的可靠性。

2)采用隔离变压器供电

由于高频噪声通过变压器引入电路,主要不是靠初、次级线圈的互感耦合,而是靠初、次级间寄生电容耦合的,故隔离变压器的初级和次级间均用屏蔽层隔离,以减少其分布电容,提高抗共模干扰的能力。

3)加装滤波器

①低通滤波器　电源系统的干扰源大部分是高次谐波,因此,采用低通滤波器滤去高次谐波,以改善电源波形。

②交流电源进线的对称滤波器　根据要求可以采用对高频噪声干扰抑制有效的高频干扰电压对称滤波器,也可有用低频干扰电压对称滤波器。

③直流电源出线的滤波器　为减弱公用电源内阻在电路间形成的噪声耦合,在直流电源输出端需加装高、低通滤波器。

④去耦滤波器　一个直流电源同时对几个电路供电,为了避免通过电源内阻造成几个电路之间互相干扰,应在每个电路的直流电源进线之间加装 n 型 RC 或 LC 去耦滤波器。

4)采用分散独立电源功能块供电

在每个功能电路上用三端稳压集成块如 7805,7905,7812,7912 等组成稳压电源。每个功能块单独有电压过载保护,不会因某块稳压电源故障而使整个系统破坏,而且也减少了公共阻抗的相互耦合以及和公共电源的相互耦合,大大提高了供电的可靠性,也有利于电源散热。

5)采用高抗干扰稳压电源及干扰抑制器

采用超隔离变压器稳压电源。这种电源具有高的共模抑制比及串模抑制比,能在较宽的频率范围内抑制干扰。

采用反激变换器的开关稳压电源。利用该电源的变换器的储能作用,在反激时把输入的干扰信号抑制掉。

采用频谱均衡法原理制成的干扰抑制器,把干扰的瞬变能量转换成多种频率能量,达到均衡目的。它的明显优点是抗电网瞬变干扰能力强。

(2)屏蔽技术

防止静电或电磁的相互感应所采用的方法称为“屏蔽”。屏蔽的目的就是隔断“场”的耦合。

1)静电屏蔽

静电屏蔽是利用与大地相连的导电性良好的金属容器,使静电场的电力线在接地的导体处中断,即内部的电力线不外传而外部的电力线也不影响其内部,起到隔离电场的作用。

静电屏蔽能防止静电场的影响,在实际布线中如果在两导线之间敷设一条接地导线,可以削弱两导线之间由于寄生分布电容耦合而产生的干扰;也可将具有静电耦合的两个导体在间隔保持不变的条件下靠近大地,其耦合也将减弱。

2)电磁屏蔽

采用导线性能良好的金属材料做成屏蔽层,利用高频电磁场对屏蔽金属的作用,使高频干扰电磁场在屏蔽金属内产生涡流,而此涡流产生的磁场又抵消或减弱高频干扰磁场的影响。

这种利用涡流反磁场作用的电磁屏蔽在原理上与屏蔽体是否接地无关,但实际使用时屏蔽体经常接地,这样又可同时起到静电屏蔽的作用。

3)低频磁屏蔽

采用高导磁材料作屏蔽层,以便将干扰磁通限制在磁阻很小的磁屏蔽体的内部,防止其干扰。一般选取坡莫合金类、对低频磁通具有高导磁率的铁磁材料,同时要有一定的厚度以减小磁阻。目前,铁氧化压制成的罐型磁心也用做低频磁屏蔽或电磁屏蔽。设计磁屏蔽罩时,要注意其开口和接缝不要横过磁力线的方向以免增加磁阻,破坏屏蔽性能。

4)屏蔽规则

①静电屏蔽罩必须与被屏蔽电路的零信号基准电位线相接。

②零信号基准电位线的相接点必须保证干扰电流不流经信号线。由此可见,要求屏蔽的

连接应使屏蔽线上的寄生电流直接泄漏到接地点。

(3)接地技术

接地是抑制干扰的重要方法,如能将接地和屏蔽正确结合起来,就可解决大部分干扰问题。接地技术也是最为简单有效的抗干扰抑制措施,尤其适用于低频模拟电路。

在电子电路中,地线有系统地、机壳地(屏蔽地)、数字地(逻辑地)和模拟地等。

1)接地的目的

①安全接地

一般实验室中安全接地有3种方法:一种是把三孔插座的地线与电源线的中线直接连接,这种接法不是绝对安全的;另一种是把地线连到一座大楼的钢骨架上;第3种是在实验室的地下深埋一块面积较大的金属板,用与金属板焊接的粗铜线接到实验室作信号地线。第1种地线可能会引入较大的50 Hz交流信号干扰;第2种用大楼钢骨架用地线的方法,由于它的电阻大,接地不好,可能感应各种干扰电压(含50 Hz交流信号);只有第3种地线上的干扰信号才是最小的,也是最理想的。

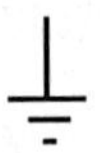

当机壳与大地相连后,如果电子设备漏电或机壳不慎碰到高压电源线时,即使人体触摸到机壳,由于机壳电阻小,短路电流经机壳直接流入大地,可避免发生人体触电危险。另外,机壳接地还可屏蔽雷击闪电的干扰。因而保护了人、机安全。

图1.4.1 接大地符号

接大地的符号如图1.4.1所示。

②工作接地

电子设备在工作和测量时,要求有公共的电位参考点。这个参考点一般是把直流电源的某一端作公共点,称为工作接地点。工作接地点一般指接机壳或底板,并不一定要与大地相连接。合理地设计接地点是抑制干扰的重要措施之一。

工作接地符号如图1.4.2所示。

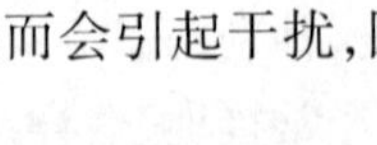

图1.4.2 工作接地符号

2)接地的方法

①信号接地

信号地是指信号电路、逻辑电路、控制电路的地。设计接地点要尽可能减少中支路电流过公共地阻抗产生的耦合干扰。信号地的连接方法主要有3种:单点接地、多点接地和平面接地,低频模拟电路大多采用单点接地技术。这里仅阐述单点接地的方法。

如果一个电路有两点或两点以上接地,则由于两点间的对地电位差而会引起干扰,因此,一般采用"单点接地"。

多级电路通过公共接地母线后再在一点接地,如图1.4.3(a)所示。该图虽然避免了多点接地因地电位差引起的干扰,但在公共地线上却存在着A,B,C三点不同的对地电位差。如果各级电平相差不大,这种接地方式可以使用,反之则不能使用,因为高电平会产生较大的地电流,并且使这个干扰窜入到低电平电路中去。这种接地方式仅限于级数不多、各级电平相差不大或抗干扰能力较强的数字电路。

如图1.4.3(b)所示是另一种单点接地方式,此时A,B,C三点对地电位只与本电路的地电流和地线阻抗有关,各电路之间的电流不形成耦合,该种接地方式一般用于工作频率在1 MHz以下的电路。

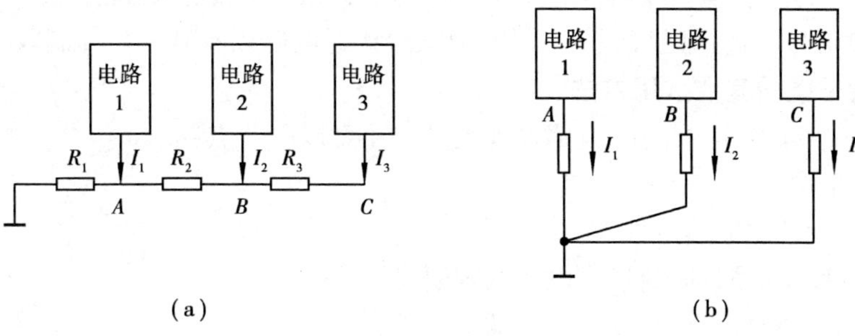

图 1.4.3 多级电路的单点接地

②数字、模拟电路的接地分开

一个系统既有高速逻辑电路，又有线性电路，为避免数字电路对模拟电路的工作造成干扰，两者的地线不要相混，而应分别与电源端地线相连。

③系统接地

一般情况下，把信号电路地、功率电路地和机械地都称为系统地。为了避免大功率电路流过地线回路的电流对小信号电路产生影响，通常功率地线和机械地线必须自成一体，接到各自的地线上，然后一起接到机壳地上，如图 1.4.4 所示。

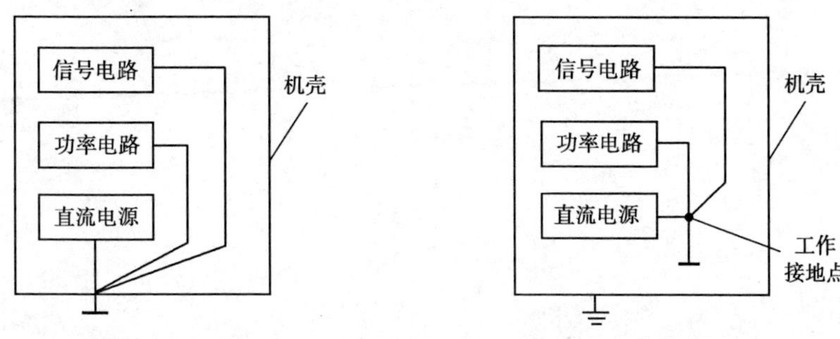

图 1.4.4 系统接地　　　　图 1.4.5 系统浮地

系统接地的另一种方法是系统浮地，即信号地和功率地接到直流电源地线上，而机壳单独安全接地(接大地)。同样起到抑制干扰和噪声的作用，如图 1.4.5 所示。

(4) 传输通道的抗干扰措施

在电子电路信号的长线传输过程中会产生通道干扰。为了保证长线传输的可靠性，主要措施有光电耦合隔离、双绞线传输等。

1) 光电耦合隔离

采用光电耦合器可有效地切断地环路电流的干扰，如图 1.4.6所示。电路 1 和电路 2 之间采用光电耦合，可把两个电路的地电位完全隔离，即使两个电路的地电位不同也不至于造成干扰。

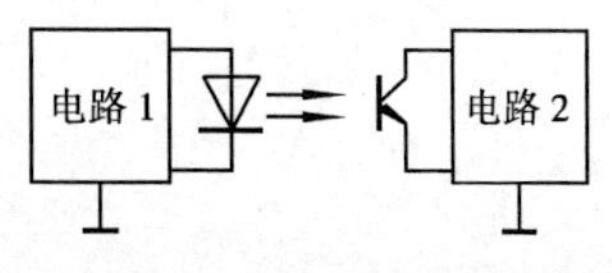

图 1.4.6 光电耦合电路

光电耦合隔离的主要优点是能有效地抑制尖峰脉及各种噪声干扰，具有很强的抗干扰能力。

2) 双绞线传输

系统的长线传输中，双绞线是常用的一种传输线。它的缺点是频带较窄，优点是波阻抗高,抗共模噪声能力强。双绞线能使各个小环路的电磁感应干扰相互抵消;其分布电容为几十皮法(pF),距离信号源近,可起到积分作用,故双绞线对电磁场具有一定抑制效果。

(5)电路抗干扰的其他常用方法

为减少设备内部产生的干扰,电路设计人员应注意以下几点:

①元、器件布置不可过密。

②改善电子设备的散热条件。

③分散设置稳压电源,避免通过电源内阻引进干扰。

④在配线和安装时,尽量减少不必要的电磁耦合。

⑤尽量减少公共阻抗的阻值。

⑥在电路的关键部位配置去耦电容。

⑦按钮、继电器、接触器等元件的接点在动作时均会产生火花,必须用 RC 电路加以吸收。

第2章 基础验证性实验

模拟电路基础验证性和训练性实验主要是针对电子技术在本门学科范围内理论验证和实际技能的培养，着重奠定基础。这类实验就是要训练学生熟练掌握常用电子仪器来完成基本的单元电路的验证和测试实验，因此，除了要巩固加深重点的基础理论以外，更要帮助学生认识这些电路的工作现象，使其不仅能掌握基本实验知识，还能培养他们掌握基本实验方法和基本实验技能。

在本章里我们准备了12个模拟电路重要的单元电路实验作为基本技能的培训，读者可以根据自己的情况选择安排教与学。

实验一　常用低频电子仪器的调整和使用

(1)实验目的

①通过本实验，了解双踪示波器、函数信号发生器、交流电压表的主要技术指标、性能和仪器面板上的各旋钮的功能。

②初步掌握使用示波器观察正弦波、三角波和方波以及这些波形的基本参数的测量方法。

③学会正确使用其他仪器，如能使用函数信号发生器产生符合要求的信号；能使用交流电压表测量交流电压有效值等。

④掌握直流稳压电源和数字式万用表的使用方法。

(2)实验仪器及材料

仪器及材料	数量
①函数信号发生器(DF1641B型)	1台
②双踪示波器(GOS-620型)	1台
③交流电压表(DF2173B)	1台
④模拟电路学习机	1台
⑤数字万用表	1只
⑥短导线	若干

(3)实验原理及预习要求

1)实验原理

本实验中采用的3种常用电子仪器,即函数信号发生器,交流电压表和双踪示波器,它们之间的连接方式如图2.1.1所示。

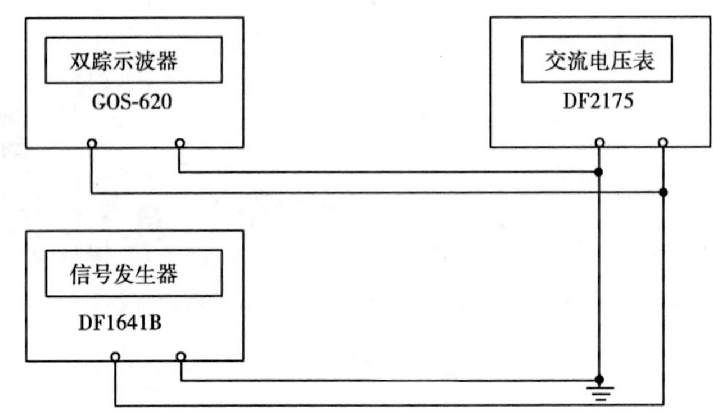

图2.1.1 3种仪器之间的连接示意图

函数信号发生器(DF1641B型)可以产生正弦波、三角波、方波,频率范围为0.3 Hz ~ 3 MHz。其最大输出电压幅度 >20 V 峰-峰值(对正弦波,最大输出有效值 >7 V),能分别给交流电压表和示波器提供信号。

交流电压表是用来测量正弦波信号电压有效值的仪表。本实验用DF2173B型交流电压表。它能测量频率范围为25 Hz ~ 200 kHz,幅度有效值的数量级为1 mV ~ 300 V的正弦信号电压。

双踪示波器是一种用来观测各种周期电压(或电流)波形及各种瞬时参数的仪器,能观察到的最高信号频率主要决定于 Y 轴通道的频带宽度。本实验采用GOS-620型示波器,可以观测频率为20 MHz以下的各种周期信号。

2)预习要求

认真阅读仪器简介中的下述内容:

①双踪示波器的原理和GOS-620型示波器的具体使用方法。

②DF1641B型函数信号发生器的仪器面板上各旋钮的作用及操作方法。

③DF2173B型交流电压表的测量原理。

(4)实验内容及步骤

1)DF1641B型函数信号发生器的使用

DF1641B型函数信号发生器是一多功能函数信号发生器。它可以输出正弦波、三角波和方波,可作为一般振荡器用。该函数信号发生器与其他设备配合,还可以用作扫频信号发生器,这里仅介绍作为振荡器的使用方法。

①DF1641B型函数发生器面板如图2.1.2所示,其简介如表2.1.1所示。

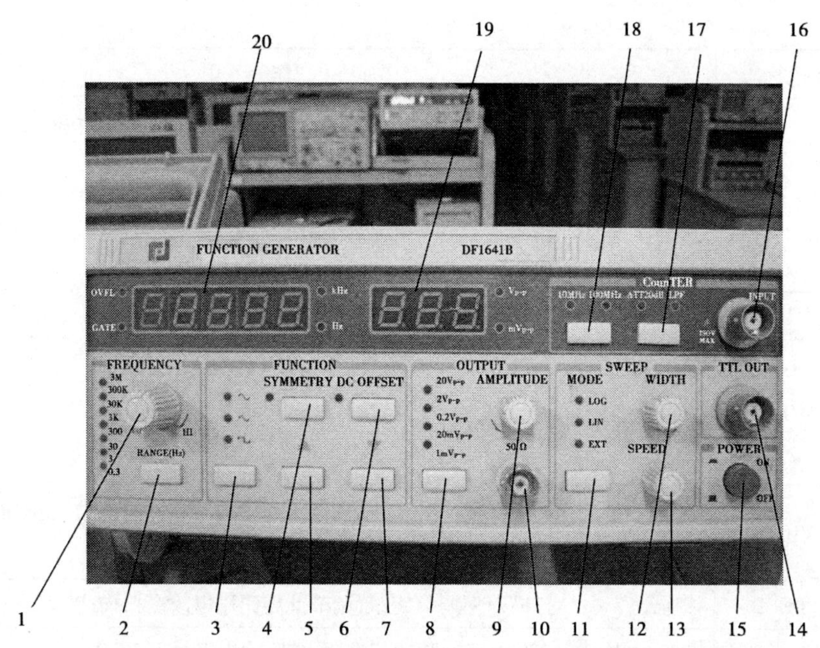

图 2.1.2　DF1641B 型函数信号发生器面板图

表 2.1.1

序号	面板标志	名　称	作　　用
1		频率调节	频率调节按钮，顺时针调节使输出信号的频率提高，逆时针方向调节反之。当缓慢地调节此旋钮时，频率的变化率约为 0.1%，同时能根据调节的速率不同，能自动调整步进量
2	RANGE(Hz)	频率范围选　择	按住此按键，频率倍乘将从低→高→低循环，当所需频段的指示灯亮时，释放此按键即可，按一下此按键可改变信号的频段，与“1”配合选择输出信号频率
3		波形选择	按此按键可选择正弦波、三角波、方波，同时与此对应的指示灯亮。与“4”、“5”、“7”配合使用可选择正向或负向斜波，正向或负向脉冲波
4	SYMMETRY	对称度	对称度控制按钮，指示灯亮时有效。对称度调节范围为 20 : 80 ~ 80 : 20
5	△	对称度 直流偏置 调节按钮	当对称度控制（指示灯亮）有效时或直流偏置（指示灯亮）有效时，按此按键可以改变波形的对称度或直流偏置。若对称度或直流偏置指示灯同时亮时，则此按键对最后一次选择的功能有效
6	DC OFFSET	直流偏置	输出信号直流偏置控制按钮，指示灯亮有效。直流偏置调节范围为 -10 ~ +10 V
7	▽	对称度 直流偏置 调节按钮	主要功能同“5”，但调节方向与“5”相反

续表

序号	面板标志	名　称	作　　用
8		输出衰减	按此按键,可选择输出信号幅度的衰减量,分别为 0,20,40,60 dB,同时与此相对应的指示灯亮
9	AMPLITUDE	输出幅度调　　节	函数波形信号输出幅度调节旋钮与“8”配合,用于改变输出信号的幅度
10	OUTPUT	电压输出	函数波形信号输出端,阻抗为 50 Ω,最大输出幅度为 20 V_{P-P}
11	MODE	扫频选择对数/线性/外扫描	扫频方式选择按钮,按一下按键可分别选择对数扫频,线性扫频,以及外接扫频
12	WIDTH	扫频宽度	扫频宽度调节旋钮,当仪器处于扫频状态时调节该旋钮,用以调节扫频宽度
13	SPEED	扫描速率	扫描速率调节旋钮,调节此旋钮用以改变扫描速率
14	TTL OUT	TTL 输出	TTL 电平的脉冲信号输出端,输出阻抗为 50 Ω
15	POWER	电源开关	按下开关,机内电源接通,整机工作,此键释放为关掉整机电源
16	1NPUT	计数器输　入	B 系列外测频率时,信号从此端输入,与“17”配合使用,C 系列此端子在后面板上
	OUTPUT	功率输出	C 系列的功率信号输出端,绿色发光二极管亮时,输出端有输出,最大输出功率为 $5W_{max}$,当输出信号频率高于 200 kHz 时,无信号输出
17	ATT20 dB LPF	衰减/低通滤波器	当计数选择外接、输入信号幅度较大时,按一下此键 ATT20 dB 指示灯亮有效;再按一下则 LPF 灯亮(带内衰减,截止频率约为 100 kHz)
18	10 MHz/ 100 MHz	计数选择 10 MHz/ 100 MHz	频率计的内测、外测选择按键,当 10,100 MHz 灯都不亮时为测量内部信号源的频率;当选择外测时,10 MHz 灯亮时外测频率范围为 10 Hz ~ 10 MHz;100 MHz 灯亮时外测频率范围 10 ~ 100 MHz;如输入端无信号,约 10 s 后,频率计显示为 0
19		输出信号幅度显示	显示输出信号幅度的峰-峰值(空载)。若负载阻抗为 50 Ω 时,负载上的值应为显示值的 1/2。当需要输出幅度小于幅度电位器置于最大时的 1/10,建议使用衰减器;V_{P-P},mV_{P-P} 输出电压幅度的峰-峰值指示,灯亮有效
20		频率显示	显示输出信号的频率,或外测频率信号的频率;GATE 灯闪烁时,表示频率计正在工作,当输入信号的频率高于 100 MHz 时0 V,FL 灯亮;Hz,kHz 为频率单位指示,灯亮有效

②操作步骤

• 打开电源开关后，按下函数选择开关以选择函数类型，例如，正弦波。

• 用频率选择开关和微调、细调旋钮配合调节将输出信号的频率确定，此时只要读出显示屏上的数值即可。

• 调节输出衰减选择开关和幅度微调旋钮，可以调节输出信号的电压幅度大小。

注意：信号有效值大小在信号发生器上不能读出，而必须用交流电压表才能测出，信号发生器上面的读数为信号的峰-峰值 $V_{P\text{-}P}$。

注意：由于函数信号发生器可以输出正弦波、三角波、方波信号，因此，输出电压的幅度通常用有效值、峰-峰值 $V_{P\text{-}P}$ 等来表示，如图 2.1.3 所示。

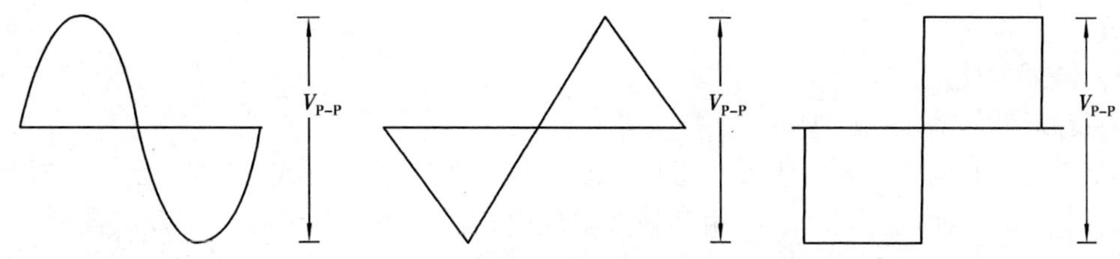

图 2.1.3　函数信号发生器输出波形

表 2.1.2　函数信号发生器产生的几种常用的输出电压波形的参数

信号波形	有效值 $V\sim$	平均值 $\overline{V}$	波形因数 $K_F=\frac{V\sim}{\overline{V}}$	波峰因数 $K_P=\frac{V_P}{V\sim}$
O　V_P　T	$\frac{V_P}{\sqrt{2}}\approx 0.707V_P$	$\frac{2V_P}{\pi}\approx 0.637V_P$	$\frac{\pi}{2\sqrt{2}}=1.11$	$\sqrt{2}$
V_P　T　t	V_P	V_P	1	1
V_P　T　t	$\frac{V_P}{\sqrt{3}}\approx 0.577V_P$	$\frac{V_P}{2}$	$\frac{2}{\sqrt{3}}=1.15$	$\sqrt{3}=1.73$

本仪器输出电压 $V_{P\text{-}P}$ 最大值不小于 20 V。对于正弦波，还可以用有效值来表示，则输出电压的最大值(有效值)不小于 7 V。

输出衰减选择开关有 4 挡：“0 dB”表示输出信号未经过衰减器，不对信号进行衰减；“－20 dB”表示输出电压衰减 10 倍；“－40 dB”表示输出电压衰减 100 倍；“－60 dB”表示输出电压衰减1 000倍;输出幅度微调旋钮可以对输出电压的大小作均匀的调节。输出情况如表2.1.3所示。

表2.1.3

输出衰减选择开关位置	输出峰-峰值 $V_{P\text{-}P}$	正弦波输出最大有效值
0 dB(20$V_{P\text{-}P}$)	>20 V	>7 V
-20 dB(2$V_{P\text{-}P}$)	>2 V	>700 mV
-40 dB(0.2$V_{P\text{-}P}$)	>200 mV	>70 mV
-60 dB(20 m$V_{P\text{-}P}$)	>20 mV	>7 mV

③信号发生器的输出端可以输出已调好的信号,输出探极与外接电路的连接方法是:红正、黑负。

2)示波器的使用

①双踪示波器的工作原理

双踪示波器有两个独立的输入通道和前置放大器,通过垂直方式(或称为显示方式)开关切换,共用垂直(Y轴)输出放大器,由转换逻辑电路控制。当此开关置于交替位置(ALT)时,在机内扫描信号的控制下,交替地对Y_A通道(CH_1)与Y_B通道(CH_2)的信号扫描显示。即第一次扫描显示Y_A通道的信号,第二次扫描显示Y_B通道的信号,第三次又扫描显示Y_A通道的信号……,由于人眼的视觉残留现象将会在屏幕上同时观察到两个通道的信号波形,从而实现双踪显示。这种显示方式一般在输入信号频率比较高时使用。

当显示方式开关置于断续位置(CHOP)时,则在一次扫描的第一个时间间隔显示Y_B通道的信号波形的某一段,第二个时间间隔显示Y_A通道的信号波形的某一段,以后各间隔轮流地显示两信号波形的其余段,以实现双踪显示。这种方法通常用在输入信号较低时使用。

②GOS-620型示波器的面板图中各旋钮简介

如图2.1.4所示GOS-620型示波器的面板图。

③双踪示波器的使用方法

a. 示波器有两个输入通道可以输入被测信号,每个通道的输入探极与被测信号的连接方法是:红正、黑负。

b. 打开电源开关,预热1 min,将各旋钮调节到合适的位置,此时将出现时基线,再调节辉度和聚焦旋钮,使时基线的光迹清晰明亮。

c. 用示波器的两只探极接上示波器自身输出的标准信号CAL-2$V_{P\text{-}P}$,然后调节扫描速度开关和幅度微调旋钮,使信号波形能有两三个完整的稳定的周期出现在屏幕上,此时,双踪示波器就调节好了。请描绘观察到的波形图。

注意:使用示波器时,先将垂直增益开关置GND(地),将示波器"X轴位移"和"Y轴位移"旋钮放在中间位置。接通电源预热1 min,屏幕上显示出光迹后,将灵敏度微调旋钮置于0.1,使屏幕上显示出一条细的水平扫描线。微调"X轴位移"和"Y轴位移"旋钮,使水平扫描时基线位于屏幕中央。

注意:切忌将光点长时间停留在某一点上,以免烧坏萤光屏。

d. 应用示波器测量被测信号波形

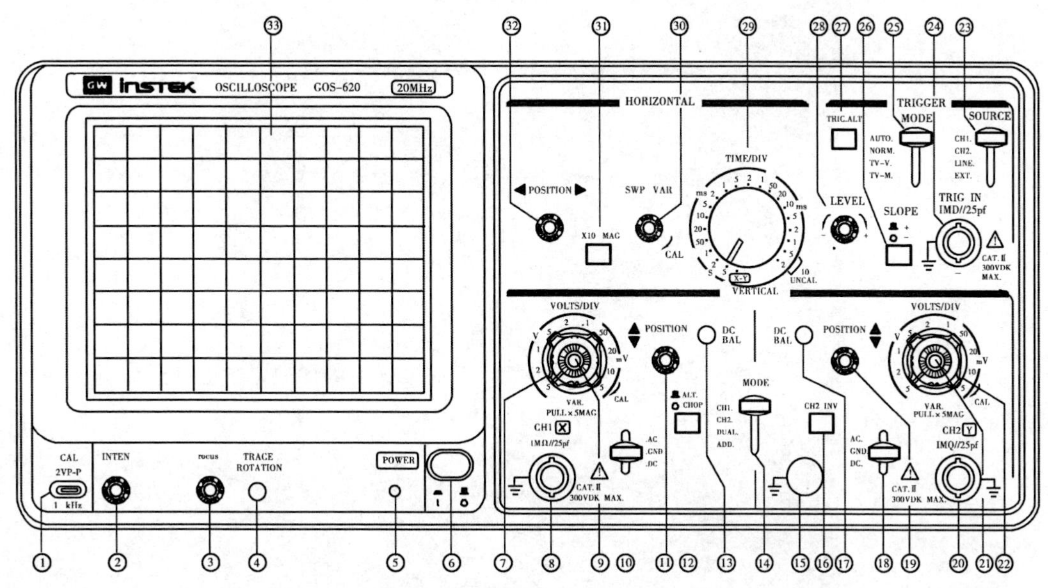

图 2.1.4　COS5020C 型示波器面板图

1—校准信号输出端;2—轨迹及光点亮度控制钮;3—轨迹聚焦调整钮;

4—使水平轨迹与刻度线成平行的调整钮;6—电源开关;7,22—垂直位移旋钮;

9,21—垂直增益微调(灵敏度微调);8—CH1(X)输入;10,18—输入信号耦合按键组;

11,19—垂直位置调整钮;12—ALT/CHOP(交替和切割方式选择按钮);

13,17—垂直直流平衡点调整钮;20—CH2(Y)输入;23—触发源选择;24—外触发;

25—触发模式选择开关;26—触发斜率选择键;27 - 触发源交替设定键;

28—扫描速度开关;29—扫描速度调节旋钮;30—扫描速度微调旋钮;

33—滤光镜片;31—水平放大键,按下此键可将扫描放大 10 倍;32—水平位置调整钮

本实验要求当信号发生器输出为最大(对 DF1641B 型函数信号发生器,输出衰减器置于 0 dB,输出微调顺时针旋至最大)时,分别观察输出频率为 100 Hz,500 Hz,1 kHz,5 kHz,10 kHz,100 kHz 的正弦波、三角波、方波信号。调节示波器灵敏度旋钮及灵敏度微调旋钮,使屏幕上显示高度为 6 格,同时,根据信号频率合理选择扫描范围,并调节扫描微调使萤光屏上显示出一个或二个完整、稳定的正弦波,并描绘记录下观察到的波形。

3)交流电压表的使用

交流电压表是用来测量正弦波信号电压有效值的仪表,本实验采用 DF2173B 型交流电压表。它的测量频率范围为 25 Hz ~ 200 kHz,幅度有效值为 1 mV ~ 300 V 的正弦信号电压。

DF2173B 型交流电压表的仪器面板图如图 2.1.5 所示。

①交流电压表的仪器面板中分贝挡位的应用说明:

表盘上提供有两个分贝刻度,校准为

$$0\ \text{dB} = 1\ \text{V}$$

$$0\ \text{dBm} = 0.775\ \text{V}(1\ \text{mV}, 600\ \Omega)$$

a. dB

“Bel”是计量功率比值的对数单位,一个分贝(“decibel”, 缩写为 dB)为一个贝尔(Bel)的

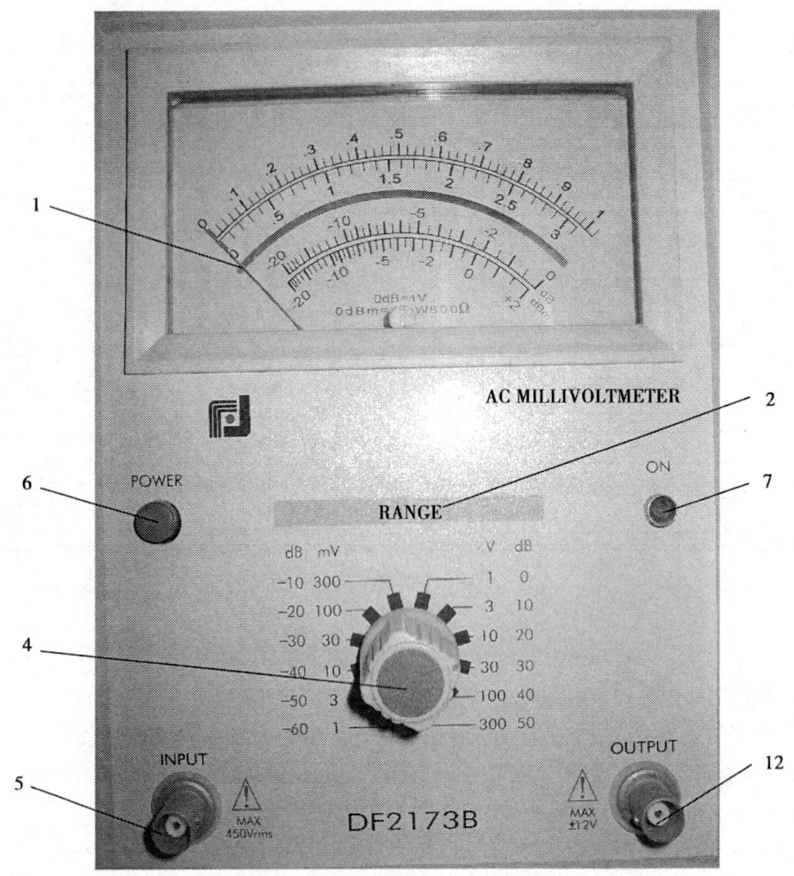

图 2.1.5　交流电压表的仪器面板图

1—表头;2—调零旋钮;4—量程选择旋钮;5—信号输入端;

6—电源开关;7—工作状态指示灯;12—信号输出端

1/10。

dB 的定义为

$$dB = 10 \lg(P_2/P_1)$$

若 $R_1 = R_2$, 功率比值为　$1\ dB = 20 \lg(E_2/E_1) = 20 \lg(I_2/I_1)$

dB 的定义最初如上用以表示功率的比值,但在应用中,其他值的比率(电压比或电流比)对数也可称为 dB。

例如,一个放大器的输入电压为 10 mV,输出电压为 10 V,放大等级为 10 V/10 mV = 1 000 倍。因此也可以 dB 为单位表示为

$$放大等级 = 20 \lg(10\ V/10\ mV) = 60\ dB$$

b. dBm

“dBm”为 dB(mW)的缩写。表示的是相对于 1 mW 的功率比值,通常指的是 600 Ω 阻抗下的功率。因此,“0 dBm”定义为

$$0\ dBm = 1\ mW 或 0.775\ V 或 1.291\ mA$$

c. 功率或电压的级别由刻度读值和选择的挡位来确定。

例如：　　刻度读值　　　　挡　位　　　　级　别

（ -1dB）　　+　（ +20 dB）=　　+19 dB

（ +2 dBm）　+　（ +10 dBm）=　　+12 dBm

d. 显示表头的 dB 和 dBm 刻度如表2.1.4 所示。

表2.1.4

挡位设定	dB	dBm
+40	+20 ~ +41	+20 ~ +43
+30	+10 ~ +31	+10 ~ +33
+20	0 ~ +21	0 ~ +23
+10	-10 ~ +11	-10 ~ +13
0	-20 ~ +1	-20 ~ +3
-10	-30 ~ -9	-30 ~ -7
-20	-40 ~ -19	-40 ~ -17
-30	-50 ~ -29	-50 ~ -27
-40	-60 ~ -39	-60 ~ -37
-50	-70 ~ -49	-70 ~ -47
-60	-80 ~ -59	-80 ~ -57
-70	-90 ~ -69	-90 ~ -67

②交流电压表的使用方法及一般操作步骤：

- 调零：在接通电源前，对表头进行机械零点的校准。先将量程开关放在量程最大挡，接通电源预热 1 min。将连接线的输入端的红、黑端子相互短接后，把量程开关放在最小挡，调节“零点旋钮”，使表针指在零位。此时，交流电压表即已完成调零。
- 将被测信号输入交流电压表进行测量时应注意：由于交流电压表灵敏度较高，为避免因 50 Hz 交流电的感应将表头指针打弯，在测量时应先将量程开关放在大于 10 V 挡，并应先接地线后再接信号线，测量结束后拆连线时则应先拆信号线后再拆接地线。
- 估计被测电压的大小，选出合适的量程；若事先不知道被测电压大小，应将量程放到最大挡（300 V），然后逐次减小，使表针偏转大于满刻度的 1/3 以上区域，以提高测量精度。
- 使用完毕后，应将量程开关转换到最大量程挡，以免下次使用时损坏仪表。
- 由于电压表指示值是以正弦电压有效值为刻度的，若被测电压波形为非正弦波，测量电压的读数就会引入一定误差。

③使用交流电压表测量交流电压

先将 DF1641B 型函数信号发生器置于正弦波挡，频率调至 1 kHz，衰减置于 0 dB（$20V_{P-P}$），再用 DF2173B 型交流电压表直接测量其输出信号。

调节函数信号发生器输出幅度调节旋钮，使输出电压有效值为 5 V，然后保持这个输出幅度不变，仅将衰减开关分别设置为 -20 dB（$2V_{P-P}$）、-40 dB（$0.2V_{P-P}$）和 -60 dB（20 mV_{P-P}）挡上并测量出对应的电压有效值,记入表2.1.5中。

表2.1.5

“输出衰减挡”的设置	0 dB($20V_{P-P}$)	-20 dB($2V_{P-P}$)	-40 dB($0.2V_{P-P}$)	-60 dB(20 mV_{P-P})
电压表读数/V				

4)3种仪器的配合使用

①首先将3种仪器按图2.1.1连接好,然后将函数信号发生器的波形选择开关置于正弦波挡,信号频率调节为1 kHz,衰减开关置于0 dB($20V_{P-P}$)挡。

②调节信号发生器的输出电压微调旋钮,使输出有效值为6 V,交流电压表的量程开关置于10 V挡。

③调节示波器屏幕上波形的幅度(垂直分量)为6大格,并保持波形为1个或2个周期,以便于观察;

④保持函数信号发生器的输出幅度不变,而仅改变函数信号发生器输出信号的频率,再用交流表测量出每次改变所对相应的电压有效值值,计入表格2.1.6中。

表2.1.6

信号频率/Hz	25	50	100	500	1 k	5 k	10 k	…	200 k
电压表读数/V									

5)数字万用表的使用:

数字万用表的面板图如图2.1.6所示。

①数字万用表面板上有量程选择开关、液晶显示器、被测电压(电流)输入正、负极等。

液晶显示器共有8位数,小数点随量程大小而变;

②量程选择开关分为电阻挡、直流电压挡、交流电压挡、直流电流挡、交流电流挡、电容挡,每一种挡又分为几个刻度,每一刻度对应的数值即该量程的满偏刻度。例如,当选择电阻挡的10 kΩ时,表示此时被测电阻值只能在0~10 kΩ之间,当选择直流电压挡的10 V时,表示此时被测直流电压值只能在0~10 V之间,其他以此类推。

数字万用表的输入连接线为红黑表笔,与被测点连接时红接正,黑接负。

(5)实验报告及问题讨论

①认真学习每一种仪器的使用说明书,熟悉每一个旋钮的功能和使用方法;认真掌握每种仪器与被测信号被测点之间的连接方法;以及同时使用几种仪器与被测电路的连接方法。

②根据实验记录,列表整理,并描绘观察到的波形图。

③用交流电压表测量交流电压时，信号频率的高低对读数有无影响？能否用 DF2173B 型交流电压表测量 25 Hz 以下的交流电压？为什么不用一般的万用表的交流挡来测量高频交流电压？

④用示波器观察波形时，要达到如图 2.1.7 所示的要求，应调节哪些旋钮？

⑤交流电压表的电压读数和示波器的电压读数有什么不同？

⑥用 GOS-620 型双踪示波器观察正弦波电压时，若荧光屏上出现图 2.1.7 所示情况，试说明哪些开关旋钮的位置不对，应如何调节？

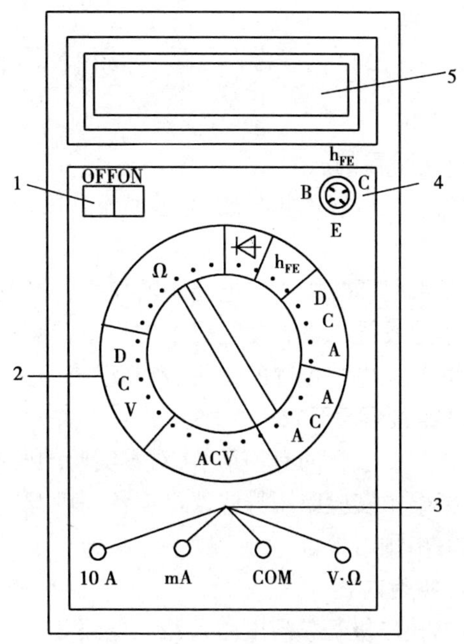

图 2.1.6　数字万用表的面板图

1—电源开关；2—测试量程转换开关；3—测试输入插孔；4—晶体管测试插孔；5—液晶显示屏

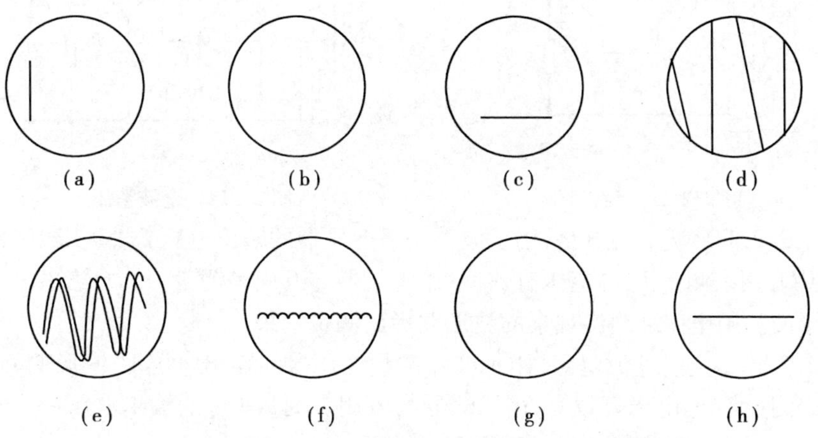

图 2.1.7

a. 波形完整(一个周期以上)；b. 波形清晰；c. 波形稳定；d. 移动波形位置；e. 改变波形个数；f. 改变波形高度

实验二　晶体二极管及其基本应用

(1)实验目的

①熟悉二极管单相半波、全波及桥式整流电路的工作原理;观察、了解阻容滤波在电路中的作用。

②学习稳压二极管在电路中的作用、及其参数和稳压值关系。

③学习发光二极管在电路中的作用、及其组成的变色发光管和矩阵发光板等应用。

④学习光电二极管的作用、及其组成的光耦等各种应用。

(2)实验预习要求

①预习二极管的有关章节,对本实验的所有电路图的内容自己拟定实验步骤。

②指出本实验应用哪些仪器设备,其用途是什么?

③写出预习报告。

(3)实验内容

1)单相二极管整流电路及滤波电路

整流电路是利用二极管的单向导电性,按特有的几种连接方式将二极管接成的电路,例如,图2.2.1半波整流电路,图2.2.2全波整流电路及图2.2.3典型的单相桥式整流电路,均为把交流电变成单向脉动的直流电的电路(图中开关 S 为未接通)。

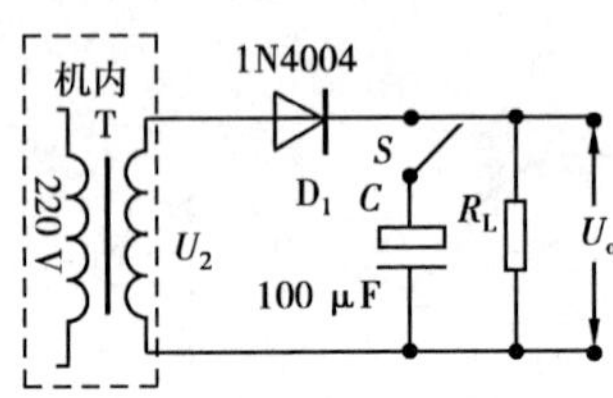

图2.2.1　半波整流

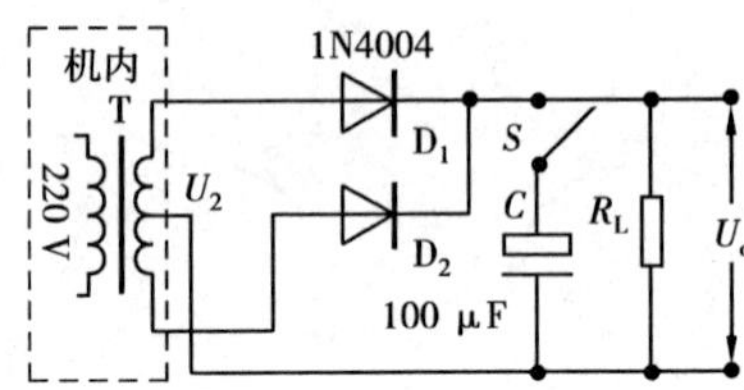

图2.2.2　全波整流

①对于图2.2.1半波整流电路,用示波器测量变压器的输出电压 $f=50$ Hz,U_2的波形幅值(V_{P-P}),同时用万用表测量 U_2的电压有效值;用示波器与万用表测量 $U_{o半}$的输出电压——单向脉动断续的半波。用坐标纸绘出观察的波形并标出测量结果。

②对于图2.2.2全波整流电路,用示波器测量变压器的输出电压 U_2波形的峰-峰值 V_{P-P},同时用万用表测量 U_2的电压有效值;用示波器与万用表测量 $U_{o全}$的输出电压——单向脉动全波波形。用坐标纸绘出观察的波形并标出测量结果。

③因输出 U_o为脉动直流,输出电压中除有较大的直流分量之外,同时也含有较大的交流分量,为使输出电压更接近直流需进行滤波。经滤波后的直流电压的平滑程度由滤波电容 C 和负载电阻 R_L而定,当电容 C 及 R_L越大,其输出电压 U_o的交流含量就越小,直流电压 U_o越大。因此,将图2.2.1半波整流电路和图2.2.2全波整流电路中的开关闭合,测量电路加上滤波电容后的输出电压 U_o;用示波器测量输出电压 U_o;用万用表测量输出电压 U_o的直流分量。

在实用电路中,常选 $RC=\tau\geqslant(5\sim10)T$ (T 为整流前的交流电压的周期;R 是 π 型滤波电阻;C 是滤波器中的电容,是滤波器的主要部分)。滤波器输出的直流电压通常取 $U_o=$

(1.2～1.5)U_2，视负载情况而定。

④ 图2.2.4为桥式全波整流电路:a.用示波器测量变压器的输出电压U_2波形与峰-峰值V_{P-P},同时用万用表测量U_2的电压有效值;b.开关$S_Ⅰ$,$S_Ⅱ$断开,用示波器测量U_{bc}的全波整流波形,用万用表测量U_{bc}的全波整流电压的交流分量和直流分量;c.开关$S_Ⅰ$,$S_Ⅱ$闭合,用示波器测量U_{ac},U_{bc}的波形,用万用表测量U_{ac},U_{bc}的电压的交流分量和直流分量。用坐标纸绘出观察的波形并标出测量结果。

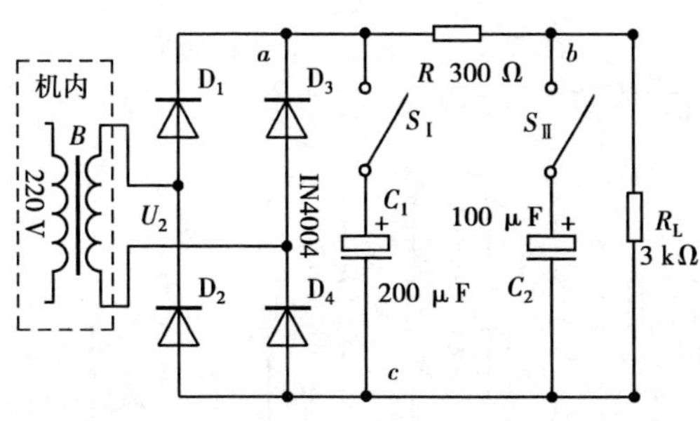

图2.2.3　桥式全波整流电路

2)稳压二极管应用

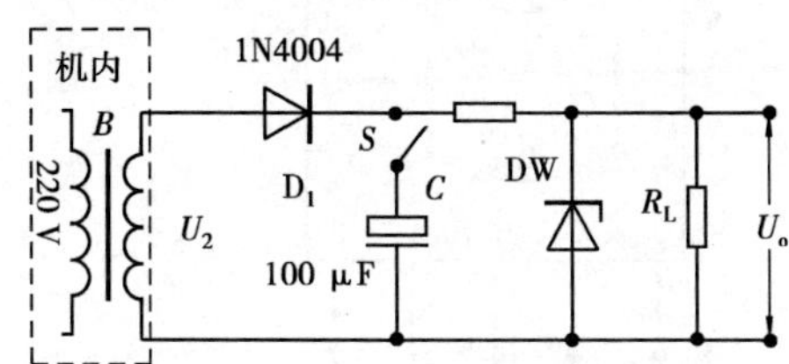

图2.2.4　稳压二极管应用(一)

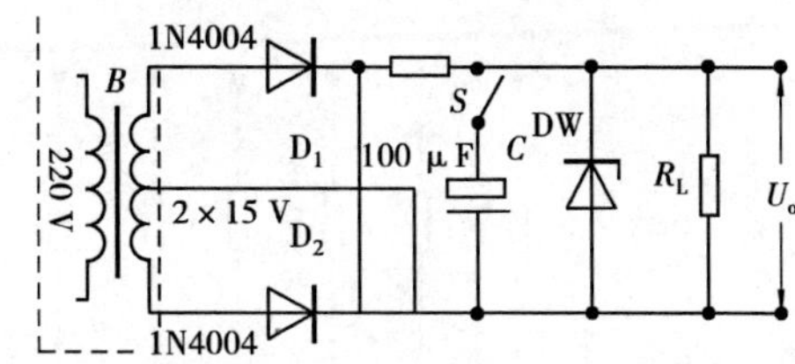

图2.2.5　稳压二极管应用(二)

①在图2.2.1中接入一只稳压二极管和限流电阻,即为图2.2.4,测量其输出电压U_o。

②在图2.2.2中接入一只稳压二极管和限流电阻,即为图2.2.6,测量其输出电压U_o。

3)发光二极管应用

①在图2.2.1中接入一只发光二极管,即为图2.2.6,测量发光二极管两端的输出电压U_o。

②从直流稳压电源的输出端取出电压为+5 V接入图2.2.5中的1,2两点之间,测量电压其输出U_o。

③图2.2.7中为两只结构不同的变色发光二极管,从两个输入端分别接入直流电压:图(a)均为+5 V,图(b)为一端输入+5 V,另一端输入-5 V,测量变色发光二极管在发光时两个PN结的压降。

④测量由发光二极管构成的数码显示器。分别为共阴极和共阳极两种,其输入端(阳极或阴极)分别接入限流电阻470 Ω。

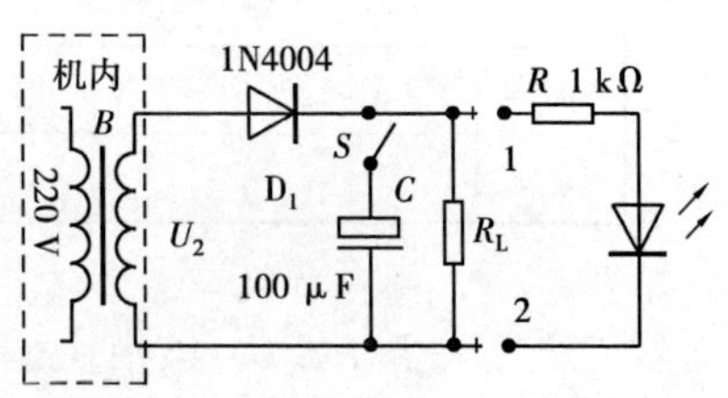

图2.2.6　发光二极管应用

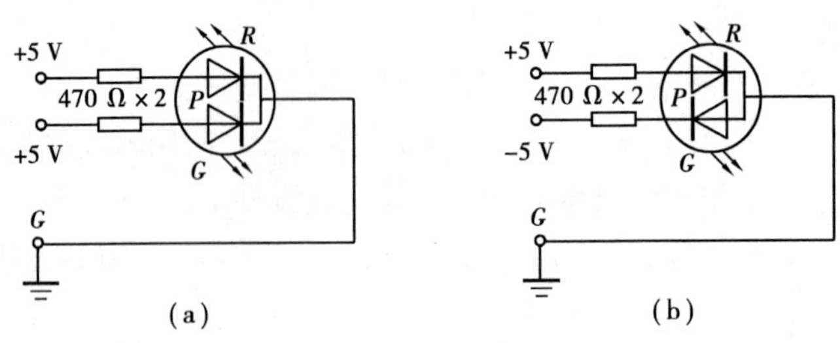

图 2.2.7　变色发光二极管应用

a. 在对应的输入端相应地接入 +5 V 或 -5 V 电压,3 脚或 8 脚接地。

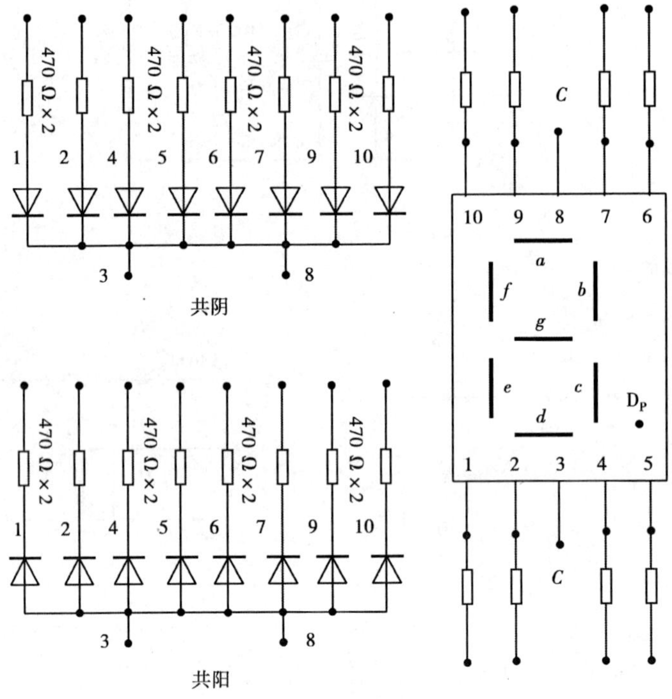

图 2.2.8　发光数码显示器应用

b. 测出各脚对应的 a,b,c,d,e,f,g,D_P 端。

c. 按下表测试:指出显示下列数字时,哪几个端应接 +5 V 电压,哪几个端应接地?

数码字符	5		2		0		7		4		1	
管脚序号	+5 V	地	+5 V	地	+5 V	地	+5 V	地	+5 V	地	+5 V	地

⑤发光距阵显示模块:该模块是由若干个二极管构成(图 2.2.9 所示),它可以显示数字、字符或图形还可以多块组合成任意大小的显示板。

a. 根据发光矩阵示意图测试矩阵块的行、列对应的发光点的关系,如图 2.2.9 所示。

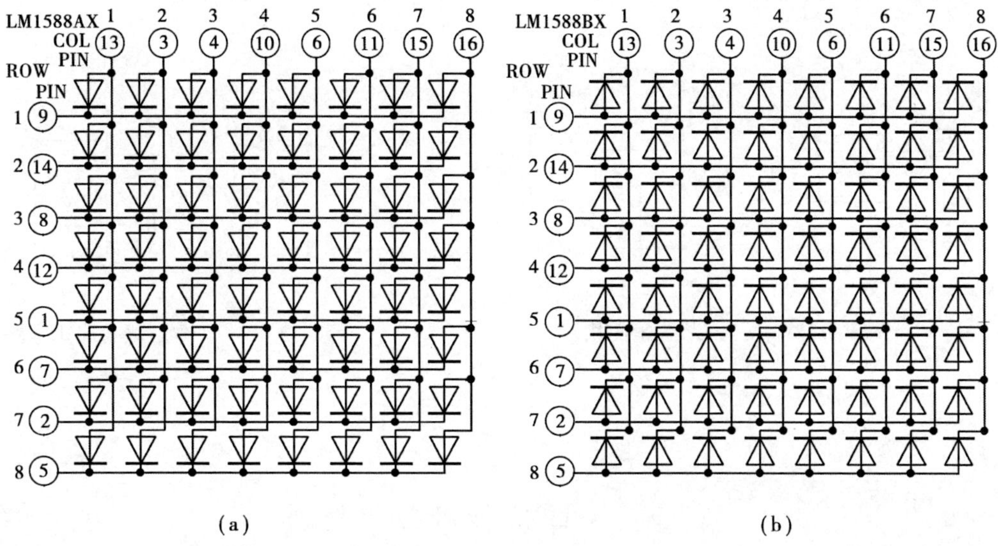

图 2.2.9　发光矩阵示意图

b. 自行设计显示字符,实现显示静态的图案、字符(如 $A,B,C,\cdots,Y,Z$;0,1,2,…,8,9)。

4)光电二极管应用

①按图 2.2.11(b)连接实验电路。U_e为一定数值的直流电压，测量输出端 U_o的电压值。

②按图 2.2.12 连接实验电路。U_s为一定数值的直流电压、半波电压或脉冲电压，测量输出端 U_o的电压值。

③按图 2.2.13 连接实验电路。光源为红外脉冲光波，放大器为运算放大器,测量输出端 U_o的电压值。

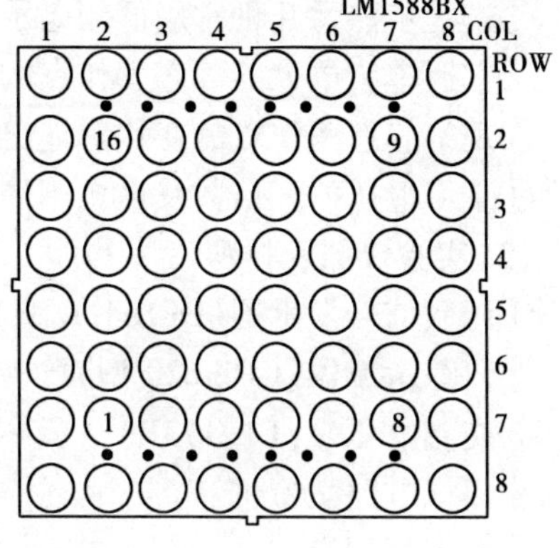

图 2.2.10　发光矩阵板示意图

(4)实验报告要求

① 要求用统一的实验报告纸;所测试的电压及频率要求用计算式的形式写出。

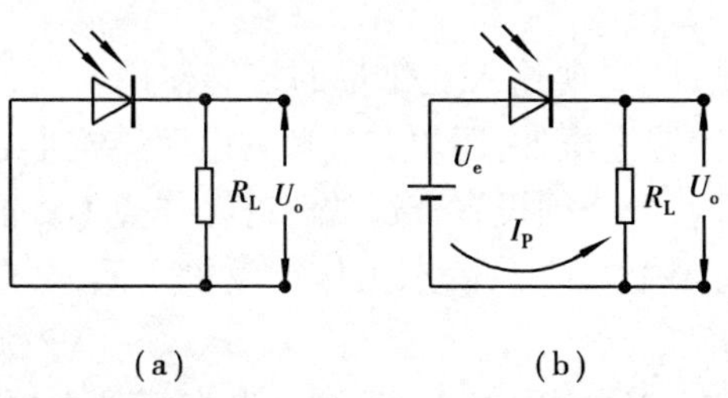

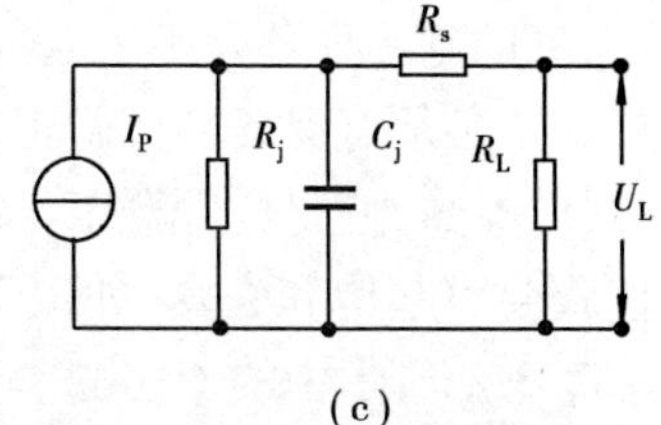

图 2.2.11　光电二极管测量电路
(a)基本电路　(b) 原理图　(c)等效电路

②实验报告包括预习报告、实验记录、实验结果分析 3 部分。

③字迹要清楚,文理要通顺,用坐标纸绘出所测波形图。

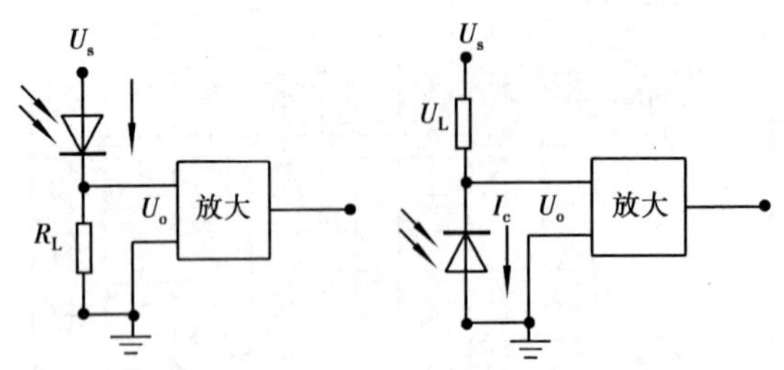

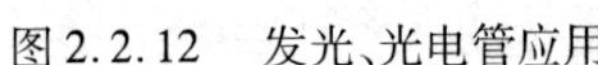

图 2.2.12 发光、光电管应用

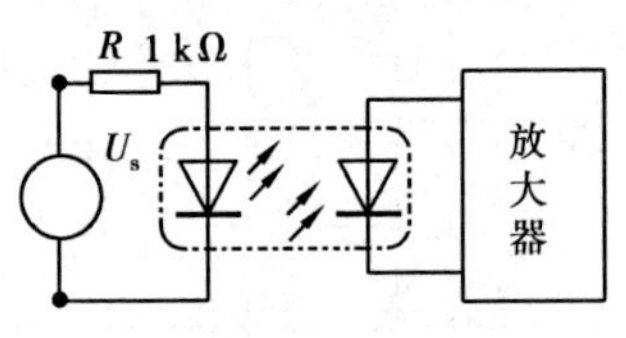

图 2.2.13 光电二极管应用电路

实验三 单级低频放大器

(1)实验目的

①进一步熟悉几种常用低频电子仪器的使用方法。

②掌握单级放大器静态工作点的调测方法。

③观察静态工作点的变化对输出波形的影响。

④学习电压放大倍数及最大不失真输出电压幅度的测试方法。

(2)实验仪器及材料

①函数信号发生器(DF1641B 型)	1 台
②双踪示波器(GOS-620 型)	1 台
③交流电压表(DF2173B)	1 台
④模拟电路学习机	1 台
⑤数字万用表	1 只
⑥短导线	若干

(3)实验原理及预习要求

1)实验原理

①放大器的基本任务是不失真地放大信号,即实现输入变化量的控制作用。要使放大器正常工作,除了必须有保证晶体管正常工作的偏置电压外,还须有合理的电路结构形式和配置恰当的元器件参数,使得放大器工作在放大区内,即必须设置合适的静态工作点 Q。静态工作点设置过高,会引起饱和失真,如图 2.3.1 所示中的 Q_3点;静态工作点设置太低,会造成截止失真,如图 2.3.1 所示中的 Q_2点。

对于小信号单级放大器而言,由于输出交流信号幅度很小,非线性失真不是主要问题,可根据具体要求设置工作点。例如,如希望放大器耗电小,噪声低,工作点 Q 可适当选得低一些;如希望放大器增益高,工作点可适当选得高一些。如果输入信号幅度较大,则要保证输出波形基本不失真,此时的工作点应先在交流负载线的中点,以获得最大不失真的输出电压幅度,如图 2.3.2 所示。

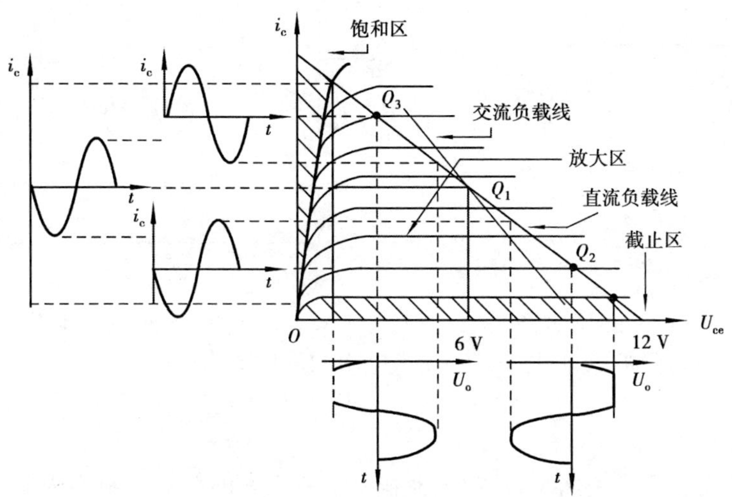

图 2.3.1　静态工作点不合适引起放大器失真

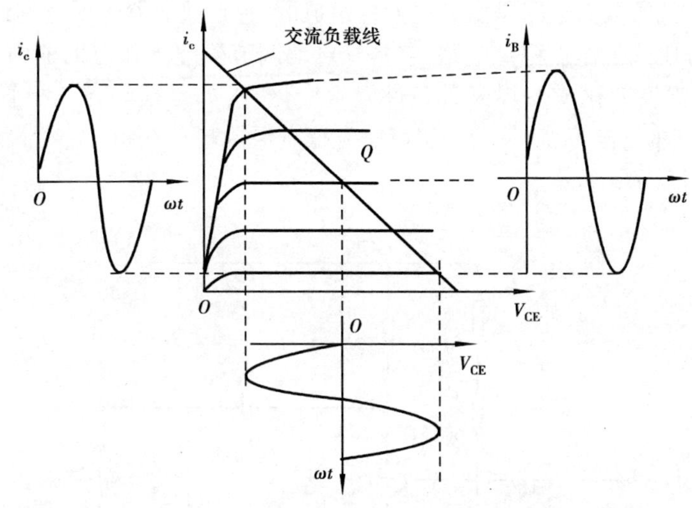

图 2.3.2　具有最大动态范围的静态范围的静态工作点

衡量单级放大器性能的主要指标如下：

a. 电压放大倍数：电压放大倍数定义为放大电路输出电压变化量的幅值与输入电压变化量幅值之比，表达式为

$$A_v = \frac{V_o}{V_i}$$

式中，V_o，V_i分别代表输出、输入正弦电压信号的有效值。

b. 输入电阻：如图 2.3.3 所示，输入电阻是从放大器输入端看进去的等效电阻（或等效阻抗），它表明放大电路对信号源影响的程度。放大电路输入电阻越高，对信号源影响越小，输

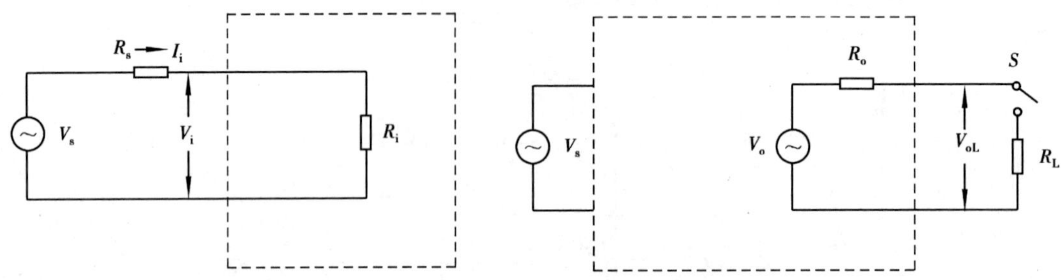

图 2.3.3　输入电阻示意图　　　图 2.3.4　输出电阻示意图

入信号就越接近于恒压输入,即 $V_i = V_s$。输入电阻的表达式为

$$R_i = \frac{V_i}{I_i}$$

c. 输出电阻:如图 2.3.4 所示,从放大器输出端看进去的等效电阻称为输出电阻,它表明放大电路带负载的能力,输出电阻越小,带负载的能力越强。其表达式为

$$R_o = \left.\frac{V_o}{I_o}\right|_{V_i=0\text{或}I_s=0}$$

②单级共射极低频放大电路是由分立元件组成的,它是放大器中最基本的单元电路之一,本实验采用的是分压式工作点稳定电路,它具有自动调节静态工作点的能力。在元件参数已确定的条件下,当温度变化或外界某种条件发生变化时(如更换晶体三极管,使 $\bar{\beta}$ 值发生变化),均能保证 V_B 基本稳定不变,从而使得静态工作点保持基本不变。

实验电路如图 2.3.5 所示。

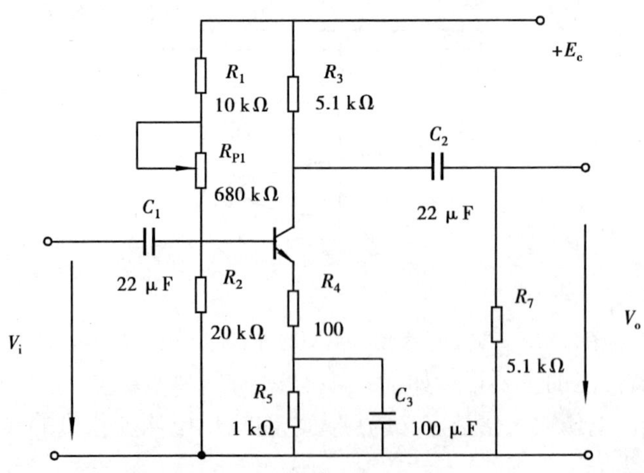

图 2.3.5　单级低频放大器实验电路

在元件参数已确定的情况下,该电路的一般工程估算如下:

a. 静态参数

发射极电压一般取 $V_E=(0.1\sim0.3)\ V_{CC}$，或取 $V_{EQ}=1\sim3$ V

$$V_B = V_{CC}\frac{R_{b2}}{R_{b1}+R_{b2}}（当满足 I_B \ll I_1 时）\quad 其中 R_{b1}=R_1+R_{p1}, R_{b2}=R_2$$

$$I_{EQ} = \frac{V_{EQ}}{R_e} \quad 其中 R_e = R_4 + R_5$$

$$I_{CQ} \approx I_{EQ}$$

令
$$\overline{\beta} = \beta$$

则
$$I_{BQ} = \frac{I_{CQ}}{\beta}$$

$$V_{CEQ} \approx V_{CQ} - V_{EQ} = V_{CC} - I_{CQ}(R_e + R_c)$$

b. 动态参数

$$A_V = \frac{V_o}{V_j} = -\frac{\beta R_L^1}{r_{be}}$$

$$r_{be} = r_{bb}' + (1+\beta)\frac{26}{I_{EQ}}$$

其中，低频管 $r_{bb}'\approx300\ \Omega$，高频管 $r_{bb}'\approx30\sim50\ \Omega$，

$$R_i = R_b // r_{be}, R_b = R_{b1} // R_{b2}$$

$$R_o \approx R_c$$

$$R_L' = R_L // R_C$$

2）预习要求

①复习几种常用低频电子仪器的正确使用方法。

②复习教材中单级共射放大电路的有关内容。

③掌握小信号低频放大器静态工作点的选择原则。

④阅读本实验全部内容。

⑤按照实验电路的元件参数，估算电压放大倍数（假设 $r_{bb}\approx300\ \Omega$，设 $\beta=50$）。

(4) 实验内容及步骤

①核对学习机上的直流电源，使 $V_{CC}=+12$ V。

②用函数信号发生器产生一个交流正弦信号电压，使其输出幅度有效值为 $V_i=10$ mV，信号频率为 $f=1$ kHz。

③将实验原理图与实验箱面板对照，检查无误后，再按要求连接，接入 $E_C=+12$ V，在放大电路的输入端口输入交流信号 V_i，又在其输出端口接上示波器探针以便观察输出波形。

④观察静态工作点的不同设置对放大器输出波形的影响。

在上述操作准备好之后，调节电位器 R_{P1}，使 R_{b1} 的阻值分别处于逐渐增大（阻值较大）、阻止适中、逐渐减小（阻值较小）等几种不同状态，再分别测出对应上述各状态下的工作点 V_{EQ}，V_{CQ}，$V_{CEQ}=V_{CQ}-V_{EQ}$，$I_{CQ}\approx I_{EQ}=\frac{V_{EQ}}{R_e}$，并描绘所观察到的波形，若波形有失真，请判断属于何种失真，再将数据填入表 2.3.1。

表 2.3.1

测试项目 / R_{P1}阻值	V_{EQ}	V_{CQ}	V_{CEQ}	I_{CQ}	记录输出波形	判别工作状态
阻值较大						
阻值适中						
阻值较小						

⑤电压放大倍数的测试

调节 R_{P1}，使输出波形基本上不失真，再用交流电压表分别测出当 $R_L=\infty$ 与 $R_L=5.1\ k\Omega$ 时的 V_o，算出 A_V，描绘输出电压波形，测试数据请填入表 2.3.2 中。

表 2.3.2

测试项目 / R_L阻值	V_i	V_o	电压增益 A_V	输出波形
$R_L=\infty$				
$R_L=5.1\ k\Omega$				

⑥测量电路的最大电压放大倍数和最大不失真输出电压幅度。

a. 当 $R_L=5.1\ k\Omega$ 时，输入 $V_i=10\ mV$，$f=1\ kHz$ 的正弦信号，调节 R_{P1}，使输出波形不产生失真，且幅值最大，此时的电压放大倍数最大。测量此时的静态工作点及输出电压 V_{om}，计算出 A_{vm}。

b. 输入 $V_i=10\ mV$，$f=1\ kHz$ 正弦信号，用示波器观察到不失真输出波形后，逐渐增大 V_i，继续观察输出波形有无失真，则调 R_{P1}，使其正、负峰同时出现削顶失真，此时，则须减小输入信号 V_i 并反复调节 R_{P1}，直至输出电压波形的正、负峰刚好同时退出削顶失真为止。此时的工作点已位于交流负载线中点，测出的 V_i 即为放大器的最大允许输入电压幅值，同时 V_o即为最大不失真输出电压幅值。

(5) 实验报告及问题讨论

1) 实验报告

①整理实验数据，正确填写表格。

②总结 R_P 的变化对静态工作点及输出波形的影响，分析波形失真的原因。

③将电压放大倍数的实验数据与估算值进行比较，若有误差，分析其原因。

2) 问题讨论

①使用由 NPN 管和 PNP 管组成的放大器，其输出电压的饱和失真波形与截止失真波形是

否相同?

②静态工作点偏高(或偏低)是否一定会出现饱和或截止失真?为什么?若出现失真,应如何调节予以消除?

③在 $R_L' = R_L // R_C$ 时,最大允许输出电压波形不失真,但若断开 R_L,此时该波形可能出现什么变化?

实验四　射极输出器的测试

(1)实验目的

①熟悉射极输出器电路的特点。

②进一步熟悉放大器输入、输出电阻和电压增益的测试方法。

(2)实验仪器及材料

①函数信号发生器(DF1641B 型)	1 台
②双踪示波器(GOS-620 型)	1 台
③交流电压表(DF2173B)	1 台
④模拟电路学习机	1 台
⑤数字万用表	1 只
⑥短导线	若干

(3)实验预习要求

①复习射极输出器电路。

②了解射极输出器在放大电路中作为输入极、输出极、中间极时所起的作用。

(4)实验电路

射极输出器如图2.4.1所示。

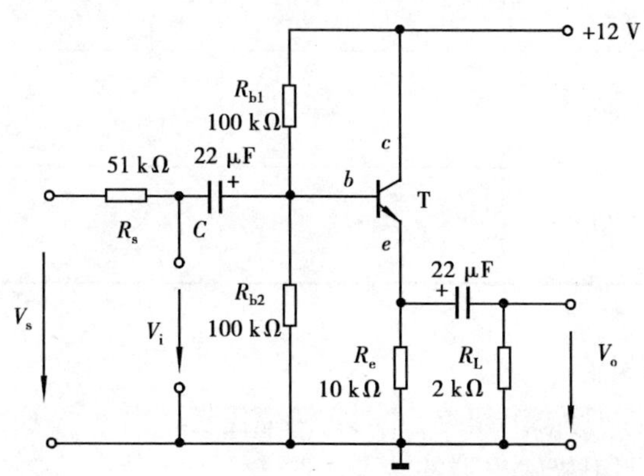

图2.4.1

注意:实验中如发现寄生振荡,可在T管 *cb* 间接30 pF的电容。

(5)实验内容及步骤

①测试静态工作点,将结果填写入表2.4.1中。

表 2.4.1

待测参数	V_B/V	V_E/V	V_C/V
理 论 值			
实 测 值			

②测量电压放大倍数:实验电路中的 R_s 代替信号源内阻,输入信号的频率为 1 kHz,输入信号的幅度选择应使电路输出在整个测量过程中不产生波形失真,在不接负载电阻即:$R_L = \infty$ 和接负载电阻 $R_L = 2\ \text{k}\Omega$ 情况下将测量结果填写入表 2.4.2 中。

表 2.4.2

待测参数	$R_L = \infty$	$R_L = 2\ \text{k}\Omega$				
	V_∞	V_i/V	V_o/V	V_s/V	$A_V = V_o/V_i$	$A_{vs} = V_o/V_s$
理 论 值						
实 测 值						

③放大器的输入、输出电阻,(测量方法参考实验十),负载电阻 $R_L = 2\ \text{k}\Omega$,将测量结果填写入表 2.4.3 中。

表 2.4.3

待测参数	R_i/Ω	R_o/Ω
理 论 值		
实 测 值		

(6) 实验报告及问题讨论

①理论计算图 2.4.1 的静态工作点,并与实测值比较。

②整理实验结果,说明射极输出器的特点。

实验五　两级阻容耦合放大器

(1)实验目的

①了解阻容耦合放大器级间的相互影响。

②学会两级放大器的调整方法及其性能指标的测试方法。

③了解放大器静态工作点对输出动态范围的影响。

(2)实验仪器及材料

①函数信号发生器(DF1641B型)　1台

②双踪示波器(GOS-620型)　1台

③交流电压表(DF2173B)　1台

④模拟电路学习机　1台

⑤数字万用表　1只

⑥短导线　若干

(3)实验原理及预习要求

1)实验原理

阻容耦合方式的多级放大电路是多级放大器中常见的一种,其特点是它们的各级直流工作点相互独立,可分别进行调整。由于各级大多采用工作点稳定电路,使得整个放大器的性能比较稳定。

在阻容耦合多级放大器中,由于输出级的输出电压和输出电流都比较大,因而输出级的静态工作一般都设置在交流负载线的中点,这样能获得最大动态范围或最大不失真输出电压幅值。

本实验电路为两级阻容耦合放大器,如图2.5.1所示。利用级间接插件改变放大器为单级或级连状态,以满足实验任务的要求。

两级阻容耦合放大器逐级对信号进行放大,前级的输出电压作为后级的输入电压,因而两级放大器的总电压放大倍数为$A_V=\frac{V_{o1}}{V_{i1}}\cdot\frac{V_{o2}}{V_{o1}}=A_{v1}\cdot A_{v2}$,即两级放大器的总电压放大倍数等于各级放大倍数的乘积。这里所指的各级放大倍数已考虑了级间的相互影响。在处理级间影响时,可将前级的输出电阻作为后级的信号源电阻;而后级的输入电阻则作为前级的负载电阻。因此,在具体实验的调测中,第一级的放大倍数在单级与级连两种不同工作状态时必然存在着差异。

另外,在两级阻容耦合放大器中,由于存在耦合电容、旁路电容、晶体管极间等效电容、导线间分布电容,放大器的放大倍数将随着信号频率的变化而变化。当信号频率升高或降低时,放大倍数均有较大幅度的下降。当信号频率升高,使放大倍数下降为中频时放大倍数(A_{VM})的0.7倍时,这个频率称为上限截止频率f_H;同样,当信号频率降低,使放大倍数下降为A_{VM}的0.7倍的频率称为下限截止频率f_L。放大器的通频带记作f_{bw},且

$$f_{bw}=f_H-f_L$$

它表明放大电路对不同频率信号的适应能力。放大器的通频带越宽,表明对信号频率的适应

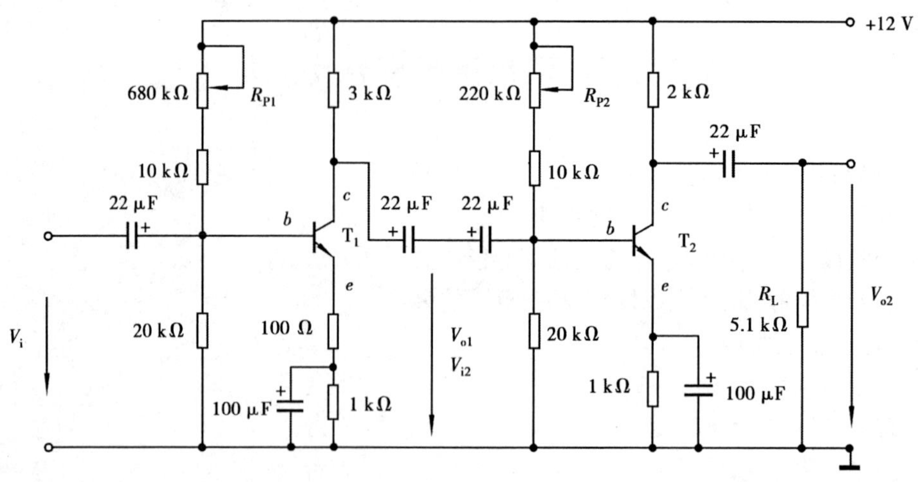

图 2.5.1 两级阻容耦合放大器实验电路

能力越强。

一个放大电路,当晶体管和电路参数选定以后,放大电路的放大倍数与通频带的乘积一般就确定了,称为“增益带宽积”($\left|A_{vm} \cdot f_{bw}\right|$)。也就是说,放大器的放大倍数增大多少倍,带宽也几乎变窄同样的倍数。

在多级阻容耦合放大器中,放大倍数也会随信号频率的变化而变化,放大器的级数越多,放大倍数越大,放大器的通频带就越窄。设各级的下限截止频率分别为 $f_{L3}\cdots, f_{Ln}$,上限截止频率分别为 $F_{H1}, f_{H2}, f_{H3}, \cdots, f_{Hn}$,则多级放大器与单级放大器的频率响应存在着如下近似关系:

$$f_L = 1.1\sqrt{f_{L1}^2 + fL_{L2}^2 + f_{L3}^3 + \cdots + f_{Ln}^2}$$

$$\frac{1}{f_H} = 1.1\sqrt{\frac{1}{f_{H1}^2} + \frac{1}{f_{H2}^2} + \frac{1}{f_{H3}^2} + \cdots + \frac{1}{f_{Hn}^2}}$$

如粗略地设各级的 f_{L1} 与 f_{H1} 均相同,可按表 2.5.1 估算频率响应的指标,其中,n 代表放大器的级数。

表 2.5.1

n	2	3	4	…
f_{Ln}	1.56 f_{L1}	1.97 f_{H1}	2.30 f_{L1}	…
f_{Hn}	0.64 f_{H1}	0.51 f_{H1}	0.43 f_{H1}	…

高放大倍数的多级放大器易受外界干扰的影响,也容易产生自激振荡。这些干扰主要是由外界杂散电磁场、布线不合理和电源的交流纹波等原因所造成的,严重时会影响放大器的正常工作。例如,在扩音机中就会出现严重的“杂音”或“啃叫声”、“汽船声”等,有时甚至会损坏元器件。因而在调试多级放大器时,常常需要采取抑制干扰、消除自激振荡的措施。一般来说,抑制干扰的主要方法如下:

①提高焊接工艺质量,防止虚焊。

②合理布线。应将输入线与输出线、电源线(特别是交流电源线)分开,不要互相靠近,特别注意不要平行地靠在一起。另外,输入端的引线要尽量短,因为输出电路与电源电路的电流比较大,与输入电路靠得太近,也会通过电磁感应输入电路而产生干扰。

同时,要注意接地点和地线的合理安排。对于每个单级,接地点要集中汇在一点,再用串联一点接地方式在前级接地。地线最好选用较粗的裸铜线制作,或增加印刷板上的铜箔宽度。

2)预习要求

①复习教材中与多级放大器有关章节的内容。

②仔细阅读本实验全部内容及有关附录。

③估算实验电路的中频电压放大倍数(级连时)A_{V1},A_{V2}及总电压放大倍数A_V。

④用图解法求出末级放大器的最大动态范围。

(4)实验内容及步骤

1)核对学习机上的直流电源,使$V_{CC}=+12$ V;

2)用函数信号发生器产生一个信号电压,使其输出幅度有效值为$V_i=2\sim5$ mV,频率为$f=1$ kHz。

3)对照实验电路图,熟悉各元件位置,然后按实验电路原理要求进行连接,经检查无误后,方可接入V_{CC}。

4)调整各级静态工作点。分别调节R_{P_1},R_{P_2},用数字万用表测出V_{EQ1},V_{CQ1},V_{EQ2},V_{CQ2}并填入表2.5.2。静态工作点的参考值为$I_{CQ1}\approx0.5\sim1$ mA,$I_{CQ2}\approx1$ mA。

表2.5.2

(第一级)Q_1			(第二级)Q_2		
V_{CQ1}	V_{CQ1}	V_{CEQ1}	V_{EQ2}	V_{CQ2}	V_{CEQ2}

5)测量放大器的电压放大倍数

①将放大器分为两个单级放大器,分别从各输入端加入正弦信号$V_i=2\sim5$ mV,$f=1$ kHz,分别测出V_{o1},V_{o2},算出A_{V1},A_{V2},A_V,填入表2.5.3。

②将放大器级连为两级放大器,从输入端加入正弦信号$V_i=2$ mV,$f=1$ kHz,使输出波形不产生失真,测量V'_{o1},V'_{o2},算出A'_{V1},A'_{V2},A_V并填入表2.5.3。比较A_{V1}(单级)与A'_{V1}(级连)的差别。

表2.5.3

单级状态							级连状态					
V_{i1}	V_{i2}	V_{o1}	V_{o2}	A_{V1}	A_{V2}	A_V	V_i	V'_{o1}	V'_{o2}	A'_{V1}	A'_{V2}	A'_V

6)测量两级放大器的频率特性

在放大器输入端输入 $V_i=2\sim5$ mV,$f=1$ kHz 的正弦信号,用示波器观察输出电压波形,同时调整电路,当输出波形不失真时,测出 V_o,然后升高信号源的频率,当输出电压降至 0.7 V_o时,此时的信号源频率即对应放大器的上限截止频率 f_H;同理,降低信号源频率,当输出电压降至 0.7 V_o时,此时的信号源频率即对应于放大器的下限截止频率 f_L(在改变信号源频率时,应保持 V_i不变),将数据填入表 2.5.4 中。

表 2.5.4

V_i	V_o	V_{oH}	V_{oL}	f_H/kHz	f_L/Hz

7)测量末级放大器最大动态范围

在放大器输入端输入 $V_i=2$ mV,$f=1$ kHz 的正弦信号,观察输出电压 V_{o2}的波形,再逐渐增大 V_i,直至 V_{o2}的波形在正、负峰值附近同时开始产生削波失真,若削波不对称,可调节 R_{P2},直至对称为止。然后,逐渐减小 V_i,使其 V_{o2}的波形在正、负峰值处同时且刚好退出削波失真,这表明末级放大器的静态工作点正好位于交流负载线中点,此时的动态范围为最大。请测出此时相应的工作点 V_{EQ2},V_{CQ2}及 $V_{o2P\text{-}P}$值,并填入表 2.5.5 中。

表 2.5.5

V_{EQ2}	V_{CQ2}	$V_{o2P\text{-}P}$

(5)实验报告及问题讨论

1)实验报告

①整理实验数据,填入表格。

②总结两级阻容耦合放大器前后级间的相互影响,说明第一级放大倍数在单级与级连两种工作状态时,为什么不相等($A_{V1}\neq A'_{V1}$)。

③将放大倍数的估算值与实测值进行比较,若有误差,分析其原因。

④将末级放大器最大动态范围的估算值与实测值进行比较,若有误差,分析其原因。

⑤画出两级放大器的频率响应曲线。

2)问题讨论

①若将电路中的 NPN 型晶体管改为 PNP 型晶体管、电路中有哪些相应变化?测试时要注意什么问题?

②在实验过程中,为什么要强调放大器与信号源、示波器的共接地问题?

实验六　差动放大器

(1)实验目的

①学习差动放大器零点调整及静态测试。

②进一步理解差模放大倍数的意义及测试方法。

③了解差动放大器对共模信号的抑制能力,测试共模抑制比。

(2)实验仪器及材料

①函数信号发生器(DF1641B 型)	1台
②双踪示波器(GOS-620 型)	1台
③交流电压表(DF2173B)	1台
④模拟电路学习机	1台
⑤数字万用表	1只
⑥短导线	若干

(3)实验内容与步骤

①按图2.6.1接线,1点接2点。

②静态测试。用万用表调零,令 $V_{i1}=V_{i2}=0$,A,B 点与地短接,调节 R_P 使 $V_o=0$。

③电路的静态工作点。测量两管静态工作点,并计算有关参数,填入表2.6.1中。

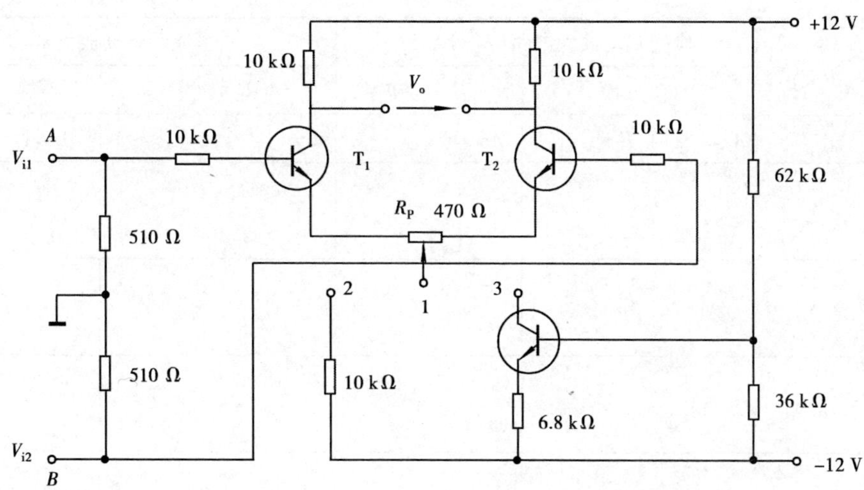

图2.6.1

表 2.6.1

测量值						计算值					
V_{T1}			V_{T2}			V_{T1}			V_{T2}		
V_{C1}	V_{B1}	V_{E1}	V_{C2}	V_{B2}	V_{E2}	I_{B1}	I_{C1}	β_1	I_{B2}	I_{C2}	β_2

注:电压单位为 V,电流单位为 mA。

④差模电压放大倍数

由 A 端差模输入 $f=1$ kHz,幅度约为 30 mV 的正弦信号(注意:在信号源与 A 端之间接 22 μF电容),B 端接地。用示波器分别观察 V_{C1},V_{C2}输出不失真情况下,然后用毫伏表测量输入信号 V_i及输出 V_{C1},V_{C2}值,计算差动放大器的差模电压增益 A_{Vd}。

⑤共模电压放大倍数

将 B 与地断开后与 A 短接,仍然输入 $f=1$ kHz 正弦信号,幅度约为 300 mV,构成共模输入。然后用毫伏表测量 V_{C1},V_{C2},计算差动放大器的 A_{VC},并计算共模抑制比 K_{CMR}。

⑥带恒流源的差动放大器

电路改接成带恒流源的差动放大器电路 1 点接 3 点,重复上述实验内容。并将实验数据填入表 2.6.2 中。

表 2.6.2

	典型差动放大电路($R=10$ K)		恒流源差动放大器	
	差模	共模	差模	共模
V_i	$A=($ $)$,$B=($ $)$	$AB=($ $)$	$A=($ $)$,$B=($ $)$	$AB=($ $)$
V_{C1}/ V				
V_{C2}/ V				
$A_d=V_{C_1}/V_1$		—		—
$A_{Vd}=V_o/V_1$		—		—
$A_{Vc}=V_o/V_i$	—		—	
$K_{CMR}=A_{Vd}/A_C$				

(4) 实验报告及问题回答

①整理实验数据，依据电路参数估算典型差动放大器与具有恒流源两种情况下的工作点及差模放大倍数，可取 $\beta_1 = \beta_2 = 100$ 左右。

②总结两种情况下的优缺点。

实验七　OCL 互补对称功率放大电路

(1) 实验目的

①进一步了解无输出电容低频功率放大器的工作原理。

②掌握 OCL 电路的性能参数的调测方法，以及负反馈对电路的影响。

③理解电路产生交越失真的原因，以及消除交越失真的方法。

④掌握 OCL 电路的输出功率、效率的调测方法。

(2) 实验仪器及材料

①函数信号发生器(DF1641B 型)	1 台
②双踪示波器(GOS-620 型)	1 台
③交流电压表(DF2173B)	1 台
④模拟电路学习机	1 台
⑤数字万用表	1 只
⑥短导线	若干

(3) 实验原理及预习要求

1) 实验原理

无输出电容低频功率放大器即“OCL”功率放大电路。

OCL 功率放大电路采用互补输出级电路，能带动较小的负载和输出较大的功率。

OCL 电路采用直接耦合，省去了输出电容，易于采用深度负反馈，因而具有体积小，频率响应好，非线性失真小等优点。

本实验电路如图 2.7.1 所示。在实验原理图中集成运放是前置放大级，当输入端加上正弦输入电压 U_i 时，在正半周，T_1, T_3 导通，T_2, T_4 截止；在负半周，T_2, T_4 导通，T_1, T_3 截止。负载电阻 R_L 上的电流是 i_{e3} 和 i_{e4} 的组合，即 $i_L \approx i_{e3} - i_{e4}$。

可见，无论是 T_1, T_3 或是 T_2, T_4 导通，放大电路均工作在射极输出状态，因此，输出电阻极低，带负载能力强。在三极管 T_2 和 T_3 的基极回路中，从直流电源 U_{CC} 到 V_{EE} 之间，接入一个由电阻和二极管组成的支路，其作用是减小失真，改善输出波形。假如没有这个支路，而将 T_2 和 T_3 的基极直接连在一起，再接到输入端，则在输入电压正半周与负半周的交界处，当 U_I 的幅度小于 T_1, T_2 输入特性曲线上的死区电压时，两管将都不导通。也就是，在 T_1, T_2 交替导通的过程中，将有一段时间两个三极管均截止。这种情况将导致 I_L 和 U_o 的波形发生非线性失真，这种失真称为交越失真。为了克服这个缺点，在 T_2, T_3 的基极之间接入一个导通支路，使静态时存在一个较小的电流从 $+V_{CC}$ 流经 D_1, D_2，在 T_1 和 T_2 的基极之间产生一个电位差，故静态时两个三极管已有较小的基极电流，因而两管也各有一个较小的集电极电流。当输入正弦电压 V_i 时，在正、负半周两管分别导电的过程中，将有一段短暂的时间 T_1、T_2 同时导通，避免了两管同时截止,因此,交替过程比较平滑,减少了交越失真。

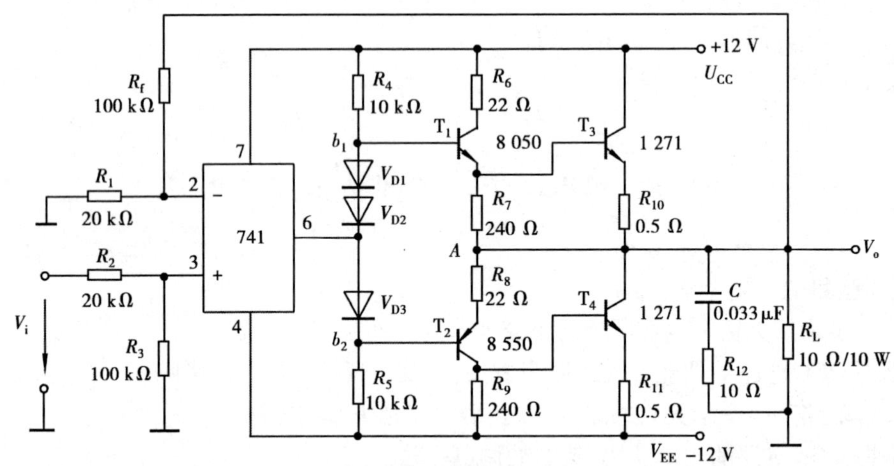

图 2.7.1　功率放大器实验原理图

2)预习要求

①复习低频功率放大器的工作原理和分析方法。

②分析电路中各三极管的工作状态及交越失真情况。

③电阻 R_{10},R_{11} 的作用是什么?

④估算本实验末级功放级的最大不失真输出功率和效率。

⑤根据实验内容自拟实验步骤和记录表格。

(4)实验内容及步骤

1)对照给定的实验电路图检查实验电路,并接上电源、交流电压表、双踪示波器、信号源,经检查无误后方可接通电源。

2)调整直流工作状态:

①接通电源,调整电源电压 $U_{CC}=+12\ \text{V}$,$V_{EE}=-12\ \text{V}$。

②将放大器调零。

3)测量电源 U_{CC} 分别为下表所示值时的最大不失真输出功率:

用函数信号发生器产生一个 $f=1\ \text{kHz}$,$V_i=100\ \text{mV}$ 的低频信号,在放大电路的输入端输入这个信号,并用示波器观察输出端的波形,在无自激振荡的情况下,逐渐加大输入信号电压,直到输出波形处于临界失真时,记录这时的最大不失真输出电压 U_o(有效值),并计算最大输出功率 P_{om},按下式计算 P_{om},数据记入表 2.7.1。

$$P_{om}=\frac{V_o^2}{R_L}$$

表 2.7.1

$U_{CC}/V_{EE}/V$	$-U_{EE}/V$	V_o/V	P_{om}/W
±15	-15		
±12	-12		
±9	-9		

4）测量放大电路在音频（20 Hz ~ 20 kHz）范围内的频率特性：

在 $f=1$ kHz 时，调输入信号 V_i，使输出信号 $V_o=4.8$ V，然后测量 U_i 值。

在保持 U_i 值不变的条件下改变信号频率 f，记录所对应的 U_o，并画出 U_o-f 曲线，数据记入表 2.7.2。

表 2.7.2

f/Hz	10	50	200	600	1 k	10 k	20 k	40 k	45 k	50 k	60 k	80 k
U_o/V												

5）观察负反馈深度对波形失真的影响：

调整输入信号频率 $f=1$ kHz，用示波器观察输出波形，逐渐加大输入信号电压，至输出波形失真。

然后加强负反馈（即用一只 100 kΩ 电阻与原负反馈电阻 $R_f=100$ kΩ 并联），用示波器观察输出波形失真有无变化。

将两种情况下的波形记入表 2.7.3。

表 2.7.3

原输出失真波形	加强负反馈后输出波形

6）观察末级工作状态对交越失真的影响：

将下面两种情况的波形记入表 2.7.4 和表 2.7.5。

①观察交越失真：将 b_1 和 b_2 短路后与运放的输出端相连接，在放大电路输入端输入 $f=1$ kHz，$V_i=100$ mV的低频信号，用示波器观察输出波形并画出输出波形的交越失真情况。

表 2.7.4

有交越失真的波形	消除交越失真后的波形

②加强负反馈,即用一只 100 kΩ 电阻与原负反馈电阻 $R_f = 100$ kΩ 相并联,用示波器观察交越失真有无变化。

表 2.7.5

未加强负反馈的交越失真波形	加强负反馈后的交越失真波形

(5) 实验报告及问题讨论

①画出实验电路图。

②列表整理实验数据,并进行讨论。

③由实验方法测得的电路效率与理论上的电路效率有什么差别?

④对实验中出现的现象进行分析。

⑤在本实验电路图中,当电源电压为 15 V,中点直流电位调节到多大时,才能获得最大不失真输出功率,为什么?

实验八　集成功率放大器

(1) 实验目的

①熟悉集成功率放大器的特点和应用。

②学习和掌握集成功率放大器的主要指标及测量方法。

(2) 实验仪器及材料

①函数信号发生器(DF1641B 型)　1 台

②双踪示波器(GOS-620 型)　1 台

③交流电压表(DF2173B)　1 台

④模拟电路学习机　1 台

⑤数字万用表　　　　　　　　　　　　　　　　　　1只

⑥短导线　　　　　　　　　　　　　　　　　　　　若干

(3)实验注意事项

电路产生寄生振荡可采取如下措施:

①断开毫伏表与输出的连接。

②尽量接短线。特别是接电源的滤波电容,接线更要短。

③输出接喇叭时,应与20 Ω/5 W的电阻串联。

④在±12 V电源之间加一个0.1 μF的电容。

(4)实验内容及步骤

①按图2.8.1接线。

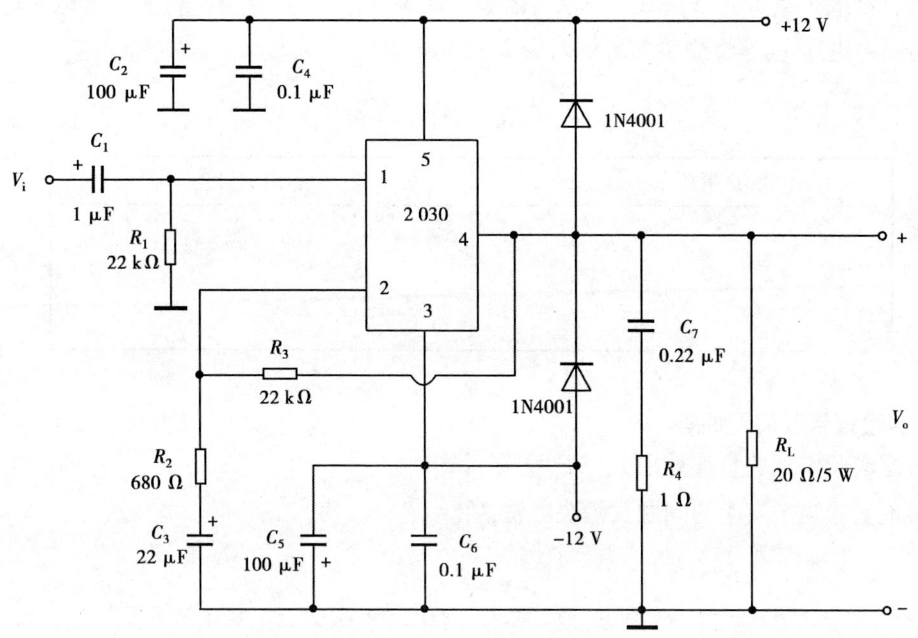

图2.8.1 集成功率放大器

②不加信号时($V_i=0$)用数字万用表测电路静态总电流$I+12$,$I-12$及2030芯片各脚的电位,填入表2.8.1中。

表2.8.1

$I+12$/mA	$I-12$/mA	V_1/V	V_2/V	V_3/V	V_4/V	V_5/V

③动态测量

a. 最大输出功率

输入端接1 kHz,$V_i\leqslant 10$ mV(用交流毫伏表测量)的正弦信号,用示波器观察输出电压波形,逐渐加大输入信号幅度,使输出电压信号为最大不失真输出。用交流毫伏表测量此时的输出电压 V_{om},则 $P_{Cm}=V_{om}^2/R_L$。将结果记入表 2.8.2。

表 2.8.2

V_i/mV	V_{om}/mV	P_{cm}/mW

b. 输入灵敏度

根据输入灵敏度的定义,只要测出输出功率 $P_o=P_{Cm}$时的输入电压值 V_i即可。

c. 噪声电压的测试

测量时将输入端短路($V_i=0$),用示波器观察噪声波形,并用交流毫伏表测量输出电压,该电压即为噪声电压 V_N。将测量结果记入表 2.8.3。

表 2.8.3

噪声电压 V_N/mV	噪声波形

(5) 实验报告及问题回答

①根据实验实际测量计算出 P_{Cm},P_V 及效率 η;

②讨论实验当中发生的问题及解决办法。

实验九　集成运算放大器的基本运算电路

(1) 实验目的

①进一步理解运算放大器的基本原理,熟悉由运算放大器组成的比例、加法、减法、积分等基本运算。

②掌握几种基本运算的调试和测试方法。

(2) 实验仪器及材料

①函数信号发生器(DF1641B 型)　1 台

②双踪示波器(GOS-620 型)　1 台

③交流电压表(DF2173B)　1 台

④模拟电路学习机　1 台

⑤数字万用表　1 只

⑥短导线　若干

(3)实验原理和预习要求

1)实验原理

集成运放电路是一种高放大倍数、高输入阻抗、低输出阻抗的直接耦合多级放大电路。外接深度电压负反馈后,输出电压 V_o 与输入电压 V_i 的运算关系仅决定于外接反馈网络与输入端的外接阻抗,而与运算放大器本身无关。改变反馈网络与输入端外接阻抗的形式和参数,即能对 V_i 进行各种数字运算。本实验只讨论比例、加法、减法、积分这几种基本运算。

在实际运算过程中,大多数运算放大器都工作在线性范围内。由于实际运算放大器的性能比较接近理想运算放大器的性能,故在一般分析讨论中,理想运算放大器的3条基本结论也是普遍适用的,即

a. $A_{od} \to \infty$

b. 运算放大器两个输入端之间的差模输入电压为零：　$V_p = V_n$

c. 运算放大器两个输入端的输入电流为零：　$I_+ = I_- = 0$

本实验采用的主要器件为OP07或μA741,其功能引脚图如图2.9.1所示。

按照这3条基本结论,比例、加法、减法、积分这几种基本运算存在如下的运算关系：

①反相比例运算电路:如图2.9.2所示。

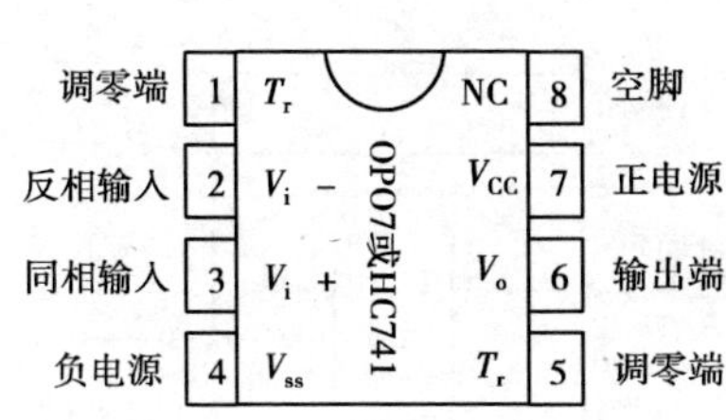

图2.9.1

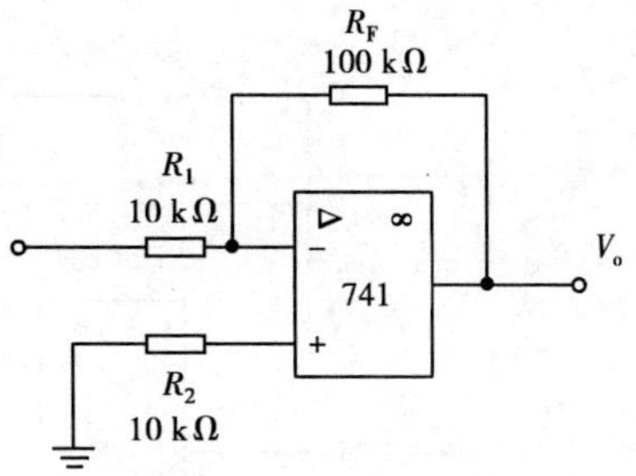

图2.9.2　反相比例运算电路

由于反相输入端为“虚地”点,且输入电流 $I_i = 0$,故

$$I_i = I_f$$

$$V_o = -\frac{R_f}{R_1}V_i$$

$$A_f = -\frac{R_f}{R_1}$$

②反相加法运算电路:如图2.9.3所示。反相加法运算电路的函数关系式为

$$V_o = -\left(\frac{R_f}{R_1}V_{i1} + \frac{R_f}{R_2}V_{i2}\right)$$

若取 $R_1 = R_2 = R_3 = R$,则有

$$V_o = -\frac{R_f}{R_1}(V_{i1} + V_{i2})$$

此运算中,调节某一路信号的输入电阻时,不会影响其他输入电压与输出电压的比例关系,因而调节方便。

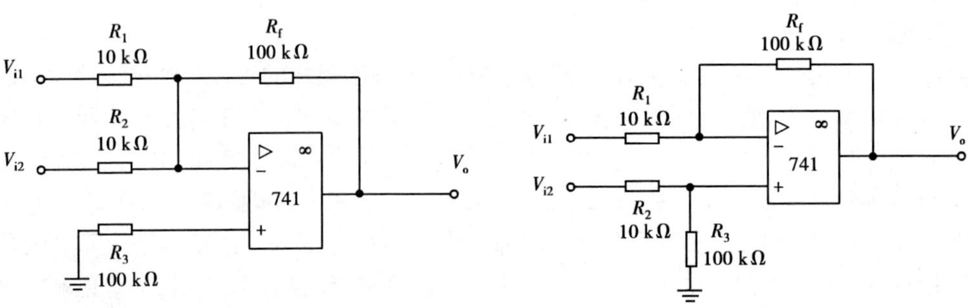

图 2.9.3　反相加法运算原理图　　　　图 2.9.4　减法运算原理图

③减法运算电路:如图 2.9.4 所示。实际应用中,要求 $R_1=R_2,R_3=R_f$,且需严格配对,这有利于提高放大器的共模抑制比及减小失调。运算关系为

$$V_o = \frac{R_f}{R_1}(V_{i2} - V_{i1})$$

④积分运算电路:

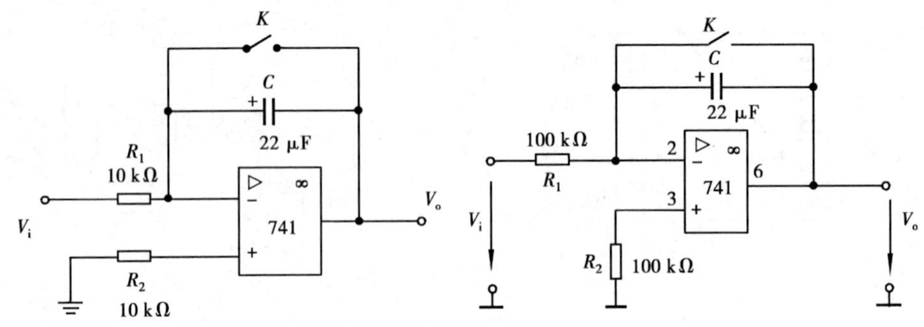

图 2.9.5　积分运算电路

如图 2.9.5 所示,积分运算电路的运算关系式为

$$U_C(0) = 0$$

$$V_o = -\frac{1}{RC}\int_0^t V_i \mathrm{d}t$$

积分电路在实际应用中常用作延迟、波形转换及移相等。有时电路中如果加一跨接于电容两端的分流电阻 R_s,可以限制电路的低频增益,减小直流漂移的影响;如不接 R_s 以限制低频增益,在整个积分周期内,会因为失调电压的积累使运算放大器趋于饱和,从而减弱电路的积分功能(这里为简单起见,不接 R_s)。

实验开始之前,必须了解所选用的运算放大器管脚排列及主要参数,还必须按实验要求正确连线和操作。集成运放工作时,需要加正、负两组电源,若电源极性接反,或取值超过额定值,均可能造成运放损坏。运算前必须消振和调零。消振的方法是在相位补偿端接入补偿网络或采取其他措施;若无法调整,可能是连接错误或有虚焊点,使运放处于"开环"状态;如出现输出端"饱和"现象,则可能是输入信号电压超过运放的额定输入值所引起。

本实验的输入信号是由直流稳压电源提供的直流信号，因此，要求直流稳压电源的输出电阻（即信号源内阻）和纹波电压值越小越好。若稳压电源性能指标比较差，运算放大器就无法正常运算，甚至造成自激。

⑤微分电路：参考电路如图2.9.6所示，请自拟实验步骤以验证微分运算。

⑥积分-微分电路（自行设计）：参考电路如图2.9.7所示，请自拟实验步骤以验证电路原理。

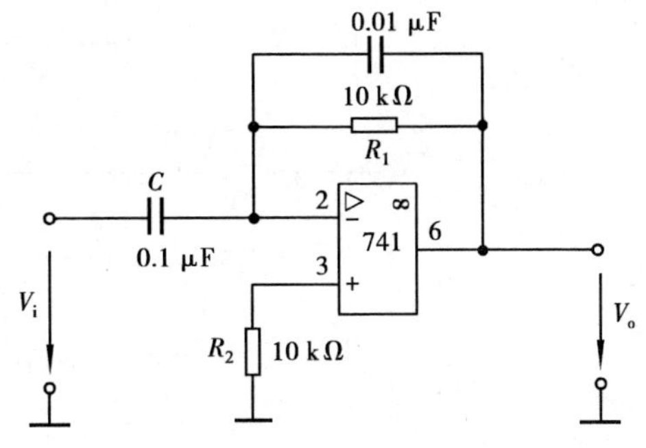

图2.9.6　微分运算参考电路

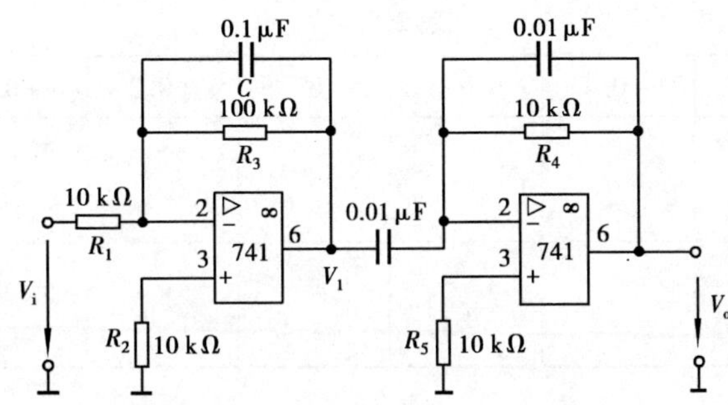

图2.9.7　积分-微分电路

2）预习要求

①复习教材中有关比例、加法、减法、积分、微分运算的理论知识。

②阅读本实验教材附录，了解集成运放 μA741 的管脚排列及主要参数。

③阅读本实验全部内容。

④按照积分电路给定参数，估算输出电压 V_o 值。

（4）实验要求及步骤

1）在实验过程中用数字式万用表的“DCV” 20 V 挡测量电压。

2）调零：按图2.9.8接线，接通电源后，调节调零电位器 R_P，使输出 $V_o = 0$（小于 ±10 mV），运放调零后，在后面的实验中均不用调零了。

对照下面各实验电路图，按要求连接线路，经检查无误后，就可以带电进行实验了。

3）反相比例运算：

①对照实验电路图2.9.1，按参数要求连接线路，经检查无误后，打开电源进行实验。

②用数字式万用表分别测量输入和输出电压值，以上数值对应填入表2.9.1。

③注意：实验中必须使 $|V_i| < 1$ V，则该电路运算关系为

$$\frac{V_o}{V_i} = -\frac{R_f}{R_1} = -10$$

即

$$V_o = -10\ V_i$$

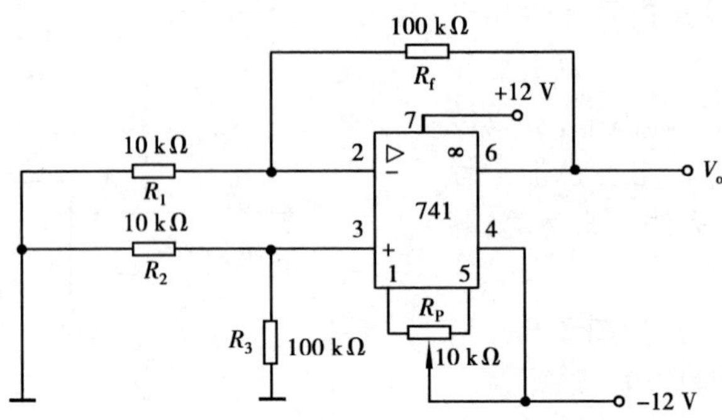

图 2.9.8

用数字式万用表分别测量输入和输出电压值,填入表 2.9.1:

表 2.9.1

V_i/V	-0.8	-0.4	-0.2	0	+0.2	+0.4	+0.8
V_o/V							
理论值							

4)反相加法运算:

①对照实验电路图 2.9.2,按参数要求连接线路,经检查无误后,打开电源进行实验。

②先用数字式万用表测量输入电压 V_{i1},V_{i2}的值,然后用短导线将 V_{i1},V_{i2}连接到电路中,再用数字式万用表测量输出电压 V_o值,把以上数据对应填入表 2.9.2。

③注意:实验中必须使$|V_{i1}+V_{i2}|<1$ V(V_{i1},V_{i2}可为不同的数值,不同的极性),则该电路运算关系为

$$V_o=-\frac{R_f}{R_1}(V_{i1}+V_{i2})=-10(V_{i1}+V_{i2})$$

表 2.9.2

V_{i1}							
V_{i2}							
V_o							
理论值							

5)减法运算:

①对照实验电路图2.9.4,按参数要求连接线路,经检查无误后,打开电源进行实验。

②先用数字式万用表测量输入电压 V_{i1},V_{i2}的值,然后用短导线将 V_{i1},V_{i2}连接到电路中,再用数字式万用表测量输出电压 V_o值,把以上数据对应填入表2.9.3。

③注意:实验中必须使 $|V_{i1}-V_{i2}|<1$ V(V_{i1},V_{i2}可为不同的数值,不同的极性),则该电路运算关系为

$$V_o=\frac{R_f}{R_1}(V_{i2}-V_{i1})$$

表2.9.3

V_{i1}							
V_{i2}							
V_o							
理论值							

6)积分运算:

①对照实验电路图2.9.5,按参数要求连接线路,经检查无误后,打开电源进行实验。用数字式万用表分别测量输入和输出电压值,填入表2.9.4。

②实验中必须使 $|V_i|<1$ V,则该电路运算关系为

$$V_o=-\frac{1}{RC}\int_0^t V_i \mathrm{d}t=-\frac{t}{RC}V_i \quad (\text{当 } V_i \text{ 为直流电压时})$$

③合上 K,其余连线不变,此时的 $V_{c(o)}=0$,以消除积分起始时刻前积分漂移所造成的影响。

④调节 R_{P_1},使 $V_i=0.1$ V,准备好电路,然后断开 K,用数字式万用表测出相应的 V_o,填入表2.9.4。

表2.9.4

t/s	0	5	10	15	20	25	30	35
$-V_o$								
理论值								

⑤使图2.9.4中积分电容改变为0.1 μF,断开K,V_i分别输入频率为200 Hz幅值为2 V的方波和正弦波信号,观察V_i和V_o的大小及相位关系,并记录波形,填入表2.9.5。

表2.9.5

输　　入	输　出　波　形	V_o
正弦波 V_i=0.5 V(有效值) f=200 Hz	V_i → t V_o → t	
方　波 V_i=0.5 V(幅值) f=200 Hz	V_i → t V_o → t	

⑥微分电路:

按参考电路图2.9.6所示接线。

a. 输入f=200 Hz,V_i=0.5 V(有效值)的正弦波信号,用双踪示波器观察V_i与V_o的波形,测量输出电压有效值,其波形和数据记入表2.9.6中。

b. 输入f=200 Hz,V_i=0.5 V(有效值)的方波信号,重复上述实验内容,波形和数据记入表2.9.6中。

表2.9.6

输　　入	输　出　波　形	V_o
正弦波 V_i=0.5 V(有效值) f=200 Hz	V_i → t V_o → t	
方　波 V_i=0.5 V(幅值) f=200 Hz	V_i → t V_o → t	

⑦积分-微分电路(自行设计试验步骤)。

(5)实验报告及问题讨论

1)实验报告

①整理实验数据,填入表格。

②将比例、加法、减法运算的实测值与估算值进行比较,若有误差,分析其原因。

③画出积分运算输出电压与时间的关系曲线，并将实测值与估算值比较，若有误差，分析其原因。

④写出集成运算放大器在调整、测试时的注意事项。

⑤实验中若有不正常现象或故障，说明是如何解决的。

2）问题讨论

①集成运放在运算前，为什么要连接成闭环状态调零？可否将反馈支路电阻 R_f 开路调零？

②积分电路中，如果在电容两端跨接一电阻 R_s 将起什么作用？

③若在积分电路输入端送入一方波信号，输出应是什么波形？并画出相应的波形图。

实验十　负反馈放大器

（1）实验目的

①加深理解负反馈放大器的工作原理，以及负反馈对放大器性能的影响。

②掌握负反馈放大器性能指标的调测方法。

（2）实验仪器及材料

①函数信号发生器（DF1641B 型）	1 台
②双踪示波器（GOS-620 型）	1 台
③交流电压表（DF2173B）	1 台
④模拟电路学习机	1 台
⑤数字万用表	1 只
⑥短导线	若干

（3）实验原理及预习要求

1）实验原理

负反馈放大电路通常由多级放大电路加上负反馈网络组成。虽然负反馈放大器的 4 种组态都会使放大器的放大倍数下降，但却能使放大器的其他性能得到改善。负反馈对放大器性能的改善主要体现在改变放大器的输入电阻和输出电阻、扩展频带、提高电路稳定性、减小非线性失真这几个方面。

输入电阻的变化与反馈网络在输入端的连接方式（串联或并联）密切相关。串联负反馈使输入电阻比无负反馈时提高（$1+A_{VMF}$）倍，而并联负反馈使输入电阻比无负反馈时减少（$1+A_{VMF}$）倍；电流负反馈使输出电阻比无负反馈时增加（$1+A_{VMF}$）倍，而电压负反馈则使输出电阻比无反馈时减小（$1+A_{VMF}$）倍。

当放大器中的管子选定以后，该放大器的增益与带宽的乘积基本上为一常数。也就是说，引入负反馈后，虽然放大器的放大倍数降低了（$1+A_{VMF}$）倍，但通频带却会展宽（$1+A_{VMF}$）倍。在引入了负反馈放大器中，若只包含两级 RC 相移网络，A 的最大附加相移为 $\pm180°$，一般不容易产生自激，但在调测过程中仍要注意寄生反馈的影响，如耦合电容、旁路电容、三极管极间等效电容等的影响。反馈系数 F 应适当，不能过大。调测中若出现自激振荡，消除的方法是找出寄生耦合点，重新合理布线；接地点要相对集中；选择 R_o 较小的直流稳压电源，或在电源与放大器的连接处加去耦滤波电路等。

实验参考电路如图 2.10.1 所示。

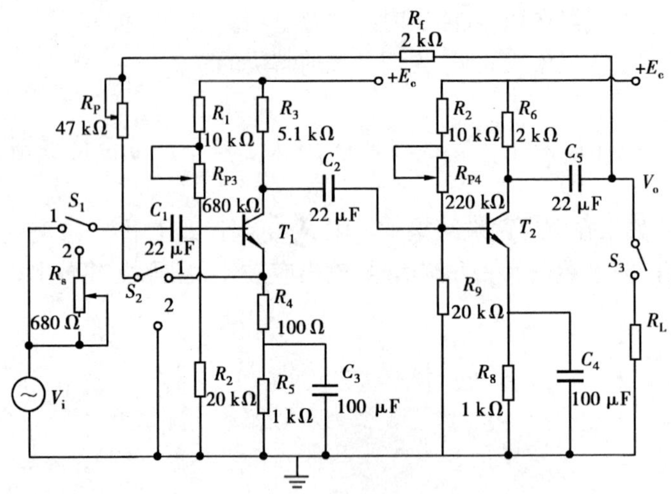

图 2.10.1　两级电压串联负反馈放大器实验电路

输入电阻与输出电阻的测量方法如下：

①输入电阻 R_i 的测量

在输入端将附加电阻 R_s 串入输入回路，开关 S_2 合向 2，等效电路如图 2.10.2 所示。

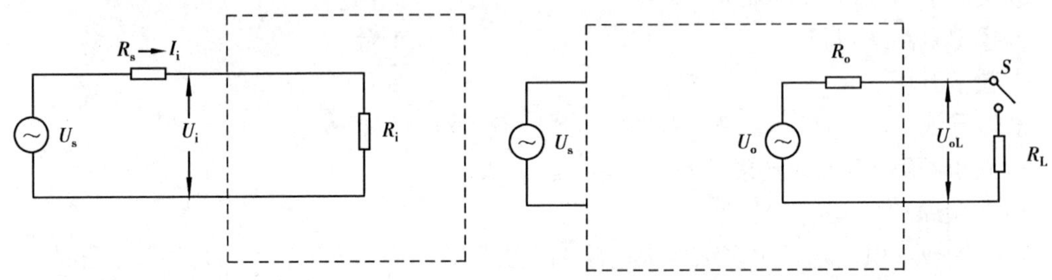

图 2.10.2　输入电阻测试原理图　　　　图 2.10.3　输出电阻测试原理图

则

$$I_i = \frac{U_s - U_i}{R_s}$$

$$R_i = \frac{U_i}{I_i} = \left(\frac{U_i}{U_s - U_i}\right) R_s$$

②输出电阻 R_o 的测量

如图 2.10.3 所示，从输出端分别测出 U_o（不接入 R_L）和 U_{oL}（接入 R_L）的值，则

$$U_{oL} = U_o \frac{R_L}{R_o + R_L}$$

$$R_o = \left(\frac{U_o - U_{oL}}{U_{oL}}\right) R_L$$

2）预习要求

①复习教材中，负反馈对放大器性能的改善及其频率特性的有关内容。

②阅读本实验全部内容。

③根据实验电路，分别估算加负反馈和不加负反馈两种情况下放大器的放大倍数、输入电阻和输出电阻。

(4)实验内容及步骤

1）各级静态工作点 Q 的测量

①核对学习机上的直流电源，使 $E_C = +12$ V。

②使用函数信号发生器产生一个正弦信号电压，使其输出幅度有效值为 $U_i = 3$ mV，频率为 $f=1$ kHz。

③对照实验原理图2.10.1，熟悉各元件位置，检查无误后，再按要求连接。

④测量电路的静态工作点。

在电路输入端加上已调节好的交流输入信号，用示波器监视输出端的输出电压 U_o，反复调节 R_{P3}，R_{P4}，使每一级的输出电压波形都不失真；再用数字万用表分别测出静态工作点：U_{EQ1}，U_{CQ1}，U_{EQ2}，U_{CQ2}的值并填入表2.10.1中。

表2.10.1

测试项目	U_{CQ1}	U_{EQ1}	U_{CQ2}	U_{EQ2}
测试数据				

2）基本放大电路与负反馈放大电路性能参数的测试

①测量基本放大电路的放大倍数 A_{um}、输出电阻 R_o 和输入电阻 R_i，并将数据填入表2.10.2中。

a. S_1 置“1”位，S_2 置“2”位，输入正弦信号，在输出端分别测出 U_o（不接 R_L）和 U_{oL}（接入 $R_L=5.1$ kΩ），算出 A_{um}（用 U_o 值）和 R_o 值。

b. S_1 置“2”位，将 $R_s=680$ Ω 串入输入回路，逐渐加大信号电压，使输出电压与①项中所测 U_o 值相等，即保持 $U_i=3$ mV 不变，然后，用交流电压表测量此时的输入信号电压 U_s 的值。从而计算出 R_i 的值。

②测量电压串联负反馈放大电路的放大倍数 A_{um}、输出电阻 R_o，并将所得数据填入表2.10.2中：使 S_1 置“1”位，S_2 置“1”位，则电路成为负反馈放大器。保持 $U_i = 3$ mV，按1中“①”的测试步骤再测一遍，计算出 A_{uf}，R_{of}。

③测量基本放大电路与负反馈放大电路的频率特性。

a. 首先将电路接成基本放大器：S_2 置“2”，S_1 置“1”，信号电压 $U_i=3$ mV，$f=1$ kHz，并使负载开路。当输出波形不失真时测出 U_o（不接负载时的输出电压），然后，升高信号源频率，直到当输出电压降至0.7 U_o 时，此时的信号源频率即对应于放大器的上限截止频率 f_H；同理，降低信号源频率，直到使输出电压降至0.7 U_o 时，此时的信号源频率即对应于放大器的下限截止频率 f_L（改变信号源频率时，应保持 U_i 不变）。

将测得数据填入表2.10.2中。

b. S_1 置“1”,S_2 置“1”,电路成为负反馈放大器,加上信号电压 $U_i=3\ \mathrm{mV}$,$f=1\ \mathrm{kHz}$,使负载 $R_L=\infty$,然后分别测出负反馈放大器的输出电压 U_o,并将数据填入表 2.10.2 中。然后,升高信号源频率,直到当输出电压降至 0.7 U_o 时,此时的信号源频率即对应于放大器的上限截止频率 f_H;同理,降低信号源频率,直到使输出电压降至 0.7 U_o 时,此时的信号源频率即对应于放大器的下限截止频率 f_L(改变信号源频率时,应保持 U_i 不变)。

表 2.10.2

基本放大电路	U_i	U_o	U_{oL}	A_U	R_o	f_L	f_H	U_s	R_i
电压串联负反馈放大电路	U_i	U_{of}	U_{uf}	A_{uf}	R_{of}	f_{Lf}	f_{Hf}	U_{sf}	R_{if}

(5) 实验报告及问题讨论

1) 实验报告

①整理实验数据,填入表格。

②总结引入负反馈对放大器性能的影响,并将估算值与实测值进行比较,若有误差,分析其原因。

③画出有反馈和无反馈时,放大器的频率响应曲线。

2) 问题讨论

①在电压串联负反馈电路中,为什么要求 R_s 尽可能小?

②若实验过程中出现自激振荡,应如何排除?

③实验电路中,若将反馈信号取自第二级放大器的发射极,所构成的电路属什么反馈形式?实验中会产生什么后果?

实验十一　RC 正弦波振荡器

(1) 实验目的

①学习 RC 正弦波振荡器的组成及其振荡条件。

②学习如何设计、调试上述电路和测量电路输出波形的频率、幅度。

(2) 实验仪器及材料

①函数信号发生器(DF1641B 型)　　1 台

②双踪示波器(GOS-620 型)　　1 台

③交流电压表(DF2173B)　　1 台

④模拟电路学习机　　1 台

⑤数字万用表　　1 只

⑥短导线　　若干

(3)实验原理及步骤

1)RC 正弦波振荡器的工作原理

电路如图 2.11.1 所示。振荡器由 RC 串并选频网络和集成运放组成的负反馈放大电路组成。

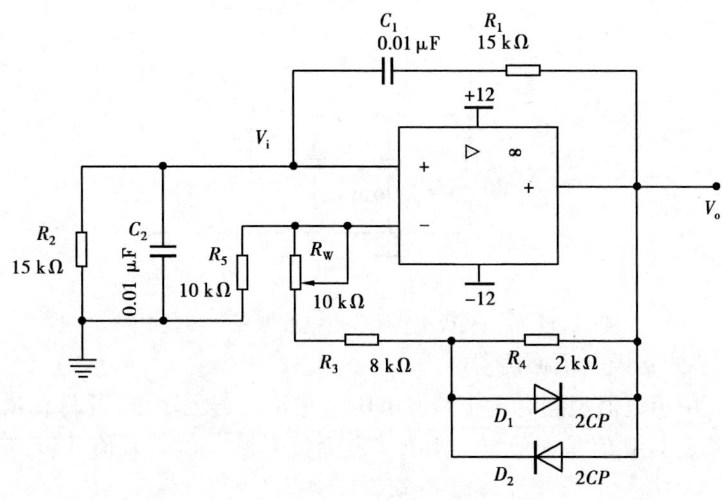

图 2.11.1　RC 正弦波发生器原理图

电路中的二极管起限幅作用;RC 选频网络的输入信号由放大电路输出端提供,RC 选频网络的输出又反馈到放大电路的输入端,使电路在振荡频率处满足振荡的相位条件,若调节 R_{Wf} 使负反馈放大电路的增益大于 3 满足起振的条件,电路产生振荡,但输出波形可能为非正弦波,即产生了失真。若失真较小,电路可利用二极管的限幅作用使输出波形为正弦波。若不能可人为调节负反馈支路电阻 R_{Wf},使负反馈放大电路增益减小,使之略大于 3,即可消除失真。

电路的振荡频率为

$$f_{\mathrm{o}} = \frac{1}{2\pi RC}$$

式中,$R_1 = R_2 = R$;$C_1 = C_2 = C$。

电路起振的幅值条件为

$$R_{\mathrm{f}} = R_4 + R_3 + R_{\mathrm{Wf}}$$

$$A_{\mathrm{VF}} = 1 + \frac{R_{\mathrm{f}}}{R_5} > 3$$

2)实验步骤

①按图 2.11.2 接线(1,2 两点接通)。本电路为文氏电桥 RC 正弦波振荡器,可用来产生频率范围宽、波形较好的正弦波。其电路由放大器和反馈网络组成。

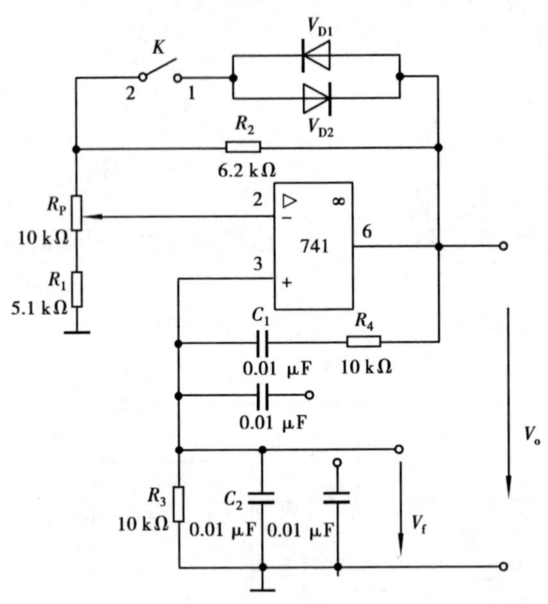

图 2.11.2　文氏电桥 RC 正弦波振荡器实验电路

②有稳幅环节的文氏电桥振荡器。

a. 接通电源,用示波器观测有无正弦波电压 V_o输出。若无输出,可调节 R_P,使 V_o为无明显失真的正弦波,并观察 V_o值是否稳定。用毫伏表测量 V_o和 V_f的有效值,填入表 2.11.1 中。

表 2.11.1

V_o/V	V_f/V

b. 观察在 $R_3 = R_4 = 10\ k\Omega, C_1 = C_2 = 0.01\ \mu F$ 和 $R_3 = R_4 = 10\ k\Omega, C_1 = C_2 = 0.02\ \mu F$ 两种情况下(输出波形不失真),测量 V_o及 f_o,填入表 2.11.2 中,并与计算结果比较。

表 2.11.2　有稳幅环节的文氏电桥振荡器

测试条件	$R = 10\ k\Omega, C = 0.01\ \mu F$				$R = 10\ k\Omega, C = 0.02\ \mu F$			
测试项目	V_o/V		f_o/kHz		V_o/V		f_o/kHz	
	最小	最大	最高	最低	最小	最大	最高	最低
测 量 值								

③无稳幅环节的文氏电桥振荡器

断开 1,2 两点的接线,接通电源,调节 R_P,使 V_o输出为无明显失真的正弦波,测量 V_o和 f_o,填入表 2.11.3 中,并与计算结果比较。

表2.11.3　无稳幅环节的文氏电桥振荡器

测试条件	$R=10\ \text{k}\Omega, C=0.01\ \mu\text{F}$				$R=10\ \text{k}\Omega, C=0.02\ \mu\text{F}$			
测试项目	V_o/V		f_o/kHz		V_o/V		f_o/kHz	
	最小	最大	最高	最低	最小	最大	最高	最低
测 量 值								

(4)实验报告

①整理实验数据,填写表格。

②测试 V_o 的频率并与计算结果比较。

实验十二　整流、滤波及稳压电路

(1)实验目的

①比较半波整流与桥式整流的特点。

②了解稳压电路的组成和稳压作用。

③熟悉集成三端可调稳压器的使用。

(2)实验仪器及元件

①函数信号发生器(DF1641B型)　1台

②双踪示波器(GOS-620型)　1台

③交流电压表(DF2173B)　1台

④模拟电路学习机　1台

⑤数字万用表　1只

⑥短导线　若干

(3)实验预习要求

①二极管半波整流和全波整流的工作原理及整流输出波形。

②整流电路分别接电容、稳压管及稳压电路时的工作原理及输出波形。

③熟悉三端集成稳压器的工作原理。

(4)实验内容与步骤

首先校准示波器。

1)半波整流与桥式整流

①分别按图2.12.1和图2.12.2接线。

②在输入端接入交流14 V电

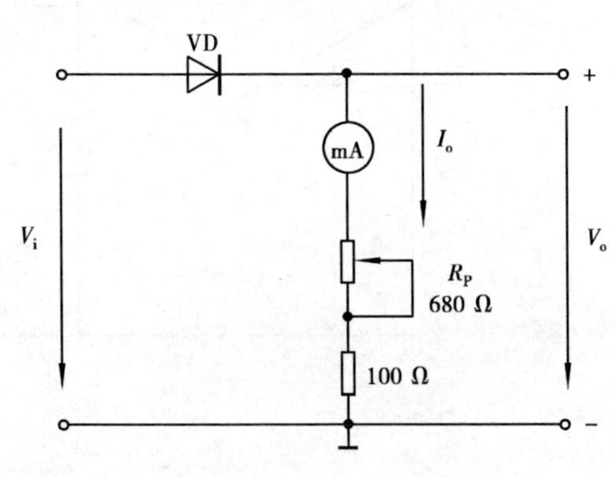

图2.12.1　半波整流电路

压,调节 R_P 使 $I_o=50$ mA 时,用数字万用表测出 V_o,同时用示波器的 DC 挡观察输出波形记入表2.12.1中。

2)加电容滤波

表 2.12.1

	V_i/V	V_o/V	I_o/mA	V_o波 形
半 波				
桥 式				

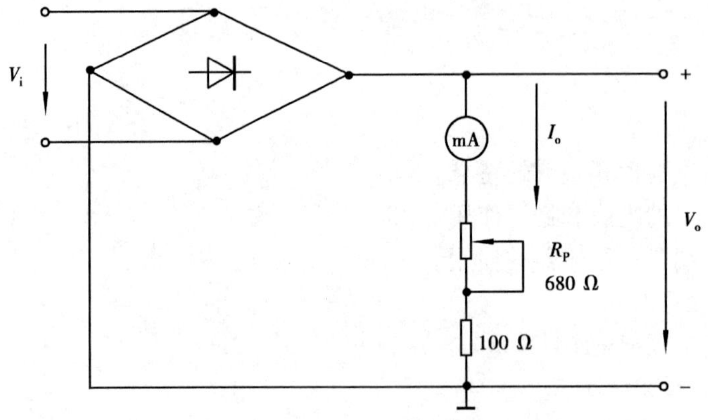

图 2.12.2　桥式全波整流电路

上述实验电路不动,在桥式整流后面加电容滤波,如图 2.12.3 接线,比较并测量接 C 与不接 C 两种情况下的输出电压 V_o及输出电流 I_o,并用示波器 DC 挡观测输出波形,记入表 2.12.2 中。

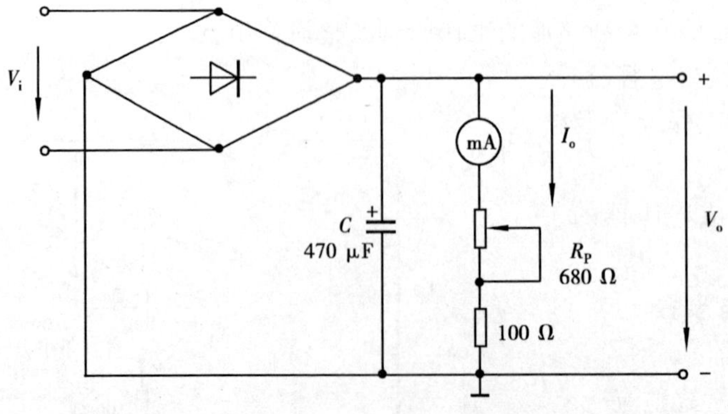

图 2.12.3　电容滤波电路

表2.12.2

	V_i/V	V_o/V	I_o/mA	波　　形
有 C				
无 C				

3)加稳压二极管并联稳压电路(选作)

上述电路不动,在电容后面加稳压二极管电路(510 Ω,V_{Dz}),按图2.12.4接线。

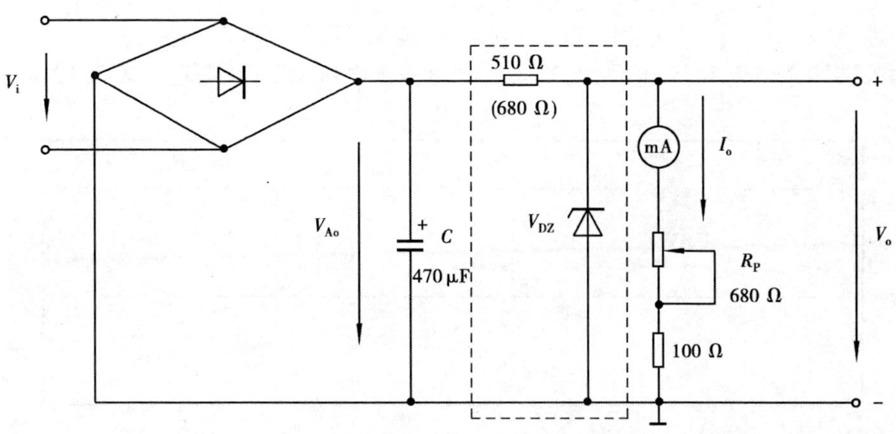

图2.12.4　稳压二极管并联稳压电路

当接通交流14 V电源后,调整 R_P 使输出电流分别为10,15,20 mA时,测出 V_{Ao},V_o,并用示波器的DC挡观测波形,记入表2.12.3中。

表2.12.3

I_o/mA	V_i/V	V_{Ao}/V	V_o/V	V_{Ao}波 形	V_o波 形
10					
15					
20					

4)可调三端集成稳压电路(串联稳压电路)

• 按图 2.12.5 接线。

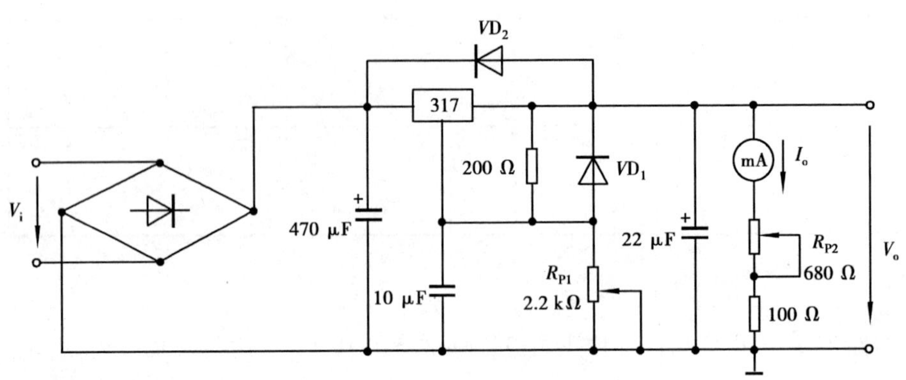

图 2.12.5　可调三端集成稳压电路

• 输入端接通交流 14 V 电源,调整 R_{P1},测出输出电压调节范围,记入表 2.12.4 中。

表 2.12.4

	R_{P1max}	R_{P1min}
V_i/V		
V_o/V		

• 输入端接通交流 14 V 电压,调节 R_{P1},R_{P2},使输出 V_o =10 V,I_o =100 mA,记入表 2.12.5 中。改变负载,使 I_o分别为 20,50 mA,测出 V_o数值,记入表 2.12.5 中。

表 2.12.5

I_o/mA	20	50	100
V_o/V			

• 输入端接通交流 16 V 电压,调节 R_{P1},R_{P2},使输出 V_o =10 V,I_o =100 mA,记入表 2.12.6 中。然后仅改变输入端交流电压为 14 V 及 18 V 时(用数字万用表分别测量 14 V、16 V、18 V 的实际值填在(　)内,测出电压 V_o值,记入表 2.12.6 中。

表 2.12.6

V_i/V	14 V(　　　)	16 V(　　　)	18 V(　　　)
V_o/V			

注:台式用12,14,16 V。

(5)实验报告

①比较半波整流与桥式整流的特点。

②说明滤波电容C的作用。

③比较稳压二极管的稳压作用和可调三端稳压器的稳压作用。

④计算三端集成稳压电路的稳压系数和电压、负载调整率。

第 3 章

单元电路设计性实验

单元电路的设计性实验对于学生来说既有综合性又有探索性,这类实验主要侧重于某些理论知识点的灵活运用。例如,完成特定功能的模拟电路的设计、安装和调试等。在这一章里学生应该在教师指导下独立进行查阅资料、拟定电路设计方案与拟定实验步骤等实验组织工作,实验中要能独立分析、调试、作记录并在事后编写出详尽的设计报告。

这类实验对于提高学生的素质和科学实验能力非常有益。

实验一　电压比较器的设计与调试

(1)实验目的

①进一步理解由集成运算放大器组成的电压比较器的工作原理。

②掌握电压比较器的电路构成及特点。

③学习自行设计和调测电压比较器的方法。

(2)实验仪器及材料

①函数信号发生器(DF1641B 型)	1 台
②双踪示波器(GOS-620 型)	1 台
③交流电压表(DF2175)	1 台
④模拟电路学习机	1 台
⑤数字万用表	1 只
⑥短导线	若干

(3)实验原理及预习要求

电压比较器广泛用于信号处理、测量、自动控制系统以及波形发生电路中。它的功能是比较两个电压的大小,通常是将输入电压 V_i 与参考电压 V_R 进行比较,图 3.1.1 是简单电压比较器原理图。V_i 加在反相端,称为反相电压比较器,如图 3.1.1(b)所示,V_i 加在同相端,称为同相电压比较器,如图 3.1.1(a)所示。

为了提高比较器的灵敏度和响应速度,比较器中的运放均工作于开环或正反馈状态,电压放大倍数很高,其输出电压 V_o为跳变的高、低电平,高、低电平的幅值由所加电源电压及运放

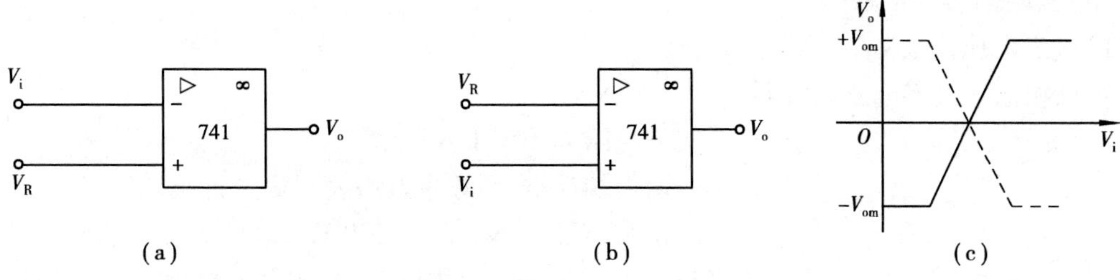

图 3.1.1
(a)反相电压比较器　(b)同相电压比较器　(c)简单电压比较器的电压传输特性

的最大输出电压幅值所决定。如图 3.1.1(a)所示同相电压比较器中，当 $V_i > V_R$ 时，输出为低电平，即 $-V_{om}$。

从比较器的传输特性可知，比较器的输入信号是模拟量，输出信号则是数字量，其工作状态为非线性，呈现出开关特性，因而电压比较器是联系模拟电路与数字电路之间的最简接口电路。

如将参考电压 V_R 接地，使 $V_R = 0$，则输入信号每过一次零值时，输出电压就会发生跳变，这种比较器称为“过零比较器”，如图 3.1.2 所示。

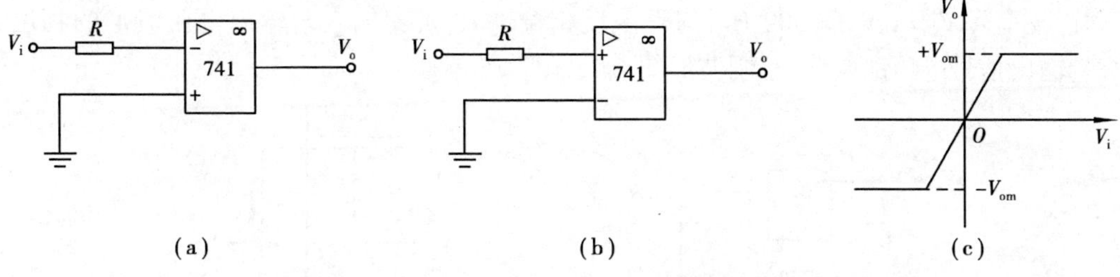

图 3.1.2
(a)反相输入过零比较器　(b)同相输入过零比较器　(c)过零比较器的电压传输特性

如在简单电压比较器中加入正反馈，即构成滞回比较器，如图 3.1.3(a)所示。该比较器有两个数值不同的门限电压(或阈值)，传输特性如图 3.1.3(b)所示。当输入信号因受干扰或某种原因发生变化时，只要其变化量不超过两阈值之差，比较器的输出电压将保持稳定状态，而不会反复变化。因此，这一类比较器比简单电压比较器具有较强的抗干扰性能。

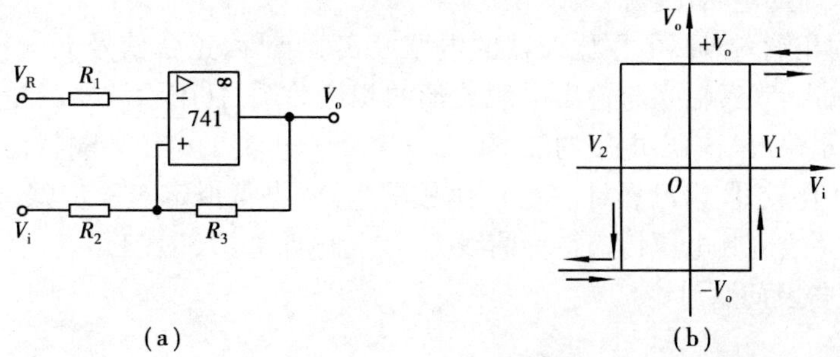

图 3.1.3
(a)同相输入滞回比较器电路　(b)同相输入滞回比较器的电压传输特性

(4)实验内容及步骤

1)过零电压比较器

①反相输入过零电压比较器:

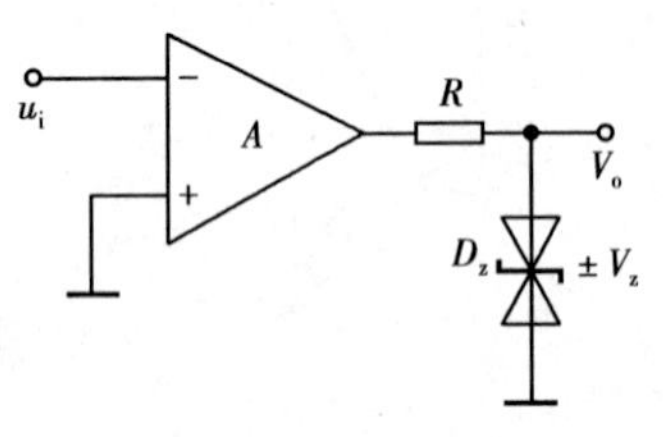

图 3.1.4

实验电路如图 3.1.4 所示。

a. 输入端悬空,用数字万用表测量 V_o的值。

b. 正弦信号 V_i =1 V,f=500 Hz,信号从反相端输入,观察输入与输出电压波形的相位关系,测量输出信号电压的幅值,绘制波形图。

c. 改变正弦信号电压的幅值,观察输出信号电压的变化。

②同相输入过零电压比较器:参考实验电路如图 3.1.2(b)所示。

自行设计同相输入过零电压比较器(带限幅的),正弦信号 V_i = 1 V,f=500 Hz,且信号从同相端输入,观察输入与输出电压波形的相位关系,测量输出信号电压的幅值,绘制波形图。

2)滞回电压比较器:

①反相输入滞回电压比较器:实验参考电路如图 3.1.5(a)左图所示,自己设计 R_1,R_2的值。

a. 正弦信号 V_i =1 V,f=500 Hz,信号从反相端输入,观察输入与输出电压波形的相位关系,测量输出信号电压的幅值,绘制波形图。

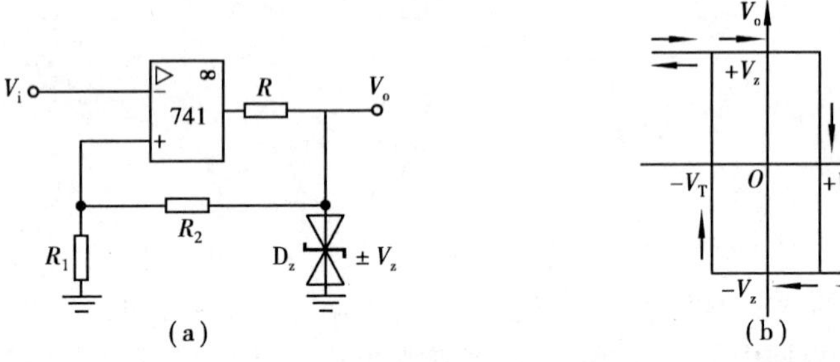

图 3.1.5　反相输入滞回电压比较器及其电压传输特性

b. V_i接 DC 电压源,分别测出 V_o由 $+V_{om}$ ~ $-V_{om}$以及由 $-V_{om}$ ~ $+V_{om}$时,V_i的临界值。

c. 画出反相输入滞回电压比较器的电压传输特性。

②同相输入滞回电压比较器

自行设计同相输入滞回电压比较器的电路及实验步骤,正弦信号 V_i =1 V,f=500 Hz,且信号从同相端输入,观察输入与输出电压波形的相位关系,且用示波器测量输出信号电压 U_o的幅值,分别绘制输入与输出电压的波形图。并绘制该电路的电压传输特性曲线图。

3)窗口电压比较器:自己设计一窗口比较器电路,自行拟定实验步骤,要求画出电路图,测出门限电压,并绘制其电压传输特性曲线图(参考电路如图 3.1.7)。

(5)实验报告及问题讨论

1)实验报告

①整理实验数据,列表填入。

②画出自行设计的电压比较器的实验电路及其传输特性曲线。

③将实验数据与计算值比较,若有误差,分析其原因。

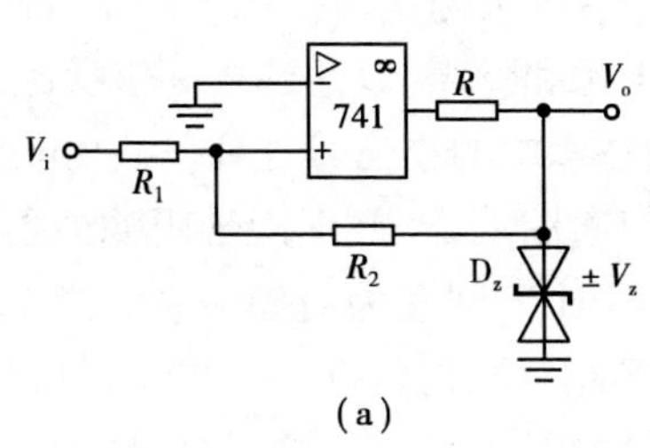

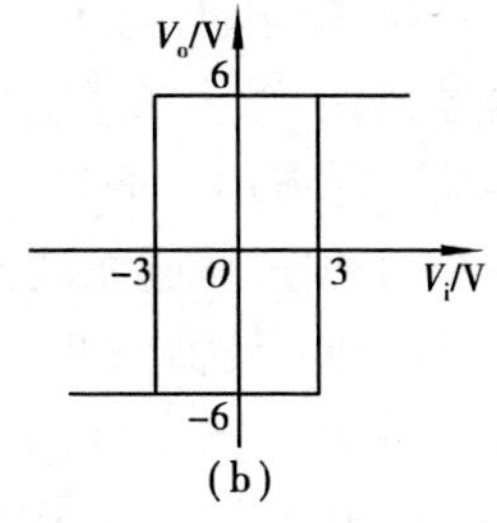

图3.1.6　同相输入滞回电压比较器参考电路及其电压传输特性

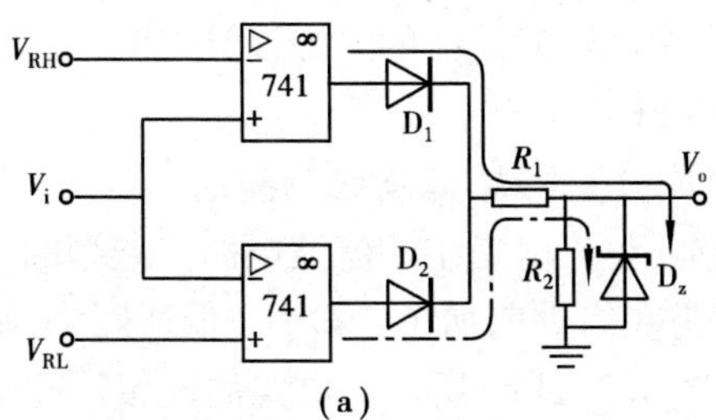

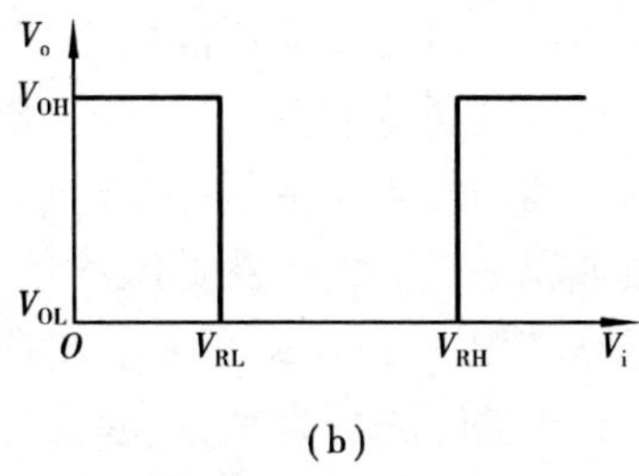

图3.1.7　双限比较器参考电路及其电压传输特性
(a)参考电路　(b)电压传输特性

2)问题讨论

①比较器是否需要调零和消振？为什么？

②能否用交流毫伏表直接测量非正弦波形的电压幅值？

③如何提高简单电压比较器的灵敏度和抗干扰性能？

实验二　有源滤波器的设计与调试

(1)实验目的

①进一步理解有源滤波器的工作原理，学习几种有源滤波器的设计方法。

②学习几种有源滤波器的调测方法和步骤。

(2)实验仪器材料

①函数信号发生器(DF1641B 型)	1 台
②双踪示波器(GOS-620 型)	1 台
③交流电压表(DF2175)	1 台
④模拟电路学习机	1 台
⑤数字万用表	1 只
⑥短导线	若干

(3)实验原理及预习要求

1)实验原理

滤波器是一种只传输指定频段信号，抑制其他频段信号的电路。滤波器分为无源滤波器与有源滤波器两种。无源滤波器由电感L、电容C及电阻R等无源元件组成；有源滤波器一般由集成运放与RC网络构成，它具有体积小、性能稳定等优点，同时，由于集成运放的增益和输入阻抗都很高,输出阻抗很低,故有源滤波器还兼有放大与缓冲作用。利用有源滤波器可以突出有用频率的信号,衰减无用频率的信号,抑制干扰和噪声,以达到提高信噪比或选频的目的,因而有源滤波器被广泛应用于通信、测量及控制技术中的小信号处理。从功能来分,有源滤波器分为低通滤波器(LPF)、高通滤波器(HPF)、带通滤波器(BPF)、带阻滤波器(BEF)和全通滤波器(APF)。前4种滤波器间互有联系,LPF与HPF间互为对偶关系。当LPF的通带截止频率高于HPF的通带截止频率时,将LPF与HPF相串联,就构成了BPF,而LPF与HPF并联,就构成BEF。在实用电子电路中,还可能同时采用几种不同形式的滤波电路。滤波电路的主要性能指标有通带电压放大倍数 A_{VP}、通带截止频率 f_P 及阻尼系数 Q 等。

本实验介绍二阶有源低通滤波器和二阶有源高通滤波器的一般设计与调试。

a. 二阶有源低通滤波器(二阶压控电压源LPF)

低通滤波器的特点是使低频信号(或直流成分)通过、抑制或衰减高频信号,主要用于削弱高次谐波或频率较高的干扰和噪声信号,例如:整流电路中的滤波电路。典型的二阶有源低通滤波器电路如图3.2.1(a)所示。电路特点是在组件前加了二阶RC低通网络,在阻带区能提供-40 dB/十倍频程的衰减,其幅频特性如图3.2.1(b)所示。电路的选频特性基本上取决于RC网络,电路还兼有同相放大功能,调节 R_F, R_f 即可调节电路增益。由于运算放大器在同相工作时输入端有较高的共模电压,故应选用共模输入电压较高的运算放大器。该滤波器有如下的关系式:

通带电压放大倍数
$$A_{VP}=1+\frac{R_F}{R_f}$$

通带截止频率
$$f_P=\frac{1}{2\pi\sqrt{R_1R_2C_1C_2}}$$

阻尼系数
$$Q=\frac{1}{2}\left[\sqrt{\frac{R_2C_2}{R_1C_1}}+\sqrt{\frac{R_1C_2}{R_2C_1}}+\sqrt{\frac{R_1C_1}{R_2C_2}}(1-A_{VP})\right]$$

比例常数
$$a=\frac{C_2}{C_1}$$

$$R_2=\frac{Q}{aC_1\omega_0}\left[1+\sqrt{1+\frac{A_{VP}-1-a}{Q^2}}\right]$$

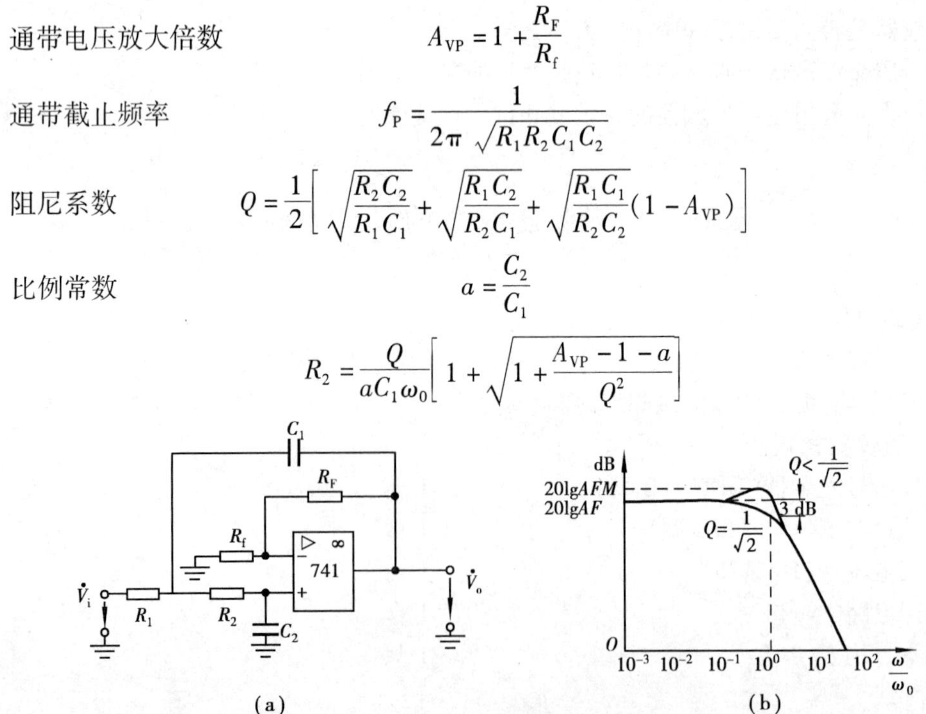

图3.2.1 二阶有源低通滤波器电路及其幅频特性

(a)电路 (b)幅频特性

比例常数 a 的取值应满足条件

$$a\leqslant A_f-1+Q^2$$

由以上关系式可知,二阶有源低通滤波器的性能主要由 Q 和 f_P 决定。从幅频特性看,当 $Q<\frac{1}{\sqrt{2}}$ 时,幅频特性将出现共振峰。在实际应用中,一般取 $Q\leqslant\frac{1}{\sqrt{2}}$,当 $Q=\frac{1}{\sqrt{2}}$ 时,$f_P=f_0$(f_0 称为特征频率,与元件参数有关)。在设计滤波电路时,应根据主要技术指标选择相应的电路形式,然后计算电路元件参数,并反复进行校核和试验。

例1　已知 A_{VP},ω_0 和 Q,设计二阶有源低通滤波器步骤如下:

①选定电容比例常数 a,a 一般取整数,如1,2,3等,且满足条件 $a\leqslant A_f-1+Q^2$。

②选择电容 C_1。在滤波器设计中,常有各类图表及元件参数的参考值可供查阅,如当 $A_1<10$ 时,即可根据截止频率与 C_1 的对应关系从下表初选 C_1 值。

表3.2.1　频率 f 与电容 C 的对应范围

f/Hz	C/μF	f/Hz	C/pF
1~10	20~1	10^3~10^4	10^4~10^3
10~10^2	1~0.1	10^4~10^5	10^3~10^2
10^2~10^3	0.1~0.01	10^5~10^6	10^2~10

③按关系式计算RC网络各元件值

$$C_2=aC_1$$

$$R_2=\frac{Q}{aC_1\omega_0}\left[1+\sqrt{1+\frac{(A_{VP}-1-a)}{Q^2}}\right]$$

$$R_1=\frac{1}{aR_2C_1^2\omega_0^2}$$

④计算反馈网络 R_f,F_F 值

$$R_F=A_{VP}(R_1+R_2)$$

$$R_f=\frac{1}{A_{VP}-1}$$

$$\left(R_1+R_2=R_f/\!/R_F,A_{VP}=1+\frac{R_F}{R_f}\right)$$

⑤根据计算出的元件参数值选择元件。应按标称值选用,同时校核是否满足 ω_0 的指标要求,若不满足,须重新设计一组参数。

⑥校核选用的运算放大器,检查放大器的开环直流增益 A_0 以及增益带宽积 $A_0\omega_0$ 是否满足要求(在运放中,增益带宽积基本为一常数)。

b. 二阶有源高通滤波器(二阶压控电压源HPF)

高通滤波器用于通过高频信号,抑制或衰减低频信号(或直流成分)。将图3.2.1(a)中的R与C互换,即成为二阶有源高通滤波器电路,如图3.2.2(a)所示。它能在阻带区提供40 dB/十倍频程的正斜率,其幅频特性如图3.2.2(b)所示。在二阶有源高通滤波器中,有如下关系式:

通常取　　$C_1=C_2=C$,

通带放大倍数　　$A_{VP}=1+\frac{R_F}{R_f}$

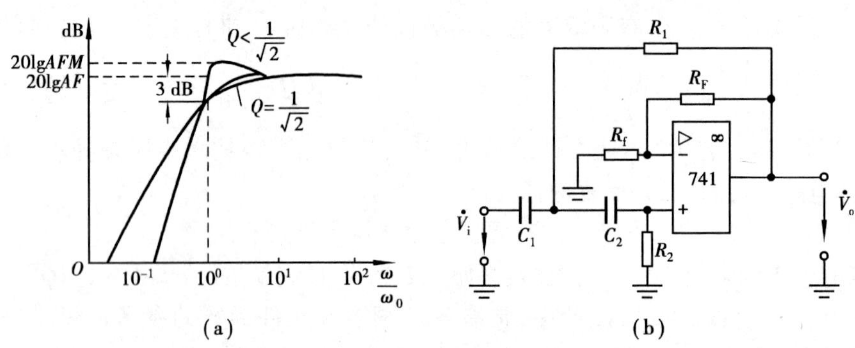

图 3.2.2

(a) 二阶有源高通滤波器电路图 (b)二阶有源高通滤波器的幅频特性

通带截止频率 $$f_P=\frac{1}{2\pi C\sqrt{R_1R_2}}$$

阻尼系数 $$Q=\sqrt{\frac{R_1}{R_2}}+\frac{1}{2}(1-A_{VP})\sqrt{\frac{R_2}{R_1}}$$

二阶有源高通滤波器的性能主要由 Q 和f_P决定,当 $Q=\frac{1}{\sqrt{2}}$时,$f_P=f_0$。

例 2 已知 A_{VP},ω_0及 Q 值,其设计步骤如下:

①已知 ω_0,从相应表格中初选电容 $C_1=C_2=C$ 的值。

②按关系式计算 R_1,R_2值

$$R_1=\frac{Q+\sqrt{Q^2+2(A_{VP}-1)}}{2C\omega_0}$$

$$R_2=\frac{1}{\omega_0^2C^2R_1}$$

③计算反馈网络 R_f,R_F值

由 $$A_{VP}=1+\frac{R_F}{R_f}\quad R_2=R_f//R_F$$

得 $$R_F=R_2\cdot A_{VP}\quad R_f=\frac{R_F}{A_{VP}-1}$$

以下校核步骤与二阶有源低通滤波器相同。

2)预习要求

①复习教材中有源低通滤波器及有源高通滤波器的工作原理和主要性能。

②阅读本实验全部内容。

③设计一个二阶有源低通滤波器。已知 $A_{VP}=10$,$f_P=1\ 000$ Hz,$Q=\frac{1}{\sqrt{2}}$,计算并选择滤波元件 R_1,R_2,C_1,C_2及反馈元件 R_f,R_F的值(组件选用 μA741)。

④设计一个二阶有源高通滤波器。已知 $A_{VP}=2$,$f_P=100$ Hz,$Q=\frac{1}{\sqrt{2}}$,组件为 μA741,设 $C_1=C_2=0.1$ μF,计算并选择滤波元件 R_1,R_2及反馈元件 R_f,R_F的值。

(4)实验内容及步骤

①按预习要求中的③或④项中的设计数据画出实验电路图。

②按照所设计的实验电路图在实验箱上进行接插元件。按要求连接正、负电源，并用数字式万用表核对集成运放电源，使 $V_{CC} = \pm 15$ V。

③接通电源，使输入端 $V_i = 0$（对地短路），调节 R_P，对运放进行调零（$V_o = 0$）（调零时，用调零电路）。

④送入 $V_i = 2$ V 的交流正弦信号，在 20 Hz ~ 200 kHz 范围内改变信号源频率。用示波器监视输出波形，用交流毫伏表测量输出电压 V_o（在 f_p 附近多测一些点，改变信号源频率时要保持 V_i 不变）。观察电路是否具有高通特性或低通特性，并记录相应的频率及输出电压幅值；并绘制出电路的幅频特性；并在幅频特性图中找出 f_p 的准确值。

测出的数据请填入表 3.2.2 和表 3.2.3 中。

表 3.2.2　低通滤波器幅频特性数据

V_i/V												
f/Hz	5	10	30	60	100	150	200	250	300	350	400	500
V_o/V												

表 3.2.3　高通滤波器幅频特性数据

V_i/V												
f/Hz	10	20	50	100	120	150	180	200	250	300	350	400
V_o/V												

⑤参照上述实验原理和步骤，查资料自行设计一带阻滤波器，要求画出实验电路图，自拟实验步骤和表格，实际测出电路中心频率，同时以实测中心频率为中心，测量并画出电路的幅频特性。

(5)实验报告及问题讨论

1)实验报告

①整理实验数据和波形，列表填写。

②用坐标纸绘出实验电路的幅频特性曲线，找出 f_p 的值。

③将实验数据与计算值对比，若有差异，分析其原因。

2)问题讨论

①在二阶高通滤波器中，要使滤波器增益保持到较高频率，应怎样选择所用运算放大器的带宽？

②有源滤波电路与无源滤波电路各有哪些优缺点？

实验三　非正弦波发生器的设计与调试

(1)实验目的

①进一步理解由集成运算放大器组成的比较器的工作原理。

②加深理解由集成运放组成的各种波形发生器的工作原理。

③掌握各种波形发生器的电路构成及特点,学习自行设计和调测的方法。

(2)实验仪器及元件

①函数信号发生器(DF1641B 型)	1 台
②双踪示波器(GOS-620 型)	1 台
③交流电压表(DF2175)	1 台
④模拟电路学习机	1 台
⑤数字万用表	1 只
⑥短导线	若干

(3)实验原理及预习要求

1)实验原理

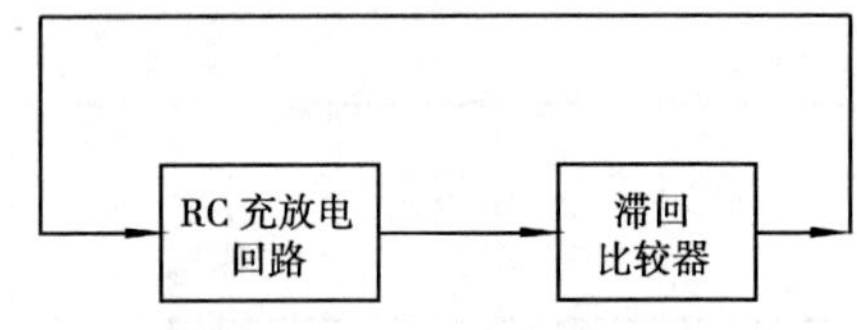

图 3.3.1 矩形波发生器的一般组成

常用的非正弦波发生电路,一般有矩形波发生电路、三角波发生电路以及锯齿波发生电路等,它们常用于脉冲和数字系统中作为信号源。

从一般原理来分析,可以利用一个滞回比较器和一个 RC 充放电回路组成矩形波发生电路,如图 3.3.1 所示。

已知滞回比较器的输出只有两种可能的状态:高电平或低电平。滞回比较器的两种不同的输出电平使 RC 电路进行充电或放电,于是电容上的电压将升高或降低,而电容上的电压又作为滞回比较器的输入电压,控制其输出端状态发生跳变,从而使 RC 电路由充电过程变为放电过程或相反。如此循环往复,周而复始,最后在滞回比较器的输出端即可得到一个高低电平周期性的矩形波。

矩形波发生器的电路如图 3.3.2 所示,其中,集成运放与电阻 R_1,R_2组成滞回比较器,电阻 R 和电容 C 构成充放电回路,稳压管 D_Z和电阻 R_3的作用是钳位,将滞回比较器的输出电压限制在稳压管的稳定电压值 ±6 V。

如图 3.3.2 中的电路参数确定,则输出电压 V_o的波形是正负半周对称的矩形波,即方波,该电路也即方波发生器。

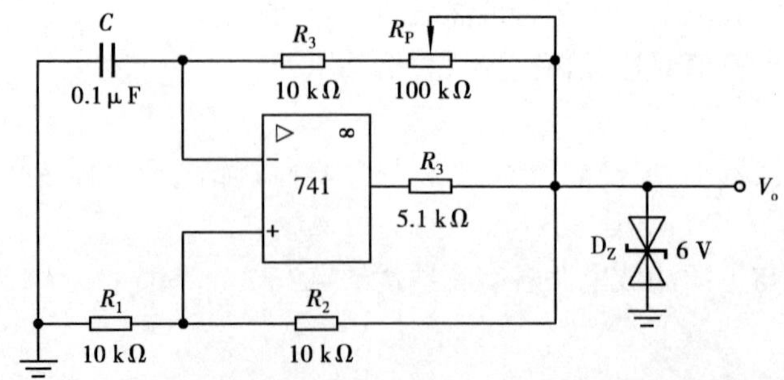

图 3.3.2 方波发生器电路

2)预习要求

①分析图 3.3.2 电路的工作原理,定性画出 V_o 和 V_c 波形。

②若图 3.3.2 电路 $R = 10$ kΩ,计算 V_o 的频率。

③图3.3.3电路如何使输出波形占空比变大？利用实验箱上所标元件自行设计实验电路原理图。

④在图3.3.4中，如何改变输出频率，试设计两种方案并自行设计实验电路图。

⑤在锯齿波发生电路中如何连结振荡频率？画出自拟电路图（利用实验箱上的元器件）。

(4)实验内容及步骤

1)方波发生电路

实验电路如图在3.3.2所示：双向稳压值一般为5～6 V。

①按电路图接线，观察V_o波形及频率，与预习比较。

②分别测出R = 10 kΩ,110 kΩ时的频率，输出幅值，与预习比较。

③要想获得更低的频率应如何选择电路的参数，试利用模拟电路学习机上给出的元器件进行实验并观测之。

2)占空比可调的矩形波发生电路。

实验电路如图3.3.3所示。前面图3.3.2中输出电压V_o的波形是正负半周对称的矩形波，即V_o等于高电平和低电平的时间各为$T/2$，这种矩形波的占空比等于50%，如果希望矩形波的占空比能够根据需要进行调节，则可以通过分别改变图3.3.3中电路中充电和放电的时间常数来实现。

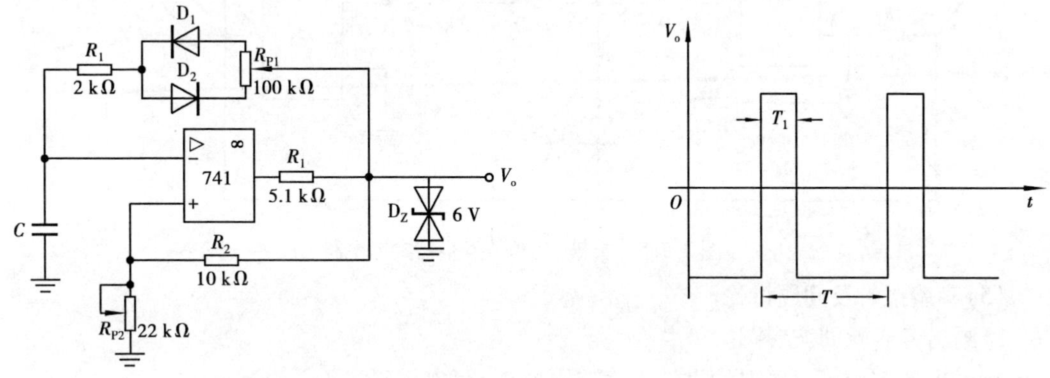

图3.3.3　占空比可调的矩形波发生电路及输出波形

①按图接线，观察并测量电路的振荡频率、幅值及占空比。

②若要使占空比更大，应如何选择电路参数并用实验验证。

3)三角波发生电路

参考实验电路如图3.3.4所示。图中为一个三角波发生电路。图中前一集成运放组成滞回比较器，后一集成运放则组成积分电路，滞回比较器输出的矩形波加在积分电路的反相输入端，而积分电路输出的三角波又接到滞回比较器的同相输入端，控制滞回比较器输出端的状态发生跳变，从而在后面集成运放的输出端得到周期性的三角波。

①按自行设计的实验电路图连接线路，分别观测用示波器V_{o1}及V_{o2}的波形，并作记录。

②如何改变输出波形的频率？按预习方案分别进行设计、实验并记录。

4)锯齿波发生电路

①自拟实验电路；电路参数请参照模拟电路学习机上的现成元件；按自行设计的实验电路图连接线路，观测电路输出波形和频率，并记录之。

②按预习时的方案改变锯齿波频率并测量变化范围，并记录之。

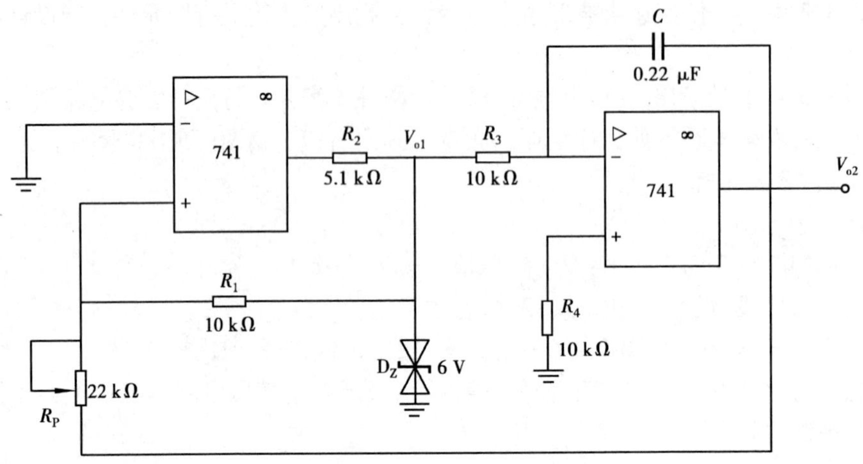

图 3.3.4　三角波发生器实验电路

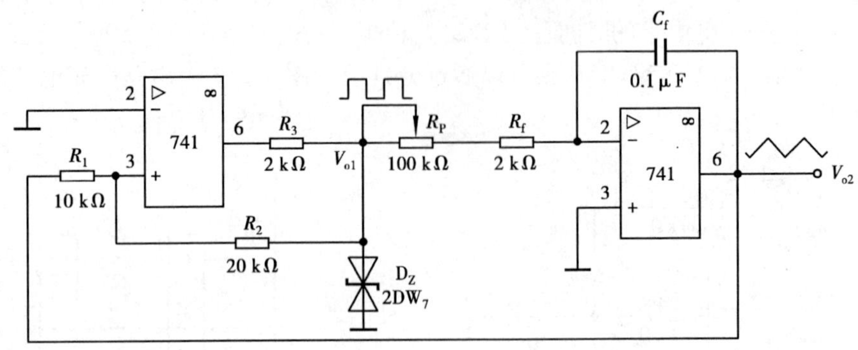

图 3.3.5　方波、三角波发生器参考电路

(5)实验报告及问题讨论

1)画出各实验的波形图。

2)画出各实验预习要求的设计方案和电路图,写出实验步骤及结果。

3)总结波形发生电路的特点,并回答:

①波形发生电路需要调零吗?

②波形发生电路有没有输入端及输入信号?

实验四　电压/频率转换电路

(1)实验目的

①学习电压/频率转换电路;了解电路工作原理。

②学习电路参数的调整方法。

(2)实验仪器及材料

①函数信号发生器(DF1641B 型)　　1 台

②双踪示波器(GOS-620 型)　　1 台

③交流电压表(DF2175)　　1台
④模拟电路学习机　　1台
⑤数字万用表　　1只
⑥短导线　　若干

(3)实验内容

电压-频率转换电路(Voltage Frequency Converter, VFC)的功能是将输入直流电压转换成频率与其数值成正比的输出电压,故称为电压控制振荡电路(Voltage Controlled Oscillator, VCO),简称压控振荡电路。可以认为电压-频率转换电路是一种模拟量到数字量的转换电路。它广泛应用于模拟-数字信号的转换、调频、遥控、遥测等各种设备中。其电路形式很多,如由运放构成的VFC,或者是集成芯片构成的VFC等。

实验参考电路如图3.4.1所示,运算放大器接±12 V电源。该电路实际上为典型的U-F转换电路。当输入信号为直流电压时,输出 V_o 将出现与其有一定函数关系的频率振荡波形(锯齿波)。

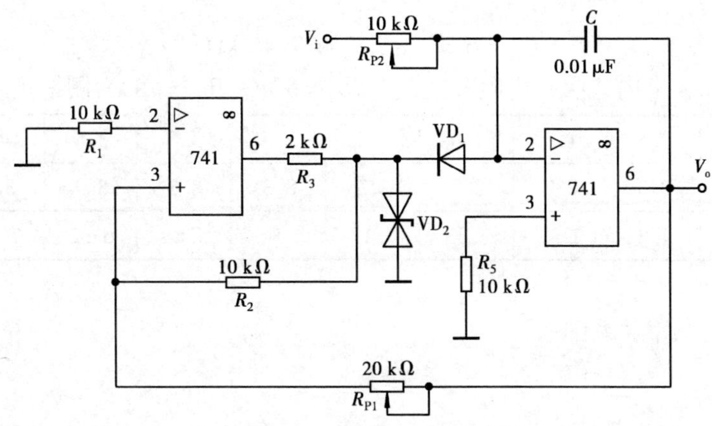

图3.4.1 电压/频率转换电路

(4)实验要求

①分析电路的工作原理,分析 V_i 与 V_o 的关系,计算出 R_{P1},R_{P2} 的阻值为多少时,输出信号可满足幅值为12 V。

②学习用示波器观察输出波形的周期,然后换算为频率,并观察幅值。

③输入 V_i =4 V,调整 R_{P1},R_{P2} 使输出 V_o 为锯齿波,且 V_{P-P} =10 V,f=5 kHz,记录 R_{P1},R_{P2} 的阻值。

④在此电路基础上,改变输入电压(在0~4 V内选取),且将电阻分别调至 R_{P1} =5 kΩ,R_{P2} =6 kΩ 测量频率,将测量结果记入表3.4.1。

表3.4.1

V_i/V								
V_o/V								
F/Hz								
V_o 波形								

(5)实验报告

①整理数据,填入表格内。

②画出频率——电压曲线。

(6)实验结果分析

①电路中左边一个运放为同向输入滞回比较器,右边为积分运算电路。滞回比较器的输出电压 $U_{o1} = \pm V_{DZ}$,它的输入电压是积分电路的输出电压 U_{o2}。右边积分电路的输入电压是 V_i。所以积分电路输出电压:

$$U_{o2} = -\frac{1}{R_{P2}C}V_i(t_1 - t_0) + U_{o2}(t_0)$$

式中 $U_{o2}(t_0)$——初态时的输出电压。

②示波器显示,电路输出为典型的锯齿波,且可以通过调节 R_{P1},R_{P2} 来改变输出信号的幅值和频率。

③经测量,满足输入 $V_i = 4$ V,调整 R_{P1},R_{P2} 使输出 V_o 为锯齿波,且 $V_{P\text{-}P} = 10$ V,$f = 5$ kHz 时的电阻值为

$$R_{P1} = 6.45\ \text{k}\Omega, R_{P2} = 7.46\ \text{k}\Omega$$

④电压(在 0 ~4 V 内选取),电阻分别调至 $R_{P1} = 5\ \text{k}\Omega$、$R_{P2} = 6\ \text{k}\Omega$,测量频率填表得到:

V_i/V	0.5	1.0	1.5	2.0	2.5	3.0	3.5	4.0
V_o/V	8.0	8.2	8.2	8.3	8.3	8.3	8.3	8.4
f/kHz	1.2	2.32	3.33	4.17	5	5.88	6.62	7.14

⑤输入电压与频率关系图:

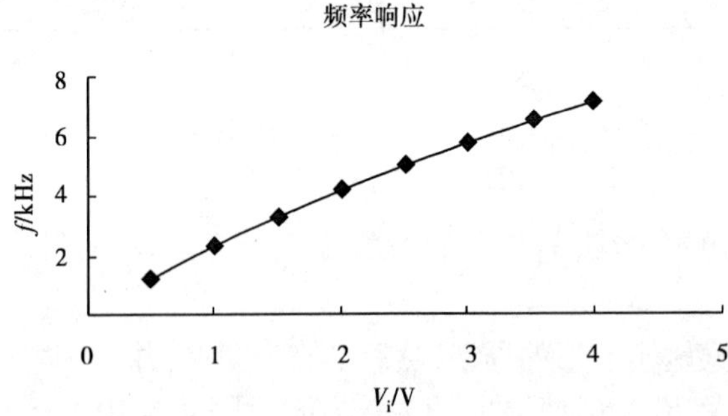

实验五　电流/电压转换电路

(1)实验目的

①学习电流/电压转换电路的设计方法。

②学习电路参数的调整方法。

(2)实验仪器及元件

①函数信号发生器(DF1641B 型)　　　　1 台

②双踪示波器(GOS-620 型)　　1 台
③交流电压表(DF2175)　　1 台
④模拟电路学习机　　1 台
⑤数字万用表　　1 只
⑥短导线　　若干

(3)实验内容

如图 3.5.1 所示,该电路输入几 mA ~ 几十 mA 的电流源,可输出 ±10 V 的电压信号。

恒流源和电阻 R_1 并联,将电流信号转换为电压取入电路。

$$U_S = I_S \times R_1$$

即把电流简单的转换成电压。运放的 3 脚,2 脚,分别分压得到相应的电压,作为参考电压和输入电压

$$V_i = U_2 = \frac{R_5}{R_1 + R_2 + R_3 + R_4 + R_5 + R_{P1}}(U_S + V_{o1})$$

$$V_{ref} = U_3 = \frac{R_5}{R_1 + R_2 + R_3 + R_4 + R_5 + R_{P1}}U_S + \frac{R_1 + R_2 + R_3 + R_5}{R_1 + R_2 + R_3 + R_4 + R_5 + R_{P1}}V_{o1}$$

当 $V_{o1} = V_{oL}$ 时,V_{o2} 输出低,当 U_S 不断增大,当 $V_i > V_{ref}$ 时,V_{o1} 由 V_{oL} 跃到 V_{oH},V_{o2} 输出高电平。

当 U_S 减少,$V_i < V_{ref}$ 时,V_{o1} 由 V_{oH} 降到 V_{oL},V_{o2} 输出低电平。

按图 3.5.1 接线,该电路输入几 mA ~ 几十 mA 的电流源,可输出 ±10 V 的电压信号。

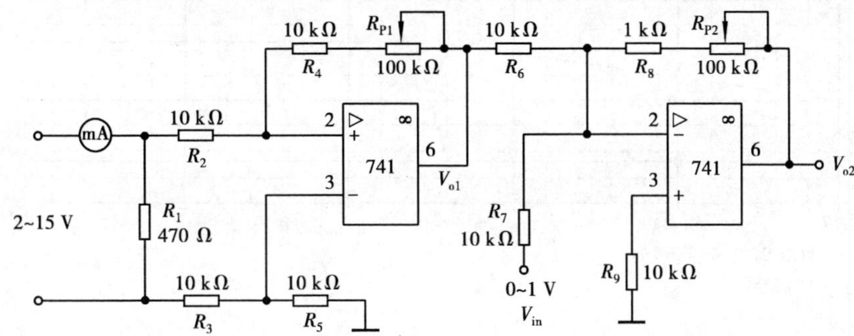

图 3.5.1　电流/电压转换电路

(4)实验要求

①分析电路的工作原理。

②在工业控制中需要将 4 ~ 20 mA 的电流信号转换成 ±10 V 的电压信号,以便送到计算机进行处理。这种转换电路以 4 mA 为满量程的 0% 对应 −10 V;12 mA 为 50% 对应 0 V;20 mA 为 100% 对应 +10 V。调整输入电流,测量输出电压,满足这一要求。将测量结果记入表 3.5.1。

(5)实验报告

①整理数据,写出计算调试方法及步骤。

②若改为电压——电流转换电路,电路有何改动,试分析。

表 3.5.1

I_i/mA								
V_{o1}/V								
V_{o2}/V								

(6)结果分析

按图 3.5.1 连接电路,电流源采用实验桌上的恒流源。接通电源,让电路工作。测量各个测量点参数。反复调节,R_{P1}, R_{P2},使电路输出满足实验要求。记录结果填入表 3.5.2。

表 3.5.2

I_i/mA	0	2	4	8	12	16	20	24
V_{o1}/V	0	2.3	4.4	8.2	0	-10.1	-10.1	-10.2
V_{o2}/V	0	-9.9	-10.1	-10.1	0	10.2	10.2	10.3

$$R_{P1}=11\ \text{k}\Omega, R_{P2}=80\ \text{k}\Omega$$

适当调节 R_{P2},只要满足了输出幅度 V_{o2} 足够大(10 V),再增大 R_{P2} 对电路性能不会产生太大影响。

附:用 OrCAD PSpise 分析电路直流输入 sweep 图。

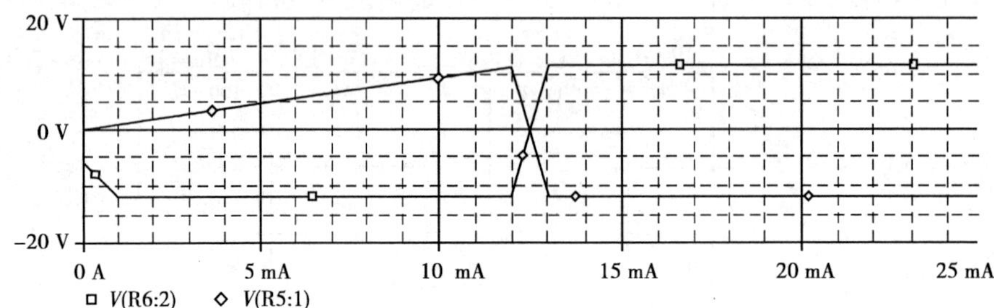

实验六　三相电机缺相报警电路

(1)实验目的

①学习元件的选择及用万用表检测电子器件。

②学习缺相检测电路的设计方法。

③学会电路调试技术。

(2)实验仪器及材料

①函数信号发生器(DF1641B 型)　1 台

②双踪示波器(GOS-620 型)　1 台

③交流电压表(DF2175)　1 台

④模拟电路学习机　1 台

⑤数字万用表　1 只

⑥短导线　　　　　　　　　　　　　　　　若干

(3)设计要求

1)简要说明

某些用电设备不允许三相交流电动机在工作时缺相,因此,需要一个控制电路,对三相交流电动机是否缺相进行检测。

2)设计要求

①设计一个三相交流电动机缺相检测电路。如图3.6.1所示为一种设计方案,供参考。

②缺相检测电路输入220 V相电压。

③用发光二极管和蜂鸣器作为缺相报警。

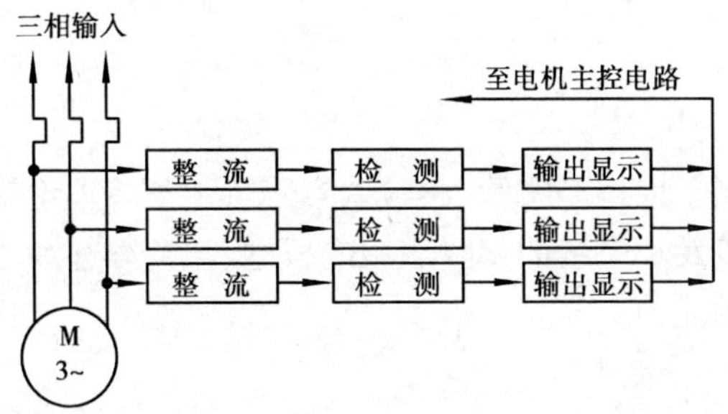

图3.6.1

(4)参考电路

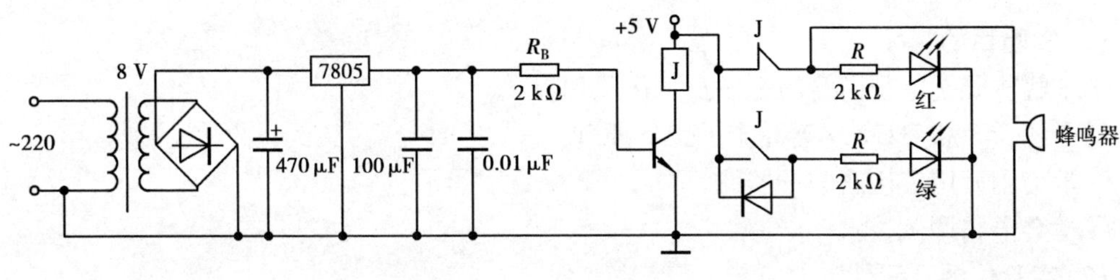

图3.6.2

电路原理简述:

三相交流电动机正常工作时,任意一相经整流、滤波后,输出5 V直流电压给三极管提供基极电流,三极管饱和导通,集电极电流使继电器的常闭触点断开,常开触点闭合,绿色发光二极管亮。若三相交流电动机缺相,整流、滤波电路无输出,三极管截止,继电器的常开触点断开,常闭触点闭合,红色发光二极管亮,蜂鸣器缺相报警。

(5)实验报告

①独立设计、组装、调试三相电的相序检测电路。

②写出实验的心得、体会。

第4章 综合性小系统实验

综合性小系统实验属于应用型实验,实验内容侧重于某些理论知识的综合应用,其目的是为学生建立电路小系统以及小系统的实际应用的概念,培养学生综合运用所学理论的能力和解决较复杂的实际问题的能力。

实验一　省电防骚扰门铃(综合性实验)

(1)实验目的

①了解防骚扰电子门铃的组成及工作原理。

②了解555和HT2811音乐卡的工作原理。

③学会用万用表检测电子器件。

④学会电路调试技术。

(2)实验仪器及元件

①函数信号发生器(DF1641B型)	1台
②双踪示波器(GOS-620型)	1台
③交流电压表(DF2175)	1台
④模拟电路学习机	1台
⑤数字万用表	1只
⑥短导线	若干
⑦555芯片	一块
⑧KD153音乐芯片	一块

(3)设计要求

①电子叮咚门铃在每次被按响之后都进入暂时休止状态,每次休止的时间可在2~60 s范围内调定。在休止期间,无论怎样按动门铃按钮,门铃都不予理睬,直到休止器结束,才能再次按响门铃。这样,主人就不再受乱按门铃的骚扰。

②用万用表测量电阻的阻值,并用万用表检测电容、三极管的好坏。

③组成并调试门铃。

(4)参考电路

图4.1.1是电子叮咚门铃的电路图。HT2811是产生叮咚声的音乐IC,当它的①脚电位瞬时变高时,⑤脚就输出2个间隔很短的“叮咚”声的音频信号。此信号经T_1,T_2组成的高增益放大器后,驱动扬声器发出“叮咚”声。如果①脚持续保持高电平,则扬声器重复发出“叮咚”声,直到①脚变成低电平为止。

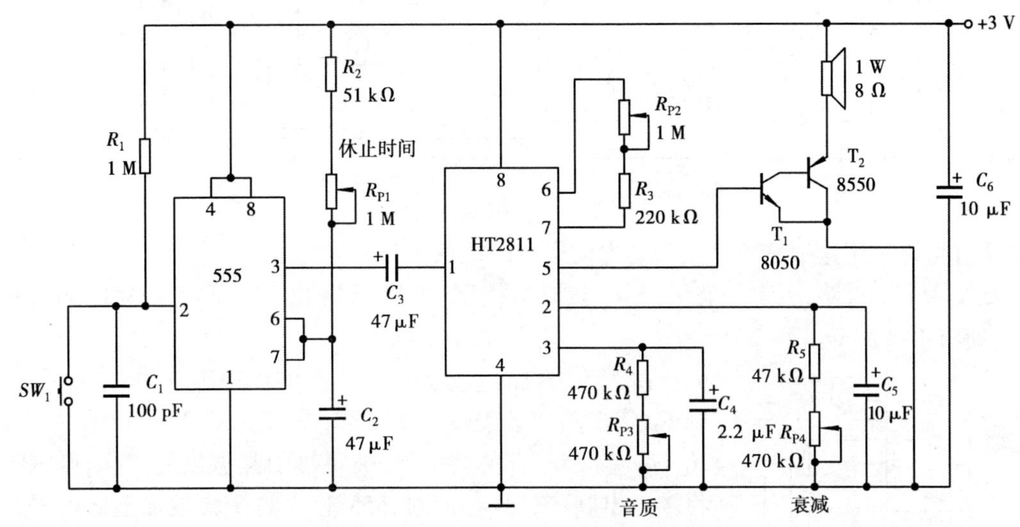

图4.1.1　电子叮咚门铃的电路图

电位器R_{P1}把555③脚输出的正向单稳态脉冲,调到2~60 s之间的某一数值(如20 s);R_{P2}用来调节“叮咚”声调的高低和重复的快慢;R_{P3}用来调节音质;R_{P4}调节“叮咚”声的衰减时间。555及其周边元件组成单稳触发器。

当按下门铃按钮SW_1时,555②脚被加上低电平触发信号,其③脚就输出1个高电平的单稳态脉冲,此脉冲的持续时间由R_2,R_{P1}和C_2的时间常数来决定,并可用R_{P1}把它调到2~60 s之间的某一数值。

此脉冲的前沿经C_3触发HT2811,使后者产生1次“叮咚”声。由于C_3的隔直流作用,在555的其余单稳态时间内,HT7811不能再次触发,而且无论怎样按动SW_1,555③仍然持续输出高电平,即门铃处于暂时休止期。当单稳态时间结束时,555③脚变成低电平,C_3通过555③脚和HT2811①脚的电位迅速放完电,门铃的休止期结束,电路又做好响应下次按钮触发的准备。平时未按下SW_1时,电源经R_1使555的②脚保持高电平,以免555被误触发。C_1滤除门铃按钮长电缆可能感染的干扰信号,使它不能触发本电路。由于整个电路的静态电流很小,故可省去电源开关。

器件使用说明:

555时基电路可使用各种厂家生产的产品,HT2811是“叮咚”声的音乐卡,T_1和T_2选用合适的三极管。

图4.1.2是另一种电子叮咚门铃的电路图。KD153是产生叮咚声的音乐IC,它的参照使用电路如图4.1.2。

当开关闭合时,KD153将连续地送出“叮咚”声的信号,带动8 Ω的扬声器发声。它既可以外接振荡器,而本身也自带了晶振。当接外部振荡器的两个管脚被短接后,芯片将不输出信

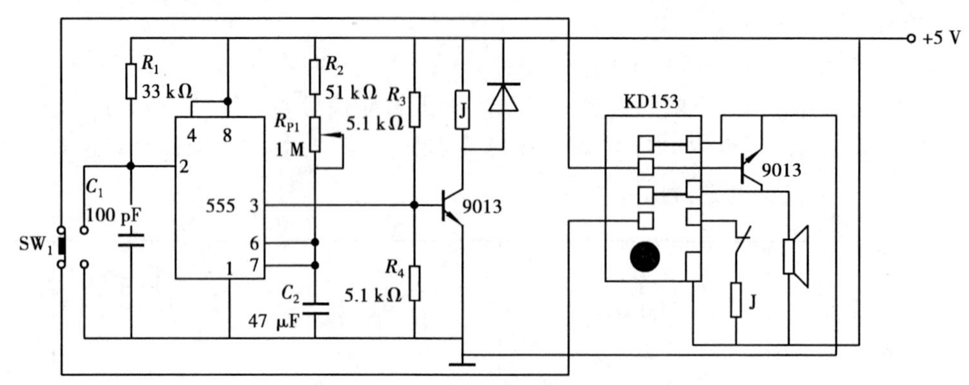

图 4.1.2　电子门铃电路图

号。恰好可以利用这一特性来实现省电防骚扰门铃系统。

如图 4.1.2 电路,正常状态下,SW_1 没有被按下,虽然开关 J 闭合,但由于片内晶振被短接,电路将不会发声。

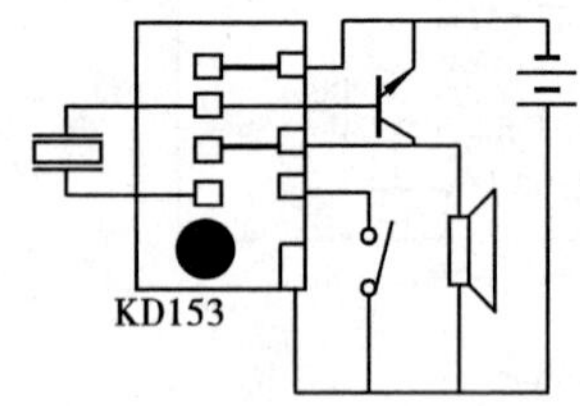

图 4.1.3　KD153 工作原理图

由 555 构成的部分是一个典型的单稳态脉冲电路。可以控制 R_{P1}将电路的参数调入设计要求所规定的 2 ~ 60 s 的范围(如 20 s)。当 SW_1 开关被按下,被短接的晶振恢复工作,则 KD153 将输送出“叮咚”声。同时,555 芯片的 2 脚被加上低电平触发信号,其 3 脚就输出 1 个高电平的单稳态脉冲,此脉冲的持续时间由 R_2,R_{P1}和 C_2 的时间常数来决定,并可用 R_{P1}把它调到 2 ~ 60 s 之间的某一数值($t = 1/(R_2 + R_{P1})C_2$)。

此脉冲为高电平,将触发电子开关 J,使得其开关状态由常闭跳到常开,在一次“叮咚”以后,由于开关不闭合,KD153 将不输送声音信号。弹起 SW_1 后,由于 555 芯片的 3 脚将维系 t 时间的高电平,在这段时间内,无论如何按动 SW_1,J 的常闭开关都保持断开,所以门铃不会再次被触发。只有当休止时间结束后,门铃才能再次发声,这就实现了预期的设计目的。

(5) 实验报告

①分析该电路的基本原理与各元件的作用。

②自行设计、安装实验电路。

③用实验室提供的设备和元器件进行调试和测试。

④写出本实验的心得、体会。

(6) 结果分析

本实验是一个综合性的模拟电路应用性实验,对于学生实际动手能力有着很大的提高意义。

首先,其电路实现形式多种多样,可以充分拓展学生的思维,这里只是抛砖引玉地阐述了我们的一个思路。期待着读者进一步的探索。

其次,电路可采用的声音门铃芯片资源非常丰富,不同的芯片有不同的使用方法,这块 KD153 基本上能算做是普通电子市场能买到的性价比最好的一款。倘若读者能亲自跑一跑电子市场之类的地方,有理由相信,对于今后的电子工程师来讲,也是不无裨益的。本书的出发点和归宿,依然是增强读者的实际应用能力,从这一点上,这个实验是非常合适的,当然后面类似的实验还有几个,读者可以仔细研读。

实验二　水位控制及报警电路(综合性实验)

(1)实验目的

①学习元件的选择及用万用表检测电子器件。

②学会电路调试技术。

(2)实验仪器及材料

①函数信号发生器(DF1641B 型)	1台
②双踪示波器(GOS-620 型)	1台
③交流电压表(DF2175)	1台
④模拟电路学习机	1台
⑤数字万用表	1只
⑥短导线	若干

(3)设计要求

1)简要说明

由于某些设备对水位有严格要求,因此,需要一个控制电路对水位进行检测。

2)设计要求

①设计一个水位检测电路。

②检测水箱分高、中、低三个测试点。

③检测结果通过发光二极管显示。

(4)参考电路

水位控制及报警电路可由电源、水位测试及输出控制三个部分组成。参考电路如图4.2.1所示。

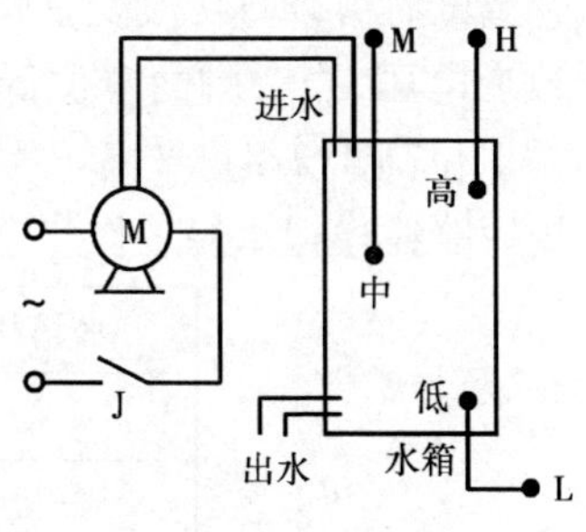

图4.2.1　实际水位控制电路

在图4.2.1所示电路中,水箱中高、中、低代表水位,也是3个测试点,水位发生变化时555时基电路的2脚(6脚)电位发生变化,从而控制3脚输出电位的变化,使三极管T导通或截止,控制继电器J及水泵M启动或截止。

1)分析电路的工作状态

①当水箱中水位至高点时,R_1 被水短接,这时2脚电位大于$2/3V_{CC}$,即

$$V_2[R_4/(R_2+R_4)]V_{CC}>2/3V_{CC}$$

555芯片3脚输出为低电平,继电器不动作,常开触点不闭合,水泵不工作,D_1 绿灯亮,表示水箱水位正常。

②当水位处于高、中两点之间时,这时只要保证2脚的电位大于$1/3V_{CC}$,即

$$V_2=[R_4/(R_1+R_2+R_4)]V_{CC}>1/3V_{CC}$$

555芯片3脚仍为低电平,状态同上。

③当水位低于中点时,2脚电位变为低电平,此时3脚输出高电平,T导通,继电器动作,常

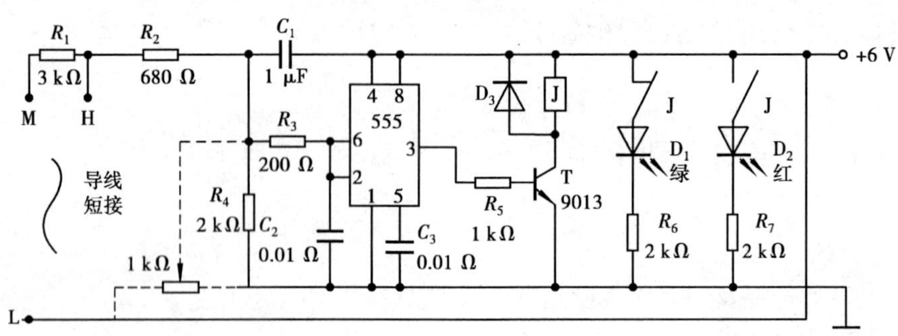

图 4. 2. 2 报警电路图

注:在实验室模拟条件下,可以用导线短接的方法模拟水位状态。

开触点闭合,水泵工作,D_2红灯亮,表示水箱在加水。

④当水位升至高、中两点之间时,由于 2 脚电位小于 $2/3V_{CC}$,即

$$V_2=[R_4/(R_1+R_2+R_4)]V_{CC}<2/3V_{CC}$$

555 芯片 3 脚仍为高电平,水箱仍在加水。

⑤当水位加至高点时,2 脚电位大于 $2/3V_{CC}$,即

$$V_2=[R_4/(R_2+R_4)]V_{CC}>2/3V_{CC}$$

555 芯片 3 脚变为低电位,继电器释放,常开触点断开,水泵停止工作,D_2红灯灭,D_1 绿灯亮,表示水箱水位正常。

2)电路调试方法

①将图 4. 2. 1 中低点分别接高点、中点及不接任何点,来模拟水箱水位情况。

②图中器件可在实验台上选取,继电器为直流 6 V,因此,V_{CC}电压选 6 V,D_1,D_2发光二极管可用两种颜色(红、绿)显示工作状态。

③调试时可以直接改变 2 脚电位,例如,用 1 kΩ 电位器组成分压器(图 4. 2. 2 中虚线所示),改变电压,当 2 脚的电位低于 $1/3V_{CC}$时,即低于 2 V 时,其 3 脚输出为高电平(3. 5 V 以上),当电位高于 $2/3V_{CC}$(高于 4 V)时,3 脚输出低电平,在上述情况下观察继电器动作情况。

用短路线模拟水箱工作状态:

水箱状态	V_3	指示灯亮
低	1	红
低接中	1	红
低接高	0	绿

④图 4. 2. 2 中电阻均为参考值,可以在调试中加以确定。

(5)实验报告

①独立设计、组装、调试水位检测电路。

②写出实验的心得、体会。

(6)结果分析

这个实验也是比较复杂的设计性实验,要求设计者有较强的综合电子应用能力,以及储备有相当的基本电子线路电路知识,要求比较高。仅在此给出了一种参考电路,希望达到的效果

依然能对读者起到引导的作用。

这部分的实验,有着比较高的实际运用价值,值得读者研读。关于本电路的工作原理、实现方法、具体功能,已经阐述得比较详细了,这里只补充两点。

1)图中的虚线部分,在连接时可以不接,因为1 kΩ的滑阻在这个地方的分压,有可能因为电源原因,造成555电路工作的不稳定,影响对电子开关J的控制,造成红绿灯频繁交替的情况。

2)既然这里是对电路的实际应用,那么,就应该多想一些。比如,水箱在进行用水和蓄水时状态的不同。

①水箱状态为蓄水:用短路线模拟水箱工作状态:

水箱状态	V_3	指示灯亮
低	1	红
低接中	1	红
低接高	0	绿

②水箱状态为用水:用短路线模拟水箱工作状态:

水箱状态	V_3	指示灯亮
低接高	0	绿
低接中	0	绿
低	1	红

实验三　函数信号发生器(综合性实验)

(1)实验目的

①了解单片多功能集成电路函数信号发生器的功能及特点。

②进一步掌握波形参数的测试方法。

(2)实验仪器及元件

①函数信号发生器(DF1641B型)　　1台

②双踪示波器(GOS-620型)　　1台

③交流电压表(DF2175)　　1台

④模拟电路学习机　　1台

⑤数字万用表　　1只

⑥短导线　　若干

(3)实验原理及步骤

1)工作原理

ICL8038是一种单片多种信号波形发生器,它内部有一个同时产生方波和三角波的自激振荡器,波形变换电路把三角波变换成正弦波。改变方波的占空比,方波变成脉冲波,三角波变成锯齿波。三角波的非线性度不大于0.1%,正弦波的谐波含量不大于1%,工作频率范围为0.001 Hz~300 kHz,是一种性价比很高的多种波形发生器。

电压比较器A,B的门限电压分别为两个电源电压之和($U_{CC}+U_{EE}$)的2/3和1/3,电流源I_1和I_2的大小可通过外接电阻调节,其中,I_2必须大于I_1。

由手册和有关资料可看出,8038由两个恒流源、两个电压比较器和触发器等组成。其内部原理电路框图如图4.3.1所示。

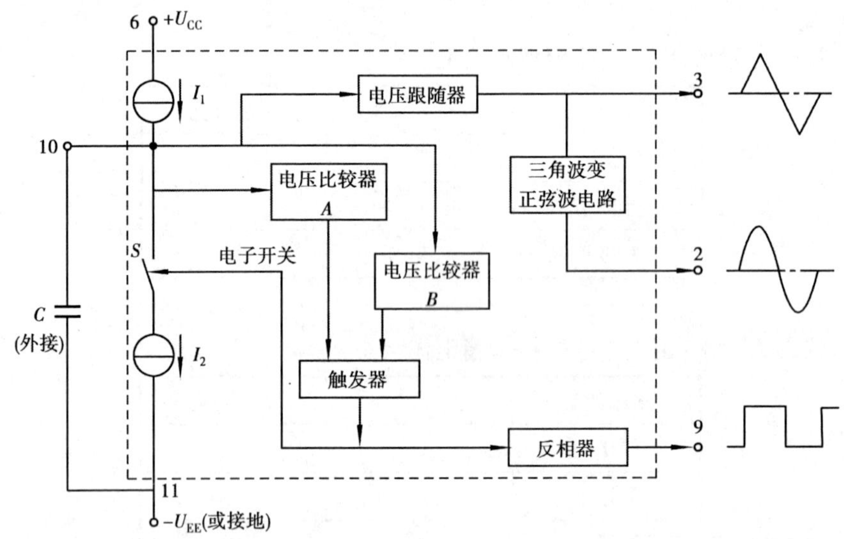

图4.3.1

当触发器的输出端为低电平时.它控制开关S使电流源I_2断开。而电流源I_1则向外接电容C充电,使电容两端电压随时间线性上升,当U_C上升到$U_C=2(U_{CC}+U_{EE})/3$时,比较器A的输出电压发生跳变,使触发器输出端由低电平变为高电平,这时,控制开关S使电流源I_2接通。由于$I_2>I_1$,因此外接电容C放电,U_C随时间线性下降。

当U_C下降到$U_C\leqslant(U_{CC}+U_{EE})/3$时,比较器$B$输出发生跳变,使触发器输出端又由高电平变为低电平。I_2再次断开,I_1再次向C充电,U_C又随时间线性上升。如此周而复始,产生振荡。外接电容C交替地从一个电流源充电后向另一个电流源放电,就会在电容C的两端产生三角波并输出到脚3。该三角波经电压跟随器缓冲后,一路经正弦波变换器变成正弦波后由脚2输出,另一路通过比较器和触发器,并经过反向器缓冲,由脚9输出方波。

2)实验步骤

①按图4.3.2接线,取$C=0.01\ \mu F$。

②调整电路使其处于振荡,通过调整电位器R_{P2},使方波的占空比达到50%。

③保持方波的占空比为50%不变,用示波器观测8038正弦波输出端的波形,反复调整R_{P3},R_{P4},使正弦波不产生明显的失真。

④调节电位器R_{P1},使输出信号从小到大变化,列表记录管脚8的电位及测量输出正弦波的频率。将测量结果记入表4.3.1。

⑤改变外接电容C的值(取$C=0.01\ \mu F$,$C=0.1\ \mu F$和1 000 pF),观测3种输出波形的

幅值和频率,将观测波形记入表 4.3.2。

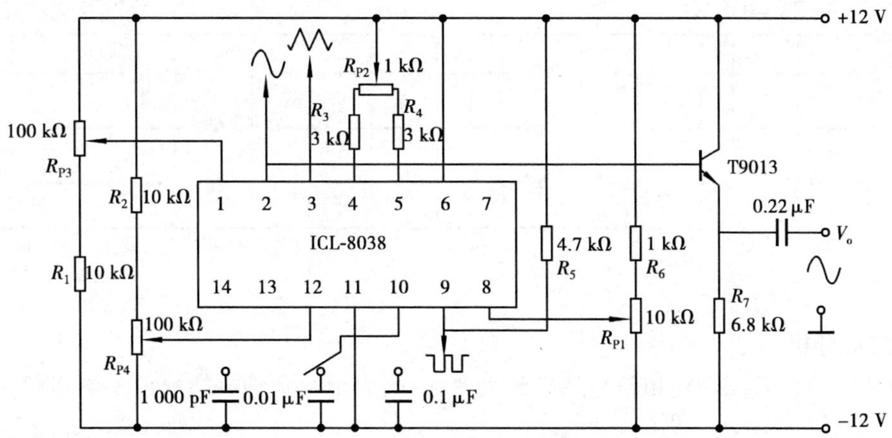

图 4.3.2　ICL8038 实验电路图

表 4.3.1

调整 R_{P1}					
V_8/V		C	V_o		
最高	最低		F_{max}	F_{min}	$V_{oP\text{-}P}$/V
		0.01 μF			
		0.1 μF			
		1 000 pF			

表 4.3.2

电容	0.01 μF	0.1 μF	1 000 pF
频率	调 f = 10 kHz	测 f =	测 f =
波形	2脚 t 9脚 t 3脚 t	2脚 t 9脚 t 3脚 t	2脚 t 9脚 t 3脚 t

⑥取 C = 0.01 μF,调整电位器 R_{P2} 的值,观测 3 种波形的频率和幅度值,将观测波形记入表 4.3.3。

(4)实验报告

①列表说明各可调电位器的作用。

②列表整理电容取不同值时,3 种波形的频率和幅度值,从中得出结论。

③列表整理 R_{P2} 取不同值时,3 种波形的变化,从中得出结论。

表 4.3.3

电阻	R_{P2} =0.5 kΩ	R_{P2}减小	R_{P2}增大
波形	2脚 t 9脚 t 3脚 t	2脚 t 9脚 t 3脚 t	2脚 t 9脚 t 3脚 t

④写出本实验的心得、体会。

(5)结果分析

①调节电位器 R_{P1},使输出信号从小到大变化,列表记录管脚 8 的电位及测量输出正弦波的频率。

表 4.3.4

调整 R_{P1}					
V_8/V		C	V_o		
最高	最低		F_{max}/Hz	F_{min}/Hz	V_{oP-P}/V
9.75	3.74	0.01 μF	13.5 k	3.85 k	5.2
		0.1 μF	1.32 k	385	5.2
		1 000 pF	136.1 k	38.45	5.2

②改变外接电容 C 的值(取 C =0.01 μF,C =0.1 μF 和 1 000 pF),观测 3 种输出波形的幅值和频率。数据记入表 4.3.5。

表 4.3.5

电容	0.01 μF	0.1 μF	1 000 pF
频率	调 f =10 kHz	测 f =1 kHz	测 f =100 kHz
波形	2脚 t 9脚 t 3脚 t	2脚 t 9脚 t 3脚 t	2脚 t 9脚 t 3脚 t

正弦波 V_{p-p} =5 V,方波 V_{p-p} =24 V,三角波 V_{p-p} =8 V。

③取 C =0.01 μF,调整电位器 R_{P2}的值,观测 3 种波形的频率和幅度值,将观测波形记入表 4.3.6。

正弦波 V_{p-p} =5 V,方波 V_{p-p} =24 V,三角波 V_{p-p} =8 V。

④综合实验结果,可以得到各可调电位器的作用:

从表4.3.4、表4.3.6两表,可以看出:

a. R_{P1}是控制8脚输出电压的。

表4.3.6

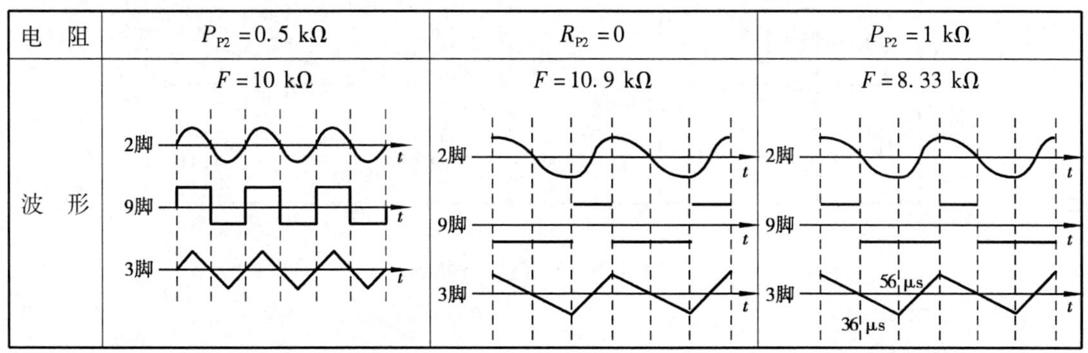

电阻	$P_{P2}=0.5\ k\Omega$	$R_{P2}=0$	$P_{P2}=1\ k\Omega$
波形	$F=10\ k\Omega$ 2脚 9脚 3脚	$F=10.9\ k\Omega$ 2脚 9脚 3脚	$F=8.33\ k\Omega$ 2脚 9脚 3脚 56 μs 36 μs

b. R_{P2}是控制方波占空比,进而影响整个电路波形的。

c. R_{P3}和R_{P4}是调节波形失真度的。

⑤通过表4.3.5得到外接电容C与信号输出频率成反比。

⑥通过表4.3.6可以看出,R_{P2}主要作用是改变方波的占空比,即改变电路充放电时间。

实验四 三相电相序检测与指示(综合性实验)

(1)实验目的

①学习元件的选择及用万用表检测电子器件。

②学习相序测试的基本方法与原理。

③学会电路调试技术。

(2)实验仪器及元件

①函数信号发生器(DF1641B型)	1台
②双踪示波器(GOS-620型)	1台
③交流电压表(DF2175)	1台
④模拟电路学习机	1台
⑤数字万用表	1只
⑥短导线	若干

(3)设计要求

1)简要说明

由于某些用电设备对三相电的相序有严格要求,因此,需要一个控制电路对三相电的相序进行检测。

2)设计要求

①设计一个三相电相序检测电路,也可作为相序指示。

②输入380 V三相电压。

③用发光二极管作为相序指示。

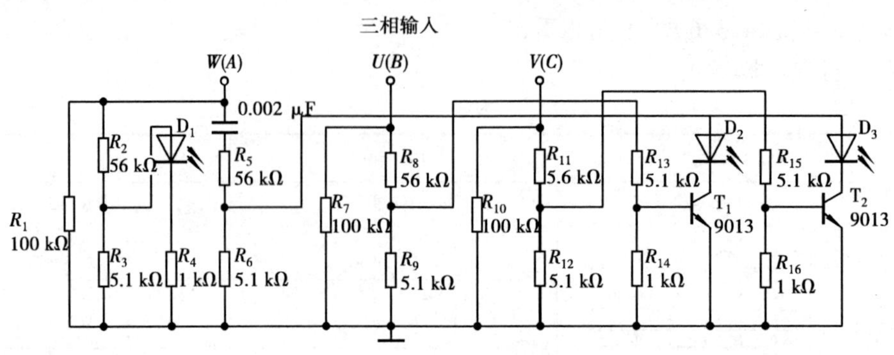

图 4.4.1　三相电相序指示

(4)参考电路

电路原理简述:

某相 $W(A)$ 经电容 C 移相作为参考,二相 $V(B)$,$V(C)$ 输入到由 T_1,T_2 组成的相敏整流放大电路。以发光二极管 D_1,D_2,D_3 的亮暗程度来判别相序。若相序正确,D_1 最亮,D_2 次之,D_3 最暗,反之相序相反。

实验中注意事项:

①要求输入三相电压对称,因为 T_1,T_2 参考相为电源,被测相做输入,只有二者同为正半周时才有整流输出。

②如图 4.4.1 所示电路中 W,U,V 三相输入为 380 V,实验中要求有三相对称正弦电源,并注意用电安全。

③当任选一相为输入时,D_1,D_2,D_3 亮暗相反时,可调换输入端。

④为保证实验安全,可通过三相调压降低输入电压,图中电阻元件阻值成比例降低。

(5)实验报告

①独立设计、组装、调试三相电的相序检测电路。

②写出实验的心得、体会。

第5章 研究性实验

实验一　观察晶体管特性曲线电路(研究性实验)

(1)实验目的

①了解晶体管共射极输出特性及工作原理。

②学习用555芯片与晶体管等元件组成简易的晶体管输出特性曲线观察电路。

③学会用万用表检测电子器件。

④学会电路调试技术。

(2)实验仪器及元件

①函数信号发生器(DF1641B型)	1台
②双踪示波器(GOS-620型)	1台
③交流电压表(DF2175)	1台
④模拟电路学习机	1台
⑤数字万用表	1只
⑥短导线	若干

(3)设计要求

利用学过的模拟电子技术的知识,分别设计观察PNP(NPN)型晶体管的输出特性曲线的电路。

设计提示:

①用555芯片组成多谐振荡器,作为电路的方波发生器。

②用PNP,NPN型晶体管组成阶梯波发生器,作为被测晶体管的基极的输入信号。

③用R,C组成积分电路,产生锯齿波作为被测晶体管的集电极电压。

(4)参考电路

1)测试PNP型晶体管的输出特性曲线

由555芯片与晶体管等元件可以组成简易的PNP型晶体管输出特性曲线观察电路。电路如图5.1.1所示。电源选5 V直流电源,555芯片与R_1,R_2,C_1组成无稳态多谐振荡器,振荡

频率可由 $F=1.44/(R_1+2R_2)\times C_1$ 计算,该电路的频率为 1.1 kHz,即 A_1 的 3 脚可输出频率为 1.1 kHz 的方波。

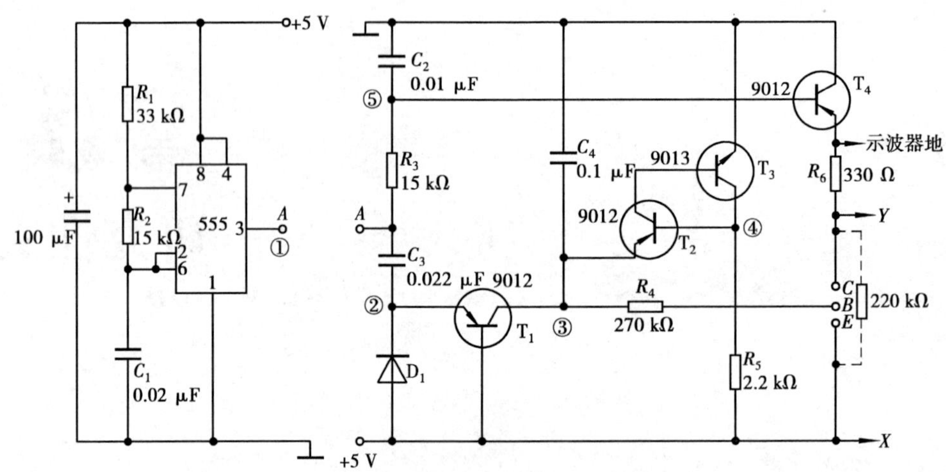

图 5.1.1　测试 PNP 型晶体管的输出特性曲线电路图

具体原理如下:C_3,D_1,T_1,T_2,T_3 及 C_4 为阶梯波发生器,C_4 上的充电电压使 T_3 导通,C_4 的充放电形成台阶,该电路可观察到若干个阶梯。经 R_4 加至被测晶体管的基极。由 C_2,R_3 组成的积分电路所产生的锯齿波经 T_4 射随输出加至被测管的集电极。

调试各点波形参考:

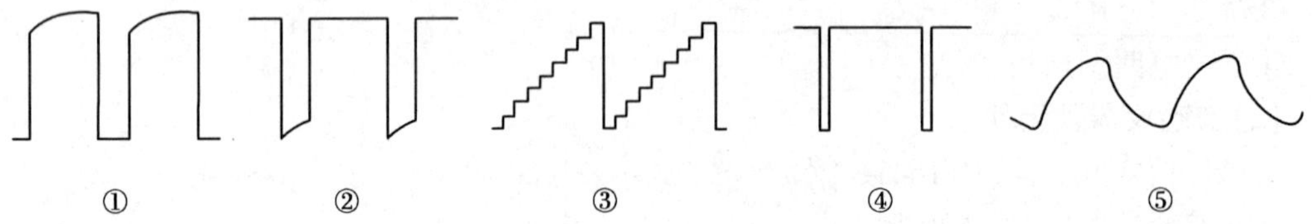

①测试各点波形

测试图 5.1.1 中的①~⑤点的各点波形,记录于表 5.1.1 中。

表 5.1.1

1	2	3	4	5

②曲线的观察

将双踪示波器调节到 x,y 使用状态,按图 5.1.1 分别将图中 x,y,示波器的 3 点接入示波器的相应输入端,将被测 PNP 型晶体三极管插入,即可观察到若干条该晶体管的输出特性曲线,将观测到的波形绘于表 5.1.2 中。

2)测试 NPN 型晶体管的输出特性曲线电路

若观察 NPN 型晶体管的输出特性曲线,将图 5.1.1 电路中的 D_1,T_1,T_2,T_3,T_4 均更换极性相反的晶体管。同时注意供电电源的极性(555 电路除外),如图 5.1.2 所示。

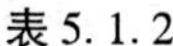

表 5.1.2

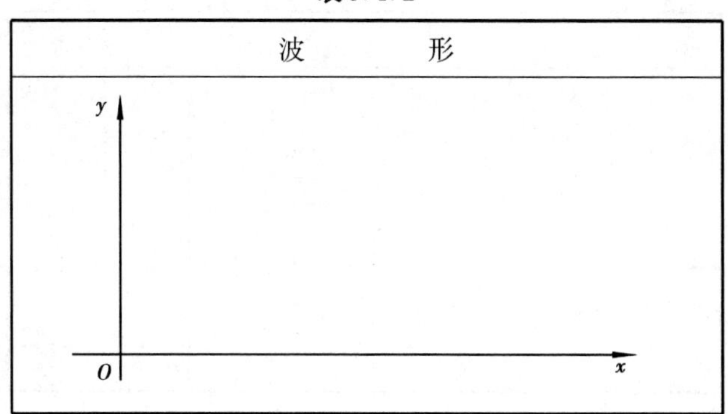

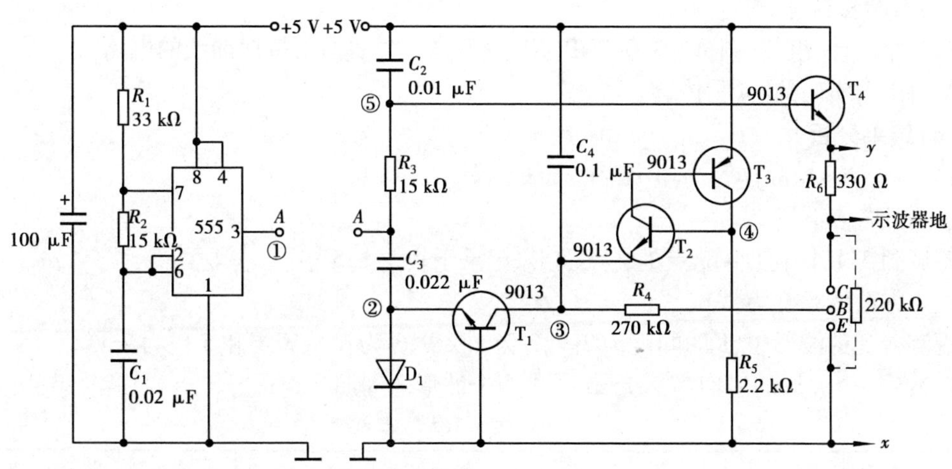

图 5.1.2　测试 NPN 型晶体管的输出特性曲线电路图

调试各点波形参考：

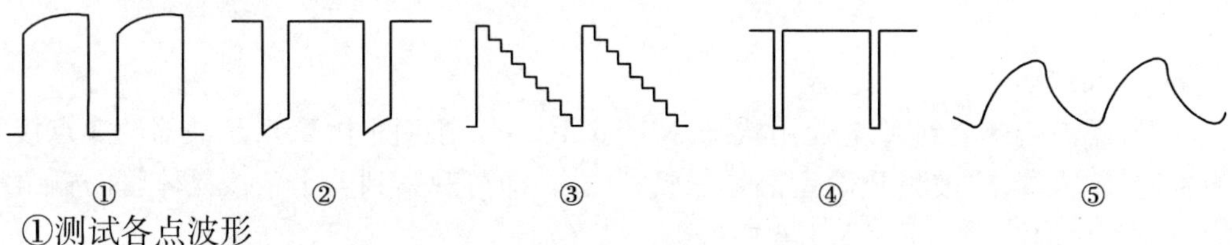

①测试各点波形

测试图 5.1.2 中①～⑤点的各点波形，记录于表 5.1.3 中。

表 5.1.3

1	2	3	4	5

②曲线的观察

将双踪示波器调节到 x，y 使用状态，按图 5.1.2，分别将图中 x，y，示波器的 3 点接入示波器的相应输入端，将被测 NPN 型晶体三极管插入，即可观察到若干条该晶体管的输出特性曲线，将观测到的波形绘于表 5.1.4 中。

表 5.1.4

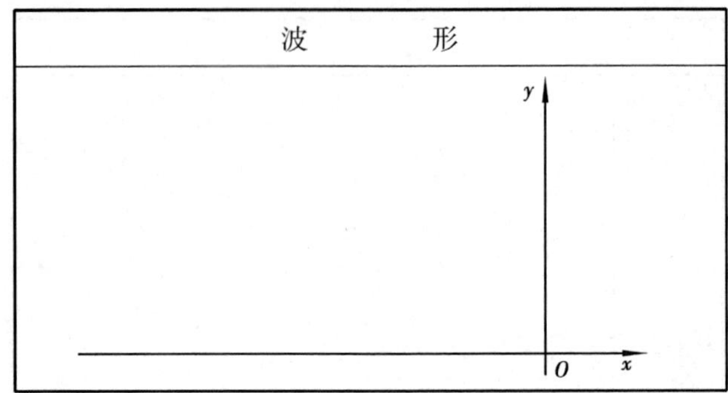

(5)实验报告

①独立设计、组装、调试“观察 PNP(NPN)型晶体管的输出特性曲线的电路”。

②写出本实验的心得、体会。

(6)结果分析

1)测试 PNP 型晶体管的输出特性曲线

①测试各点波形

测试图 5.1.1 中①~⑤点的各点波形,记录于表 5.1.5 中。

输入方波的幅度为 2 V。

观测得到的波形中,1 的幅度为 2 V,2 为 1.2 V,3 为 6.8 V,4 和 5 也为 2 V。

1,2,5 三个波形的周期为 0.1 ms,3,4 两个波形的周期为 5 ms。

表 5.1.5

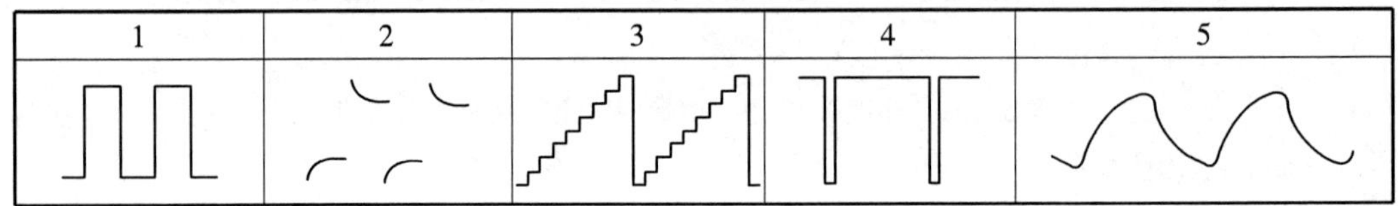

1	2	3	4	5

②曲线的观察

将双踪示波器调节到 X,Y 使用状态,按图 5.1.2,分别将图中 X,Y,示波器的 3 点接入示波器的相应输入端,将被测 PNP 型晶体三极管插入,即可观察到若干条该晶体管的输出特性曲线,将观测到的波形绘于表 5.1.6 中。

表 5.1.6

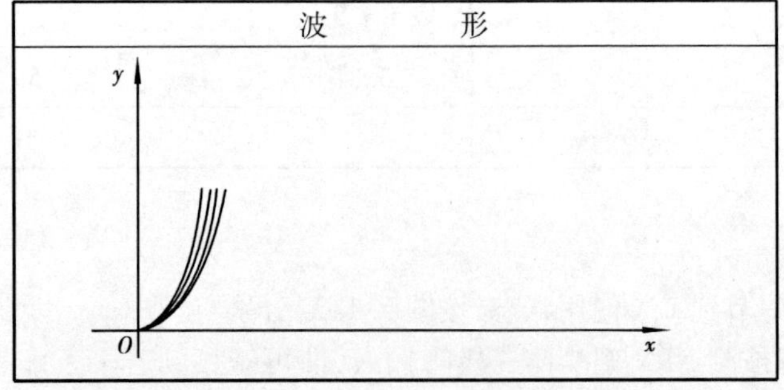

注:实际波形是一簇曲线,这里只是一个大致示意图。

2)测试 NPN 型晶体管的输出特性曲线电路

①测试各点波形

测试图 5.1.2 中①~⑤点的各点波形,记录于表 5.1.7 中。

表 5.1.7

1	2	3	4	5

②曲线的观察

将双踪示波器调节到 x,y 使用状态,按图 5.1.2,分别将图中 x,y,示波器的 3 点接入示波器的相应输入端,将被测 NPN 型晶体三极管插入,即可观察到若干条该晶体管的输出特性曲线,将观测到的波形绘于表 5.1.8 中。

表 5.1.8

波　　形

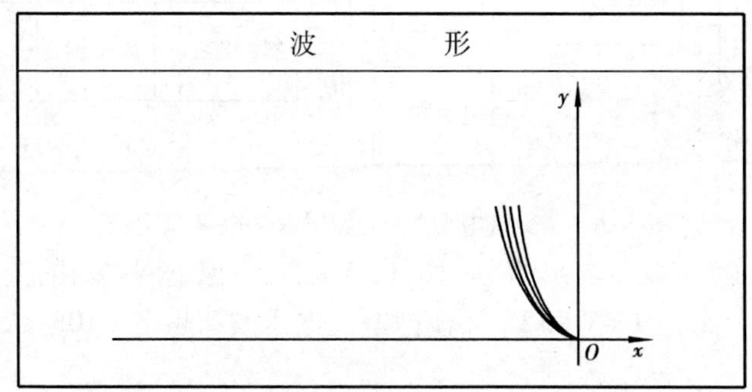

注:实际波形是一簇曲线,这里只是一个大致示意图。

实验二　交流电源过压、欠压保护电路(研究性实验)

(1)实验目的

①学习使用运算放大器构成比较器。

②学习元件的选择及用万用表检测电子器件。

③学会电路调试技术。

(2)实验仪器及元件

①函数信号发生器(DF1641B 型)	1台
②双踪示波器(GOS-620 型)	1台
③交流电压表(DF2175)	1台
④模拟电路学习机	1台
⑤数字万用表	1只
⑥短导线	若干

(3)设计要求

1)设计说明

某些用电设备对输入电压有一定的要求,电网工作正常时,用电设备接通电源,电网电压波动超过正负10%时,自动切断电源,停止工作。

2)设计要求

①要求利用实验台和所学过的模拟电子技术的知识,设计该装置。

②输入市电。

③使用运算放大器构成比较器。

④电源工作正常,绿色发光二极管亮,电源过压、欠压,红色发光二极管亮。

设计提示:

实验的原理框图如图5.2.1所示。市电经整流滤波后加入比较器电路,电网电压在正常范围时,执行电路将常开触点J闭合,用电设备通电;当电网电压波动超过±10%时,触点J断开。切断电源,用电设备停止工作。

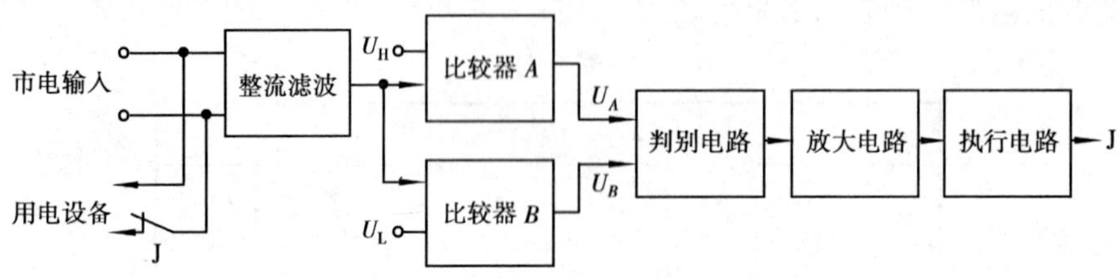

图5.2.1　交流电源过压、欠压保护电路原理框图

利用实验装置的交流变压输出的14,16,18 V端点模拟电网电压的变化。用16 V模拟电网电压工作在正常范围,用14 V和18 V模拟电网电压波动超出±10%状态。

(4)参考电路

参考电路如图5.2.2所示。图中V_o点电位与输入的电网电压有关,其整流滤波后的V_o与两个直流参考电压V_H(高)及V_L(低)在两个比较器A,B中进行比较,比较器输出电压V_A,V_B经二极管D_5,D_6组成的与门判别电路给晶体管放大电路,驱动执行电路工作(图中右侧驱动电路部分模拟供电情况)。

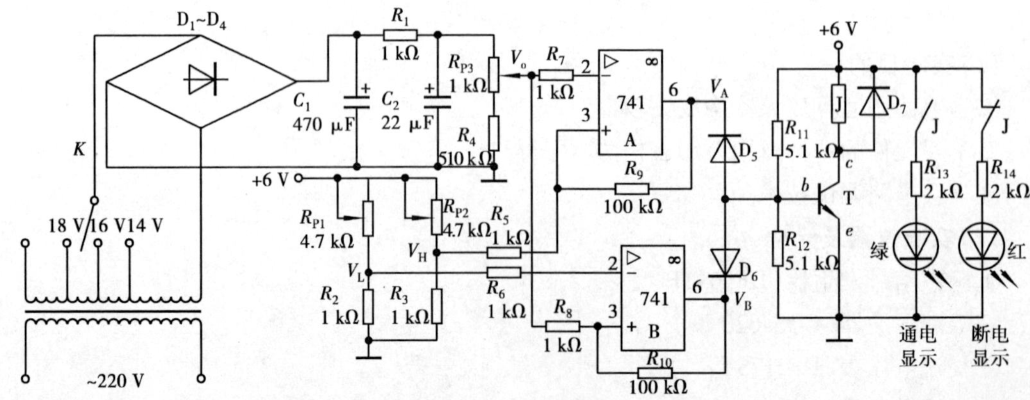

图5.2.2　交流电源过压、欠压保护电路原理线路

电路的调试：

①首先将运放 741 调零。

②将整流滤波电路的 K 点接交流变压输出 16 V，调 R_{P3} 使 V_o 为 4 V 左右，代表正常电压范围。

③调 R_{P2} 略高于 V_o 值（不能高于 K 点接交流变压输出 18 V 时 V_o 值）。

④调 R_{P1} 略低于 V_o 值（不能低于 K 点接交流变压输出 14 V 时 V_o 值）。

⑤测试 V_A，V_B 为高电平输出。

⑥ K 在 14 V 时，V_B 为低电位，V_A 不变。

⑦ K 在 18 V 时，V_A 为低电位，V_B 不变。

⑧观察模拟供电情况，K 点接交流变压输出 16 V 时，绿灯亮，K 点接交流变压输出 14 V 或 18 V 时，红灯亮。

(5) 实验报告

①独立设计、组装、调试交流电源过压、欠压保护电路。

②写出实验的心得、体会。

附 录 I

附录Ⅰ.1　常用电子元器件的识别

(1)实验目的

①了解常用电子元器件的性能、主要技术指标、用途等。

②掌握用色标法读取色环电阻标称值及其允许偏差的方法。

③学习使用万用表检测电阻、电容、电感的方法。

④学习使用万用表判断二极管、三极管的类型和管脚,估测三极管放大倍数的方法。

⑤熟悉集成运算放大器管脚的排列。

⑥掌握在插件电路板上安装电路的方法。

(2)实验仪器及实验箱面板(或元件)

①函数信号发生器(DF1641A 型)	1 台
②双踪示波器(COS5020C 型)	1 台
③交流电压表(DF2173B)	1 台
④模拟电路学习机	1 台
⑤数字万用表	1 只
⑥短导线	若干

(3)预习要求

①预习本书附录Ⅰ.1 内容。

②读出待测色环电阻的标称值和允许偏差值。

五色环电阻	棕、绿、黑、棕、棕	蓝、灰、黑、金、红
四色环电阻	棕、黑、红、金	黄、紫、橙、银

③复习二极管和三极管的工作原理。写出 2AP9,2CP10,1N4001,3DG6,3AX81 的全称。

④预习用万用表判断二极管、三极管类型和管脚的方法。

(4)实验原理

电子元件是构成电子电路的基本材料,熟悉各种电子元件的性能及其测试方法,了解其用途等对完成电子电路的设计、安装和调试十分重要。

电阻器、电位器、电容器、电感器、二极管、三极管是电子电路中应用最多的元件。

1)电阻器

①种类

电阻器的种类较多,按制作的材料不同,可分为合成(实芯)电阻器、碳膜电阻器、金属膜电阻器、线绕电阻器。碳膜电阻器具有较好的稳定性(指电压、温度的变化对阻值的影响较小),而且适用于高频工作;金属膜电阻器各方面的性能均优于碳膜电阻器,其缺点是售价较高;线绕电阻器的最大优点是阻值精确、功率范围大,但是它不适用于高频工作。合成电阻目前已用得较少。

除上述电阻器以外,还有一类特殊用途的电阻器——光敏、气敏、压(力)敏、(电)压敏、热敏电阻器等,它们的阻值随着外界光线的强弱、某种气体浓度的高低、压力的大小、电压的高低、温度的高低而变化。

②主要特性及其表示方法

常用的固定电阻器有碳膜电阻(RT),硅碳膜电阻(RU),金属膜电阻(RJ)和线绕电阻(RX),其主要特性见表Ⅰ.1.1。

表Ⅰ.1.1 常用电阻器的主要特性

名称和符号	额定功率/W	标称阻值范围/Ω	温度系数 1/℃	运用频率
RT型 碳膜电阻	0.05 0.125 0.25 0.5 1.2	$10 \sim 100 \times 10^3$ $5.1 \sim 510 \times 10^3$ $5.1 \sim 910 \times 10^3$ $5.1 \sim 2 \times 10^6$ $5.1 \sim 5.1 \times 10^6$	$-(6 \sim 10) \times 10^{-4}$	10 MHz 以下
RU型 硅碳膜电阻	0.125~0.5 0.5 1.2	$5.1 \sim 510 \times 10^3$ $10 \sim 2 \times 10^6$ $10 \sim 10 \times 10^6$	$\pm(7 \sim 12) \times 10^{-4}$	10 MHz 以下
RJ型 金属膜电阻	0.125 0.25 0.5 1.2	$30 \sim 510 \times 10^3$ $30 \sim 1 \times 10^6$ $30 \sim 5.1 \times 10^6$ $30 \sim 10 \times 10^6$	$\pm(6 \sim 10) \times 10^{-4}$	10 MHz 以下
RX型 线绕电阻	2.5~100	$5.1 \sim 56 \times 10^6$		低频

常用的普通电阻器的标称值由于误差的存在,实际的电阻值与标称值存在一定误差,其值反映了电阻的精度。不同的精度对应相应的关系,表Ⅰ.1.2列出常用电阻器允许误差等级。

表Ⅰ.1.2 常用电阻器允许误差等级

允许误差/%	±0.5	±1	±5	±10	±20
等级	005	01	Ⅰ	Ⅱ	Ⅲ

市面上成品电阻器通常为Ⅰ级和Ⅱ级,已能满足使用要求,Ⅲ级已基本上不生产和应用。02,01和005级电阻属于精密电阻,常用于测量仪表和特殊用途。

当有电流流过电阻器时,会消耗功率产生热量,电阻器过热会损坏。电阻器长时间正常工作允许最大功率称为额定功率,电阻器的额定功率通常有1/16,1/8,1/4,1/2,1,2,5,10等。

对于额定功率大的电阻,其额定功率直接印在电阻器上,而常用的额定功率小的电阻,其额定功率可从电阻器的几何尺寸看出,见表Ⅰ.1.3。

电阻阻值及误差有三种表示方法,即直标法、文字符号法及色环法,直标法和文字符号表示方法列于表Ⅰ.1.4中。

表Ⅰ.1.3 额定功率与几何尺寸对应表

种类 / 外形尺寸 / 额定功率/W	碳膜电阻		金属膜电阻	
	L	*D*	*L*	*D*
0.06	8	2.5		
0.125	12	2.5	7	2.2
0.25	15	4.5	8	2.6
0.5	25	4.5	10.8	4.2
1	28	6	13	6.6
2	46	8	18.5	8.6

表Ⅰ.1.4 电阻直标法和文字符号表示法

阻值	误差	直标法	文字符号法
5.1 Ω	±5%	5.1Ⅰ	5Ω J
4.7 k	±10%	4.7Ⅱ	4k7 K
680 Ω	±20%	680ΩⅢ	680 M
1.1 M	±5%	1.1MⅠ	1M1
0.1 Ω	±5%	0.1ΩⅠ	0Ω J

由表Ⅰ.1.4可见,文字符号法的表示规律为在Ω,K,M前面的数值表示整数阻值、符号后面的数值表示小数点后的阻值。允许误差,J为±5%,K为±10%,M为±20%,此种方法可避免用直标法因小数点蹭掉而误识阻值。

③采用色环法标识电阻

用色环法标识电阻是小型电阻器常用的方法,用不同的颜色环来表示电阻的标称值及误差,它的优点是直观、无方向性,利于自动化生产。普通电阻器应用四色环法表示,见表Ⅰ.1.5。

表 I.1.5 普通精度电阻器色环颜色—数值对照表

色环颜色	第一色环	第二色环	第三色环	第四色环
	第一位数字	第二位数字	前面两位数字后面加 0 的个数	误差范围
黑	—	0	$10^0=1$ ×1 Ω	—
棕	1	1	$10^1=10$ ×10 Ω	—
红	2	2	$10^2=100$ ×100 Ω	—
橙	3	3	$10^3=1\ 000$ ×1 000 Ω	—
黄	4	4	$10^4=10\ 000$ ×10 000 Ω	—
绿	5	5	$10^5=100\ 000$ ×100 000 Ω	—
蓝	6	6	$10^6=1\ 000\ 000$ ×1 000 000 Ω	—
紫	7	7	—	—
灰	8	8	—	—
白	9	9	—	—
金	—	—	$10^{-1}=0.1$ ×0.1 Ω	±5%(J)
银	—	—	$10^{-2}=0.01$ ×0.01 Ω	±10%(K)

对于精密电阻,常用 5 色环法表示。表 I.1.6 列出精密电阻器色环颜色与数值的对照关系。

表 I.1.6 精密电阻器色环颜色—数值对照表

cc	第一色环	第二色环	第三色环	第四色环	第五色环
	第一位数字	第二位数字	第三位数字	倍乘	允许误差
黑	0	0	0	10^0	—
棕	1	1	1	10^1	±1%
红	2	2	2	10^2	±2%
橙	3	3	3	10^3	—
黄	4	4	4	10^4	—
绿	5	5	5	10^5	±0.5%
蓝	6	6	6	10^6	±0.25%
紫	7	7	7	10^7	±0.1%
灰	8	8	8	10^8	—
白	9	9	9	10^9	—
金	—	—	—	10^{-1}	—
银	—	—	—	10^{-2}	—

④性能测量

电阻器的类别及其主要技术参数的数值一般都标注在它的外表面上。当其参数标志因某种原因而脱落或欲知道其精确阻值时,就需要进行测量。

对于常用的碳膜电阻器、金属膜电阻器以及线绕电阻器的阻值,可用普通万用电表的电阻挡直接测量。

⑤用途

在电路中多用来分压、分流、阻抗匹配、限流、滤波(与电容结合)等。

2)电位器

①种类

根据所用材料的不同,电位器可分为线绕电位器和非线绕电位器两大类;根据结构的不同,电位器又可分为单圈电位器、多圈电位器,单连、双连和多连电位器,在这些电位器中,又分为带开关电位器、锁紧和非锁紧型电位器等;根据调节方式的不同,电位器还可分为旋转式电位器和直滑式电位器两种类型。

②性能测量

具体检测时,可以先测量一下它的阻值,即两端片之间的阻值应等于其标称值,然后再测量它的中心端片与电阻体的接触情况。这时万用表仍工作在电阻挡上,将一只表笔接电位器的中心焊片,另一只表笔接其余两端片中的任意一个。慢慢将其转柄从一个极端位置旋转到另一个极端位置,其阻值应从零(或标称值)连续变化到标称值(或零)。整个旋转过程中,表针不应有任何跳动现象。在电位器转柄的旋转过程中,应感觉平滑,不应有过松或过紧现象,也不应出现响声。

③用途

广泛应用于各种电子电路、电子仪器和家用电器产品中。电子电路中,应当尽量减少采用电位器,因为电位器的失效率约为电阻器的 10 ~ 100 倍,电位器失效(如开路、阻值变大)时,会对电路引起严重故障,应当采取相应的安全措施。电位器除应根据用途选用外,还应考虑安装尺寸,旋柄长短等因素。

3)电容器

①种类

电容器的种类较多,按介质不同可分为纸介电容器、有机薄膜电容器、涤纶电容器、瓷介电容器、玻璃釉电容器、云母电容器、电解电容器等;按结构不同可分为固定电容器、可变电容器、微调(俗称半可变)电容器等。

②电解电容器性能测量

对电解电容器的性能测量,最主要的是容量和漏电流的测量。对正、负极标志脱落的电容器,还应进行极性判别。

利用万用表测量电解电容器的漏电流时,可用万用表电阻挡(一般用 $R\times1$ k 挡)测电阻的方法来估测,黑表笔应接电容器的"+"极,红表笔接电容器的"-"极。此时表针迅速向右摆动,然后慢慢退回。待不动时指示的电阻值越大表示漏电流越小。此时的电阻值就是电容器的漏电阻,一般应大于几百到几千欧。对存放时间很久的电容器,测量时间应大于半分钟,或者采取储能措施(即先加低电压,经一定时间后,再逐渐加至额定电压)后再进行测量。若指针向右摆动后不再摆回,说明电容器已击穿;若指针根本不向右摆,说明电容器内部断路或电解质已干涸而失去容量。

上述测量电容器漏电的方法,还可以用来鉴别电容器的正、负极和估计其容量大小。对失掉正、负极标志的电解电容器,可先假定某极为“+”极,让其与万用电表的黑表笔相接,另一个电极与万用电表的红表笔相接,同时观察并记住表针向右摆的幅度;将电容放电后,两只表笔对调重新测量。在两次测量中,若表针最后停留的摆动幅度较小,则说明该次对其正、负极的假设是对的,对某些铝壳电容器来说,其外壳为负极,中间的电极为正极。

一般说来,电解电容器的实际容量与其标称容量差别较大,特别是放置时间较久或使用时间较长的电容器,要用万用电表准确地测量出其电容量,是难以做到的,只能比较出它们的相对大小。方法是测电容器的充电电流,接线方法与测漏电流时相同。表针向右摆动的最大幅度越大,其容量也越大。对相同型号的电解电容器,体积越大,其电容量越大,而且耐压越高。

③用途

电容器是一种储能元件,具有储存电能的作用,在电路中多用来滤波、隔直、交流耦合、交流旁路及与电感元件组成振荡回路等。

4)电感器

①种类

常用的电感器有固定电感器、微调电感器、色码电感器等。变压器、阻流圈、振荡线圈、偏转线圈、天线线圈、中周、继电器以及延迟线和磁头等,都属电感器种类。它们在电路中各起不同的作用,但在通电后都具有储存磁能的特征。

②电感器性能的测量

一般用 Q 表或电容电感表测电感器的电感量。用万用表电阻挡检查线圈的好坏,若电阻无限大则该线圈已断路,不能使用。

③用途

电感器具有阻交流通直流的特性,广泛应用于调谐、振荡、耦合、匹配、滤波等电路中。

5)半导体分立器件

①半导体二极管

a. 分类

半导体二极管(以下简称二极管)是内部具有一个 PN 结,外部具有两个电极的一种半导体器件。二极管有多种类型,按制作的材料不同,分为锗二极管和硅二极管;按制作工艺不同,分为面结型二极管、点接触型二极管;按用途不同,又可分为整流二极管、检波二极管、稳压二极管、变容二极管、光敏二极管等。

b. 普通二极管的检测

对二极管进行检测,主要是鉴别它的正、负极性及其单向导电性能。

测量二极管的正、反向电阻:

通常小功率锗二极管的正向电阻值为 300 ~ 500 Ω,硅管为 1 kΩ 或更大些。锗管反向电阻为几十千欧,硅管反向电阻在 500 kΩ 以上(大功率二极管的数值要小得多)。正反向电阻的差值越大越好。

判别二极管极性:

根据二极管正向电阻小,反向电阻大的特点可判别二极管的极性。将万用表拨到欧姆挡(一般用 $R\times100$ 或 $R\times1$ k 挡,不要用 $R\times1$ 挡或 $R\times10$ k 挡,因为 $R\times1$ 挡使用的电流太大,容易烧坏管子,而 $R\times10$ k 挡使用的电压太高,可能击穿管子),表笔分别与二极管的两极相连,测出两个阻值,在测得阻值较小的一次测量中,与黑表笔相接的一端就是二极管的正极。同理在测得阻值较大的一次测量中,与黑表笔相接的一端就是二极管的负极。如果测得的反向电阻很小,说明二极管内部已短路;若正向电阻很大,则说明二极管内部已断路。在这两种情况下二极管就不能使用了。

判别二极管管型:

因为硅二极管的一般正向压降一般为 0.6 ~ 0.7 V,锗二极管的正向压降为 0.1 ~ 0.3 V,所以通过测量二极管的正向导通电压,就可以判别被测二极管是硅管还是锗管。方法是:在干电池(1.5 V)或稳压电源的一端串一个电阻(约 1 kΩ),同时二极管按正向接法与电阻相连接,使二极管正向导通,然后用万用表的直流电压挡测量二极管两端的管压降 U_D,如果测到的 U_D 为 0.6 ~ 0.7 V 则为硅管,如果测到的 U_D 为 0.1 ~ 0.3 V 就是锗管。

②半导体三极管

a. 分类

三极管的种类较多,按使用的半导体材料不同,可分为锗三极管和硅三极管两类。目前,国产锗三极管多为 PNP 型,硅三极管多为 NPN 型;按制作工艺不同,可分为扩散管、合金管等;按功率不同,可分为小功率管、中功率管和大功率管;按工作频率不同,可分为低频管、高频管和超高频管;按用途不同,又可分为放大管和开关管等。另外,每一种三极管中,又有多种型号,以区别其性能。在电子设备中,比较常用的是小功率的硅管和锗管。

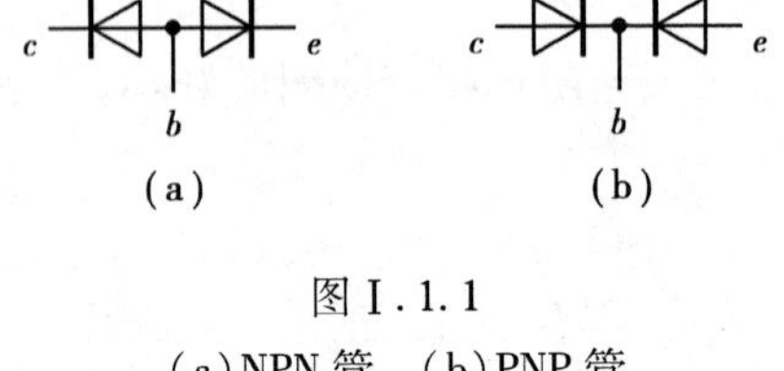

图Ⅰ.1.1

(a)NPN 管　(b)PNP 管

b. 用万用表判别管脚和管型的方法

用万用表判别管脚的根据是:把晶体管的结构看成是两个背靠背的 PN 结,如图Ⅰ.1.1 所示,对 NPN 管来说,基极是两个结的公共阳极,对 PNP 管来说,基极是两个结的公共阴极。

判断三极管的基极:对于功率在 1 W 以下的中小功率管,可用万用表的 $R\times100$ 或 $R\times1$ k 挡测量,对于功率在 1 W 以上的大功率管,可用万用表的 $R\times1$ 或 $R\times10$ 挡测量。

用黑表笔接触某一管脚,用红表笔分别接触另两个管脚,如表头读数都很小,则与黑表笔接触的那一管脚是基极,同时,可知此三极管为 NPN 型。若用红表笔接触某一管脚,而用黑表笔分别接触另两个管脚,表头读数同样都很小时,则与红表笔接触的那一管脚是基极,同时可知此三极管为 PNP 型。用上述方法既判定了晶体三极管的基极,又判别了三极管的类型。

判断三极管发射极和集电极:

以 NPN 型三极管为例,确定基极后,假定其余的两只脚中的一只是集电极,将黑表笔接到此脚上,红表笔则接到假定的发射极上。用手指把假设的集电极和已测出的基极捏起来(但不要相碰),看表针指示,并记下此阻值的读数。然后再作相反假设,即把原来假设为集电极的脚假设为发射极。作同样的测试并记下此阻值的读数。比较两次读数的大小,若前者阻值较小,说明前者的假设是对的,那么,黑表笔接的一只脚就是集电极,剩下的一只脚便是发射极。

若需判别是 PNP 型晶体三极管,仍用上述方法,但必须把表笔极性对调一下。

c. 用万用表估测电流放大系数 β

将万用表拨到相应电阻挡按管型将万用表表笔接到对应的极上(对 NPN 型管,黑笔接集电极,红笔接发射极,对 PNP 型管黑笔接发射极,红笔接集电极)。测量发射极和集电极之间的电阻,再用手捏着基极和集电极,观察表针摆动幅度大小。摆动越大,则 β 越大。手捏在极与极之间等于给三极管提供了基极电流 I_b,I_b 的大小和手的潮湿程度有关。也可接一只 50 ~ 100 kΩ 的电阻来代替手捏的方法进行测试。

一般的万用表具备测 β 的功能,将晶体管插入测试孔中就可以从表头刻度盘上直读 β 值。若依此法来判别发射极和集电极也很容易,只要将 e,c 脚对调一下,在表针偏转较大的那一次测量中,从万用表插孔旁的标记就可以直接辨别出晶体管的发射极和集电极。

6)集成运算放大器

集成电路是在半导体晶体管制造工艺的基础上发展起来的新型电子器件,它将晶体管和电阻、电容等元件同时制作在一块半导体硅片上,并按需要连接成具有某种功能的电路,然后加外壳封装成一个电路单元。集成运算放大器是集成电路中常见的器件,是一个具有两个不同相位的输入端、高增益的直流放大器。现已广泛应用于收录机、电视机、扩音机及精密测量、自动控制领域中。常用的集成运算放大器有单运放 μA741(LM741,CP741 等均属同一型号产品)、双运放 μA747、四运放 μA324 等不同型号的运放。不同型号的管脚功能是不一样的,使用时需根据产品说明书,查明各管脚的具体功能。附录Ⅰ.2 附有本书所编实验项目中所使用的几种集成电路管脚的功能图。集成运放的管脚编号一般是:从正面左下端参考标识开始按逆时针顺序依次为 1,2,3,…,如图Ⅰ.1.2所示。

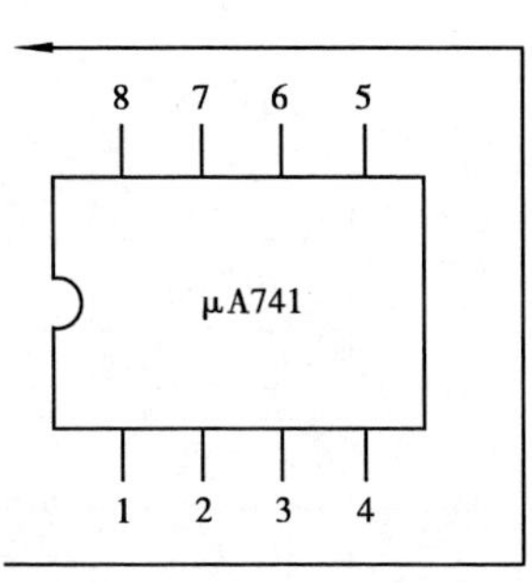

图Ⅰ.1.2 集成运放管脚的排列顺序

7)集成运算放大器的分类与主要特性

表Ⅰ.1.7 通用集成运算放大器

电路名称	型号	主要特性			国外相同产品型号
		输入失调电压 V_{IO} /mV	差模电压增益 A_{VO} /dB	共模抑制比 K_{CMR} /dB	
通用Ⅰ型运放	CF702	0.5	71	100	μA702
	F002 F001 FC1 5G922 BG301 8FC1	2.0	66	70	HA1301 CA3008 μA702 RC702

续表

电路名称	型号	主要特性			国外相同产品型号
		输入失调电压 V_{IO} /mV	差模电压增益 A_{VO} /dB	共模抑制比 K_{CMR} /dB	
通用Ⅰ型运放	CF709	1.0	93	90	μA709,LM709,MC1709,RC709,μPC55A,SFC2709,SN52/72 709
	F003 F004 FC3	2.0	86	80	
	4E304	2.0	90	90	
	FC52	4.0	100	90	
	BG305	5.0	100	70	
	8FC21	2.0	96	86	
	8FC3	2.0	100	60	
通用Ⅱ型运放	CF741	1.0	106	90	μA741,LM741,AD741,CA741,MC1741,SFC2741,SN52/72 741,μPC741,μPC151,RC741
	F007	2.0	94	80	
	F006	2.0	94	80	
	F008	5.0	110	100	
	F009	2.0	100	80	
	8FC4	2.0	94	80	
	CF101 系列	0.7	103	96	LM101,μA101,AD101,CA101,MLM101,SFC101
	CF107 系列	0.7	104	96	LM107,μA107,MLM107,CA107
通用双运放	CF158	1.0	100	85	LM158,CA158
	CF747	1.0	106	90	μA747,LM747,CA747,SN52/72 747,MC1747
	XFC80	2.0	100	80	
通用四运放	CF124 系列	2.0	120	85	LM124,μA124,LM324,
	CF148 系列	1.0	104	90	LM148,μA148
单电源运放	8FC7	7.5	88	70	

表 I.1.8 低功耗集成运算放大器

型号	主要特性			国外相同产品型号
	静态功耗 P_{CM}/W	差模电压增益 A_{VD}/dB	输入失调电压 V_{IO}/mV	
CF253	≤0.6	110	1.0	μPC253
F010	≤0.6	94	2.0	
F011	≤3.0	100	2.0	μPC253
F012	0.6	110	1.0	
F013	≤6.0	80	2.0	
FC54	≤15	100	2.0	
XFC-75	4	100	3.0	

表 I.1.9 宽带集成运算放大器

型号	主要特性			国外相同产品型号
	开环带度 B_W/MHz	差模电压增益 A_{VD}/dB	输入失调电压 V_{IO}/mV	
CF347	4(G·B)	100	3.0	LF347,μA774,MC34004,TL084
CF351系列	4(G·B)	100	2.0	LF351,μA771,TL081
CF1520系列	2	70	5.0	MC1520
CF733系列	120	52	—	LM733,μA733,MC1733,RC733
FC9	10	60	5.0	MC1520
BG323	120	52	—	LM733,μA733,MC1733,RC733
XFC-79	20	40	—	
SG012	30	40	300	LM733,μA733,MC1733,RC733
CF507	100(G·B)	100	3.0	AD507,HA2620

表Ⅰ.1.10 高精度低漂移集成运算放大器

型号	主要特性				国外相同产品型号
	输入失调电压温度系数 $a_{V_{IO}}/(\mu A \cdot C^{-1})$	输入失调电压 V_{IO}/mBV	差模电压增益 A_{VD}/dB	共模抑制比 K_{CMR}/dB	
CF714	0.2	0.01	114	120	OP07
CF725	0.6	1.5	120	110	MA725,LM725m
F032	2.0	3.0	120	1 058	RC725
FC72	0.5	1.0	120	120	μPC154
FC74	—	1.0	38	—	AD509
3FC5	2.0	1.0	110	106	
XFC-78	1.0	2.0	120	120	
XFC-83	1.0	1.0	125	125	

表Ⅰ.1.11 高速集成运算放大器

型号	主要特性				国外相同产品型号
	转换速率 S_R V/μs	建立时间 t_{set}/s	差模电压增益 A_{VD}/dB	输入失调电压 V_{IO}/mV	
CF715	18($A_{VF}=1$)	800	90	2	μA715
	100($A_{VF}=-1$)				μA722
CF772	65($A_{VF}=1$)	450($A_{VF}=1$)	110	2	LM318
CF318	70($A_{VF}=1$)	—	106	2	μA722
	150(外加前馈技术)				
F051	60($A_{VF}=1$)	—	94	15	
X55	70	—	94	15	
XFC-76	40	—	80	10	
4E321	—	400	80	2	
FC92	—	400	80	2	

表 I.1.12 高输入阻抗集成运算放大器

型 号	主 要 特 性				国外相同产品型号
	输入阻抗 R_I/Ω	输入偏置电流 I_{IB}/PA	差模电压增益 A_{VD}/dB	输入失调电压 V_{IO}/mV	
CF155 系列	10^{12}	30	106	3	LF157
CF3130	1.5×10^{12}	5	110	2	μAF157
CF3140	1.5×10^{12}	10	100	5	CA3130
F080 系列	10^{12}	100	106	6	CA3140
BG313	10^{11}	200	92	10	
5G28	10^{10}	1 000	86	10	
X56	10^{12}	90	86	9	
CF7613	10^{12}	100	100	5	

表 I.1.13 高压集成运算放大器

型 号	主 要 特 性				国外相同产品型号
	电源电压 V_3/V	输出峰-峰电压 V_{OPP}/V	差模电压增益 A_{VD}/dB	输入失调电压 V_{IO}/mV	
CF143	±40	±25	107	2	LM143
CF343	±34	±25	107	2	LM343
CF1436	±34	±20	114	5	MC1436
CF1536	±40	±22	114	2	MC1536
CF10	±28	±20	94	5	MC1536
BG315	±30	±26	110	5	

(5)实验内容

1)电阻器和电位器的识别

①在元件盒中分别取出一个5色环电阻和一个4色环电阻，记下色标并读出该色环电阻的标称值及允许偏差，记录于表 I.1.14 中，并用万用表测量其阻值。

表 I.1.14

色 环	标称值	允许偏差	测量值	相对误差

②在元件盒中取出一个电位器，读出其标称值。用万用表测量其阻值并观测其最大阻值

R_{max}和最小阻值R_{min}。

思考题:为什么每次测量电阻值之前需调好万用表的零点?测量电阻值时为什么不能用双手同时捏住电阻器两端?

2)电容器的识别

①在元件盒中取出10 μF和100 μF两只电解电容,记下其耐压值和容量标称值。

②用万用表判定电解电容的极性、漏电阻及质量。

按实验原理中的检测方法,判断电解电容的极性及质量,把测量结果记于表Ⅰ.1.15中。注意在交换表笔进行第二次测量时,应先将电容两极短路一下,然后再测,防止电容器内积存的电荷经万用表放电,烧坏表头。

表Ⅰ.1.15

电容值	万用表挡位	耐压值	漏电电阻值	质　量

3)电感器的识别

①在元件盒中取出电感器,读出该电感的标称值及允许偏差。

②用万用表电阻挡测量电感器的损耗电阻,把以上识别与测量的结果填入表Ⅰ.1.16中。

表Ⅰ.1.16

色　环	电感标称值	允许偏差	损耗电阻

4)二极管极性、正、反向电阻的测量、管型和质量的识别

①在元件盒中取出两只不同型号的二极管,用万用表鉴别二极管的极性。

②将万用表拨到$R\times10$或$R\times1$ k电阻挡,测量上列二极管的正、反向电阻,并判断其性能好坏,把以上测量结果填入表Ⅰ.1.17中。

③按图Ⅰ.1.3接线,稳压电源输出调至1.5 V,判别二极管的管型(硅管或锗管)。

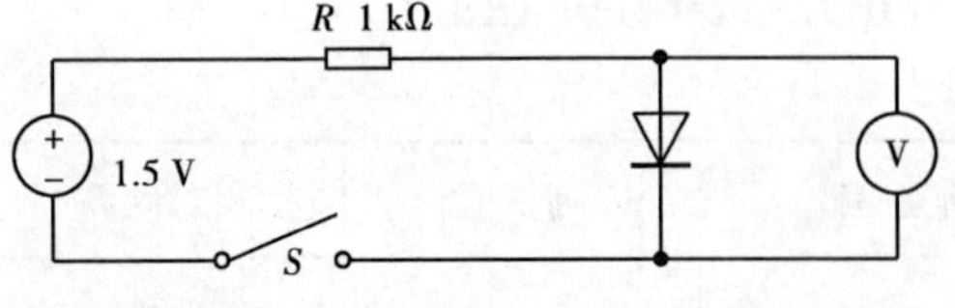

图Ⅰ.1.3　二极管管型判别接线图

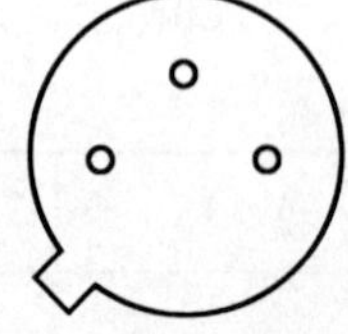
图Ⅰ.1.4

表Ⅰ.1.17

阻值型号	正向电阻	反向电阻	正向压降	管 型	质量差别

5)三极管类型、管脚的判别与 β 值估测

在元件盒中取出 3DG6B 和 3AX31B 型三极管,根据实验原理介绍的方法进行如下测量:

①类型判别(判别三极管是 PNP 型还是 NPN 型),并确定基极 b。

②判断三极管集电极 c 和发射极 e,估测三极管的 β 值大小。

把以上测量结果填入表Ⅰ.1.18 中,在图Ⅰ.1.4 中标出管脚名称。

表Ⅰ.1.18

三极管	类 型	β 值
3DG6B		
3AX31B		

6)熟悉集成运算放大器管脚排列

在元件盒中取出集成运算放大器 LM741,按实验原理中介绍的方法,掌握集成运算放大器管脚的排列(画图表示)。

(6)实验报告要求

①列出各组实验数据表格,回答思考题。

②写出判别、测量常用电子元件中出现的问题和解决的办法。

③通过本次实验,掌握了什么实验技能?将你最深的感受总结出来。

附录Ⅰ.2 可供选择的电子仪器的使用方法(含李沙育图形法)

为了正确地观察电子技术实验现象、测量实验数据,实验人员就必须学会多种常用电子仪器及设备的正确使用方法,掌握基本的电子测试技术,这也是电子技术实验课的重要任务之一。在模拟电路技术实验中,可供读者参考的的常用电子仪器有:GOS-620 型、SS-7804 型双踪示波器,DF1641B 型、EE-1641D 函数信号发生器,直流稳压电源,UT52 型数字万用表和电子技术实验学习机。学习上述仪器的使用方法是本实验的主要内容,其中,示波器的使用较难掌握,是学习的重点,要进行反复的操作练习,达到熟练掌握的目的。

(1)示波器的使用

1)示波器的认识

示波器是一种测量、观察、记录电压信号的仪器,广泛应用于电子技术等领域。随着电子技术及数字处理技术的发展,示波器测量技术日趋完善。示波器主要可分为模拟示波器和数字存储示波器两大种类。

模拟示波器又可分为:通用示波器、取样示波器、光电存储示波器、电视示波器、特种示波器等。数字存储示波器也可按功能分类。

即便如此,它们各有其特点。模拟示波器的优点是:

◆ 可方便地观察未知波形,特别是周期性电压波形;

◆ 显示速度快;

◆ 无混叠效应;

◆ 投资价格较低廉。

数字示波器的优点是:

◆ 捕捉单次信号的能力强;

◆ 具有很强的存储被测信号的功能。

示波器的主要技术指标:

①带宽:带宽是衡量示波器垂直系统的幅频特性,它指的是输入信号的幅值不变而频率变化,使其显示波形的幅度下降到3 dB时对应的频率值。

②输入信号范围。

③输入阻抗。

④误差。

⑤垂直灵敏度:指垂直输入系统的每格所显示的电压值,通常为2 mV ~5 V/DIV。

⑥扫描时间:指水平系统的时间测量范围,通常低限为0.5 s/DIV,高限与带宽有关。

2)SS-7804(8702)型示波器的面板及其各键钮的功能

SS-7804型示波器是双踪示波器,它可以同时观察两个信号的波形,即信号从CH1和CH2输入,便可在荧光屏上得到两个信号的波形,以便分析其特点。

如图Ⅰ.2.1所示的SS-7804型示波器是双踪示波器面板及各键钮相应的位置,下面介绍示波器各键钮的功能:

①、②电源与光迹的调节

POWER电源开关:按下状态(ON),电源接通;弹出状态(STBY),即切断电源。

〔**INTEN**〕扫描线亮度旋钮:用于调节扫描亮度,顺时针旋转,扫描线亮度增加。

〔**READOUT**〕字符亮度旋钮:字符(文字)显示时的亮度调节。

〔**FOCUS**〕扫描线聚焦旋钮:在亮度调节合适后,用此旋钮对点进行聚焦调整。

〔**SCALE**〕标度尺亮线旋钮:用于标度尺的亮度调节。

〔**TRACEROTATION**〕光迹旋钮:用于调整扫描光迹与水平线平行。一般与示波器所处位置有关,受地磁场影响。

③校准信号

CAL连接端口:输出校准电压信号,此信号用于本仪器检查及调试测试笔的阻尼波形。

⊥(接地端):测量时的接地点。

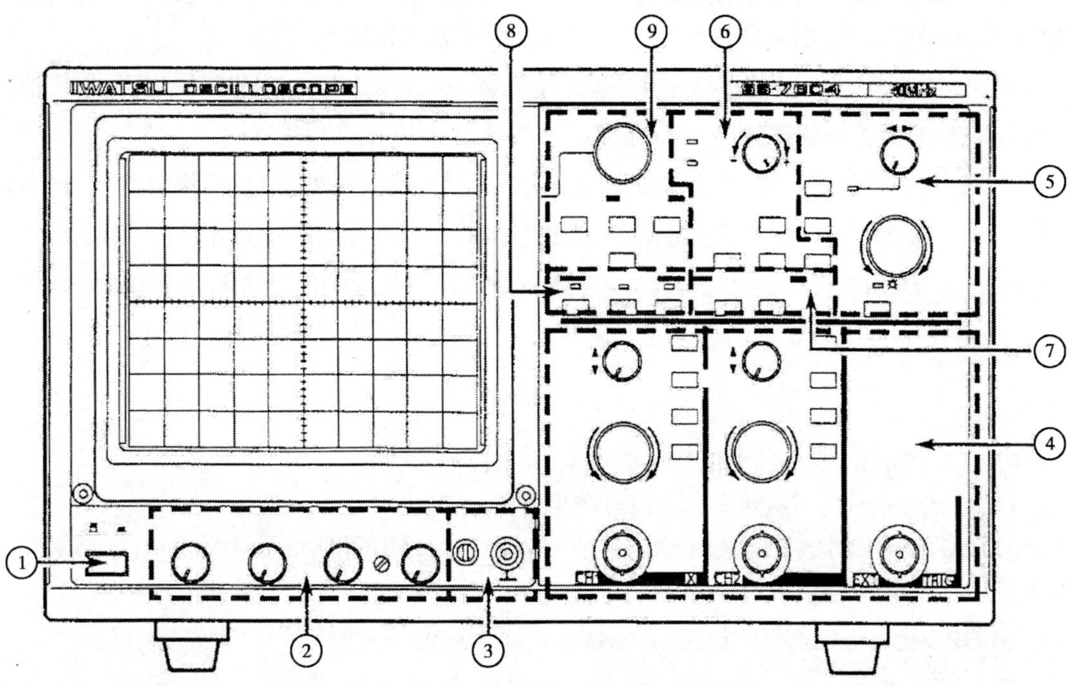

图Ⅰ.2.1 SS-7804 型示波器

④垂直系统

CH1、**CH2**输入端口:测试信号通过测试笔或探头从此端口输入。

CH1、**CH2**输入通道选择按钮:按下该钮即被选通,荧屏上即显示该通道的信号波形。

〔**VOLTS/DIV**〕垂直灵敏度选择开关:对于通道 1(CH1)和通道 2(CH2)所输入信号的幅度应选择适当的灵敏度。

〔**▲ POSITION ▼**〕垂直位移旋钮:顺时针旋转,亮线(波形)上升;逆时针旋转,亮线(波形)下降。即调整亮线(波形)至便于观察、测量即可。

DC/AC输入耦合方式选择按钮:按下为 DC 耦合——直流耦合,弹出为 AC 耦合——交流耦合。

GND输入接参考地按钮:按下时为接参考地;输入信号被切断,垂直放大器的输入端被接地。

ADD信号叠加按钮:按下该键,示波器将显示通道 1(CH1)和通道 2(CH2)两路信号进行代数和的波形,即显示 CH1 + CH2 的波形。

INV信号取反按钮:按下该键,将通道 2(CH2)输入的信号反向。

* 若同时按下了INV、ADD,即显示通道 1(CH1)和通道 2(CH2)两路信号进行代数差的波形,也显示 CH1-CH2 的波形。

⑤水平系统

〔**TEM/DIV**〕扫描时间旋钮:在选择了输入通道 CH1 或 CH2 以后,旋转此钮,便可调整该通道的扫描时间,其扫描时间显示于荧屏的左上角。

〔◀ POSITION ▶〕水平移位旋钮:顺时针旋转,亮线(波形)水平方向右移;逆时针旋转,亮线(波形)水平方向左移,即调整亮线(波形)至便于观察和测量。

FINE 移位锁定按钮:按下该钮,FINE 指示灯将亮或熄;当亮时,调节移位旋钮,可使波形作微动调整;若移位旋钮调到尽头,波形将不断滚动。

MAG ×10 水平扩展按钮:将需要作放大的波形移至荧屏中心线位置,按下此键,扫描速度增加十倍,波形从荧屏中心线向左右延伸放大,同时在荧屏右下角显示出"MAG"字样。

ALT/CHOP 交替、断续扫描选择按钮:根据两个输入通道的信号输入情况来确定扫描方式;交替模式适合同时观察两个通道的高频信号;断续模式适合同时观察两个通道的低频信号。

⑥触发系统

READY 指示灯:等待触发信号时指示。

TRIG'D 指示灯:当有触发脉冲信号产生时指示。

〔**TRIG LEVEL**〕触发电平调节旋钮:有触发电平时,TRIG'D 指示灯亮指示;根据触发电平确定扫描的开始位置。

SLOPE 触发极性选择按钮:按下或弹出此键,用于触发极性(+)、(-)的选择。

SOURCE 触发信号源选择按钮:按下 SOURCE 钮选择触发信号的来源;若荧屏左上角显示出:CH1——表示以 CH1 的输入信号作为触发信号;CH2——表示以 CH2 的输入信号作为触发信号;LINE——以市电作为触发源,适合观察以电源频率相关的信号。

TV 视频信号触发方式选择按钮:用于选择 NTSC(PAL,SECAM)制式的视频触发模式(BOTH,ODD,EVEN,或 TV-H)。按下 TV 以选择视频触发模式;

⑦显示模式

A、**X-Y** 显示模式选择按钮:按下 A 时,只显示原信号波形,即为 A 扫描;只按下 **X-Y** 钮时,此时 CH1 为 X 轴(水平)通道,CH2 为 Y 轴(垂直)通道。

⑧扫描模式

AUTO、**NORM**、**SGL/RST** 扫描模式选择按钮:

AUTO 自动扫描按钮:按下此钮,指示灯亮,该钮功能得以实现。该钮功能适用于大于 50 Hz 以上的触发信号,以及没有触发信号或触发条件不能满足时,将作自动扫描。

NORM 常态扫描按钮:按下此钮,指示灯亮,常态(NORM)触发模式特别适用于低频率的信号及没有触发信号或触发条件不能满足时,无扫描光迹;当触发来源为 CH1,CH2,而输入耦合设定为接地(GND)时将作自由振荡扫描;

SGL/RST 单次扫描按钮:按下此钮,指示灯亮,触发信号到来时,进行单次扫描。

⑨功能钮

ΔV-Δt-OFF 光标测量选择按钮:按压此钮选择 ΔV(光标为两条水平虚线)、Δt(光标为两条垂直虚线)或 OFF(关光标)的测量功能;其对应的功能在按压时显示于荧屏上。

〔**FUNCTION**〕光标位置设定键：此键既是旋钮又是按钮；在有光标时，旋转该钮对光标位置作微调。单次或连续按压此钮，即对光标进行粗调，而光标移动方向为按压此钮之前的旋转移动方向。

TCK/C2选择光标移动形式（**C2**，**TRACKING**）

HOLDOFF选择保持时间：在某些情况下观察复杂组合的脉冲波形时，可能无法将信号触发在稳定状态，采取调整保持（扫描暂停）时间可以得到稳定的波形。

3）示波器的基本操作

①按下**POWER**按钮，即接通电源，在面板上的电源指示灯亮。调整〔**INTEN**〕"辉度"、〔**FOCUS**〕"聚焦"、〔**READOUT**〕"文字显示亮度"、〔**SCALE**〕"标度尺"旋钮调到适中位置。

②触发系统的调节：主要是选择合适的触发源及其性质，要与被测信号的性质一致。首先按压**SOURCE**钮，以选择确定触发信号来源；再按压**COUPL**钮，选择触发类型为 **AC** 或 **DC**。通常视输入信号的性质而定；若不明确输入信号时，可选择 AC 触发方式，此时示波器的荧屏上应有扫描线出现。

③垂直系统工作方式选择：主要是选择合适的输入 CH1，CH2，耦合方式，以及输入灵敏度等。

◆ 首先应确定信号输入通道（CH1）或（CH2）以便连接输入信号；

◆ 根据被测信号的性质，按压**DC/AC**按钮，选择相应的输入耦合方式；当仅测交流分量时，输入信号耦合方式应选择 AC，触发方式也应选择 AC；若仅测直流分量时，输入信号耦合方式只能选择 DC，触发方式也应选择 DC。

◆ 调节〔**▲ POSITION ▼**〕旋钮先确定被测信号的参考点位置，为便于观察信号波形，应将参考点调于显示屏的中心位置；输入信号后，为了能够量取读数，即可按下〔**SCALE**〕刻度亮线旋钮，将刻度显示于荧光屏上进行读取。

◆ 由观察到的波形状况，调整〔**VOLTS/DIV**〕旋钮，在荧光屏上观察、读取相应的数字，选择合适的输入衰减灵敏度。若从 CH1 输入音频信号，如果输入衰减旋钮〔**VOLTS/DIV**〕选择适当，便有足够大小的信号波形；逆时针拨动波形变小，衰减增大；顺时针拨动波形变大，衰减减小；荧光屏上的波形太大太小都不便于测量。测量时荧屏上最好是一个完整波形，这样便于测量，其值误差小。

④水平扫描系统的调试：根据 Y 轴（垂直系统）的调节情况，进一步调节〔**TEM/DIV**〕扫描速度旋钮，在荧屏上选择合适的扫描速度；不同的扫描速度，在荧屏上有对应的周波数。逆时针转动扫描速度减慢，周波数减少；顺时针拨动扫描速度加快，周波数增加；同时调节〔**◀ POSITION ▶**〕水平移位旋钮，调至荧屏上能观察完整的信号波形即可。选择水平扫描方式，即按压**ALT/CHOP**交替、断续扫描选择按钮，在荧光屏上观察、选定交替（ALT）或断续（CHOP）以及适宜应用的扫描方式。

⑤该示波器有 0.6 V，频率为 1 kHz 的方波校正信号（CAL）；可用于检测示波器工作是否正常。

4）示波器操作举例

①首先按前面"基本调节"的方法调节好各旋钮；输入测试信号，测试信号分别为 $f=$

1 kHz,$V_{P-P}=2$ V 的正弦信号、方波信号、三角波信号(由“信号发生器”提供),也可以选取校正信号(CAL),衰减灵敏度选择 0.5 V/DIV 挡级,扫描速度旋钮顺时针调至 0.2 ms/DIV、或 0.1 ms/DIV挡级,调节触发电平旋钮〔**TRIG LEVEL**〕,若输入为校正信号,便可在荧光屏上看见幅度为 1.2 格,X 轴方向有一个完整的周期 T 为 10 格的方波波形,即可算出:

幅度为:0.5 V/DIV ×1.2 DIV =0.6 V;

频率为:$f=\dfrac{1}{T}=\dfrac{1}{0.1\ \text{ms/DIV}\times 10\ \text{DIV}}=1\ \text{kHz}$

②量直流电压

示波器经过校准后,按压 **COUPL** 将触发方式选择于 DC,按压输入耦合按钮 **GND** 即耦合方式选择置于“地”,此时在荧光屏上能观察到一条亮线,这条亮线即为基线,基线的位置可上下移至某一位置。此时基线的位置定义为零电位的参考基准线。

然后将垂直系统衰减灵敏度旋钮放在 0.5 V/DIV 挡级,输入某一直流电压(由直流稳压电源输出)。按压输入耦合按钮 **GND** 释放“接地”状态,按压输入耦合 **DC/AC** 按钮,选择“DC” 直流耦合方式,即可从荧屏上观察到原来为基线的亮线将向上或向下移动;当垂直系统的通道在键钮 INV 没有使能的情况下,亮线向上移动时,说明输入为正电压,向下移动时说明输入为负电压。注意:若探头是有衰减,应把探头的衰减倍数考虑在内,即可算出被测的直流电压。若移动了 6 格,则其输出电压为

$$V_{P-P}=A\frac{\text{V}}{\text{DIV}}\times H$$

即　$V=0.5\ \text{V/DIV}\times 6\ \text{DIV}=3\ \text{V}$　(探头衰减为 1:1)

$V=0.5\ \text{V/DIV}\times 6\ \text{DIV}\times 10=30\ \text{V}$　(探头衰减为 10:1)

式中　H——Y 轴方向的高度 DIV(V_{P-P});

V_{P-P}——峰-峰值(正峰到负峰)。

探头是由电阻、电容组成的一种衰减电路,测量大的信号时,可将信号通过探头衰减后再送入示波器 Y 轴。本仪器配有 10:1 的探头,即衰减 10 倍,还有 1:1 的探头,是不衰减的。在以后的实验中,若无特别说明,均为 1:1 的探头。

③测量交流电压

人为计算测量值:按压 **COUPL** 键钮,将触发方式选择为“AC”触发,按压输入耦合键钮 **DC/AC**,选择“AC”耦合方式。从函数信号发生器选取某一正弦交流电压信号(注意市电 220 交流不能直接测量),输入示波器 Y 轴 CH1 或 CH2 通道。调节 Y 轴衰减灵敏度旋钮〔**VOLTS/DIV**〕,选择为 2 V/DIV 挡级,扫描速度〔**TEM/DIV**〕选择为 0.2 ms/DIV,此时荧屏上显示出不失真的正弦波波形。如果其波形的峰-峰值为 5 格,完整周期为 5 格,即可计算出该波形的幅值为

$$V=2\ \text{V/DIV}\times 5\ \text{DIV}=10\ \text{V}$$

周期与频率为

$$T=0.2\ \text{ms/DIV}\times 5\ \text{DIV}=1\ \text{ms}\qquad f=\frac{1}{T}=\frac{1}{1\ \text{ms}}=1\ \text{kHz}$$

④光标测量及计算

以光标测量信号的时间变化量与其倒数(Δt,$1/\Delta t$)或(ΔV),来测量信号的周期与频率,以及电压值。其测量方法如下:

a. 按下 **ΔV-Δt-OFF** 光标测量选择按钮,以选择 Δt(测量时间变化量)、ΔV(电压变化量)或 OFF(关闭测量)。当选择 Δt 或 ΔV 时荧屏上即显示出两条测量用的光标线。

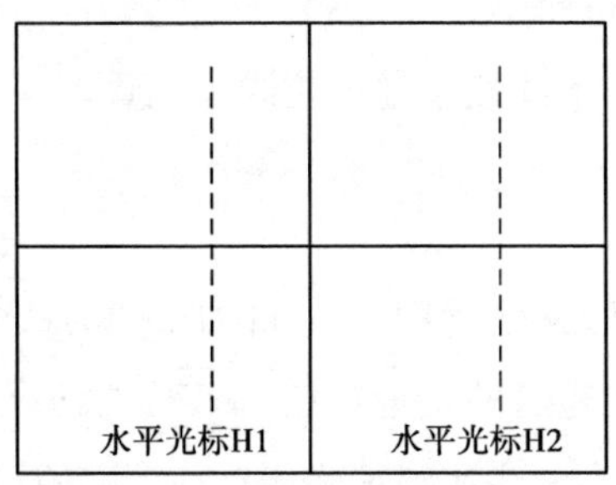

图 I.2.2　荧屏水平光标

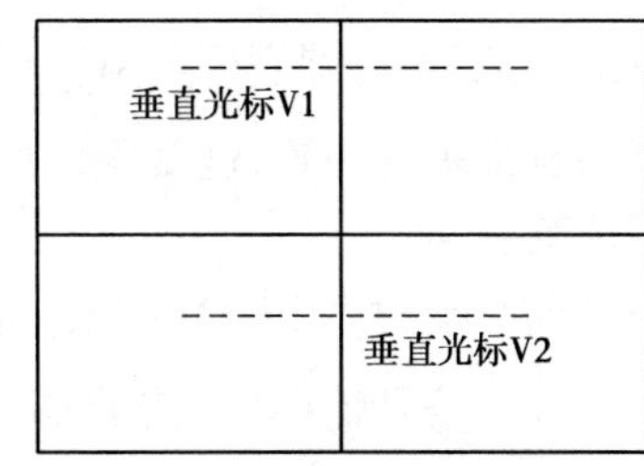

图 I.2.3　荧屏垂直光标

b. 转动〔**FUNCTION**〕延迟时间、光标位置设定键,以调整光标位置,每次按下或连续按下〔**FUNCTION**〕,光标将按刚才转动之方向快速移动。

周期与频率的测量:按压 **ΔV-Δt-OFF**,在荧屏上显示出 Δt 即水平测试光标(图 I.2.1)时,即选择确定。此时按压 **TCK/C2** 光标移动形式选择按钮,当荧屏上出现(F:H-TRACK)时即功能显示转为 F:H-TRACK。转动〔**FUNCTION**〕旋钮,以同时调整光标 H1,H2 位置;选定光标 1(H1)后,再按压 **TCK/C2** 按钮,当荧屏上出现通过光标 1(H1)与光标 2(H2)之间的时间量 Δt 得到周期 T,以及计算出频率值 $f=1/T$ 时,其值自动显示于荧屏的下方,直接读出该值。

电压测量:按压 **ΔV-Δt-OFF**,在荧屏上显示出 ΔV 即垂直测量光标(图 I.2.3)时,按压 **TCK/C2** 光标移动形式选择按钮,当荧屏上出现(F:H-TRACK)时即功能显示转为 F:H-TRACK。转动〔**FUNCTION**〕旋钮,以同时调整光标 V1,V2 位置;选定光标 1(V1)后,再按压 **TCK/C2** 按钮,当荧屏上出现(F:H-C2)时,转动〔**FUNCTION**〕旋钮,此时只能调整光标 V2 的位置;在确定了光标 V1,V2 后,便可通过光标 1(V1)与光标 2(V2)之间的变化量 ΔV 得到其电压值 V;其值自动显示于荧屏的下方,直接读出该值。

⑤测量两个信号的相位

若两个频率相同的信号,分别输入两个 Y 轴通道 CH1,CH2,调节 Y 轴衰减灵敏度旋钮〔**VOLTS/DIV**〕、扫描速度旋钮〔**TEM/DIV**〕,选择为便于观察波形的挡级,分别适当调节 CH1 或 CH2 的移位旋钮〔▲ **POSITION** ▼〕,找出超前或滞后的信号。若两信号的峰-峰值间的距离是 2.5 格,两个信号的周期均为 9 格,则两信号相位差角 $\theta=360°/9\times2.5=100°$。两个信号的相位差角,也可以采用光标测量法来测量。测量过程请仿照上述内容自拟步骤。

⑥水平扩展显示的调节

按压水平显示模式按钮 **A** 或 **X-Y**,选择相应的显示模式。①若只按下 **A** 时,即只显示 A

扫描模式——只显示原输入波形。②当按下X-Y时,CH1输入作为X轴(水平轴),CH2输入作为Y轴(垂直轴);这样可以利用李沙育图形法测量出信号的频率和相位。

•"重要信息"——自动校准功能:

该功能主要校准:

①切换垂直电压挡程时,垂直扫描之位置随之变动的情况。

②校准接地位置,即当按下GND时,荧屏中间的扫描线表示地电位线之位置。

③自动校准垂直位置,这是确保扫描轨迹一定在荧屏上。

特别注意:

•校准前必须放启BEAMFIND。若此键被按下,将无法达到正确的自动校准的目的。

•在无任何信号输入(可按下CH1,CH2,CH3输入通道的接地按钮GND)的情况下才能校准。若输入通道上(CH1,CH2,CH3)有任何信号时,将无法达到正确的自动校准的目的。

自动校准的操作方法:

①按压〔FUNCTION〕关闭延迟时间、光标位置设定键钮之所有功能;此时荧屏右上角不显示F:XXXXX(即关闭延迟时间、视频线数目及其他的功能)。

②按压〔READOUT〕字符亮度键钮:关闭字符(文字)显示读出时的亮度。

③按压〔FUNCTION〕延迟时间、光标位置设定键钮三秒钟,荧屏中央将显示一条信息:

"PUSH AUTO:CALIBRATION OR NORM:ABORT"

即 按压 AUTO:校准 NORM:中止

④按压AUTO按钮,便开始执行自动校准。

若按压NORM按钮,便中止执行自动校准。

(2)函数信号发生器

EE1641D型函数信号发生器具有连续的正弦波、方波、三角波,同时,还提供锯齿波、脉冲波等非对称的波形信号,以及扫频信号、单次脉冲波等多种函数信号输出,而且可以对各种波形实现扫描,该函数信号发生器在一定的频率下具有一定的功率输出。

1)前面板各部分功能说明

如图Ⅰ.2.4所示为EE1641D型函数信号发生器的前面板示意图,其各部分功能如下:

①频率显示:显示输出信号的频率或外测信号的频率。

②幅度显示:显示函数信号的输出电压幅度。

③扫描宽度调节旋钮:调节此旋钮可以改变其扫描时间;在外测频率时,逆时针旋到底(绿灯亮),此时外测信号经过低通开关进入测量系统。

④速度调节旋钮:调节此旋钮可以调节扫描输出的扫描范围。在外测频率时,逆时针旋到底(绿灯亮),此时外测信号经过衰减"20 dB"进入测量系统。

⑤外部输入插座:当"扫描/计数"键选择为扫描状态或测频功能时,外扫描控制信号或测频信号由此输入。

⑥**TTL**信号输出端:输出标准的TTL幅度的脉冲信号,输出阻抗为600 Ω。

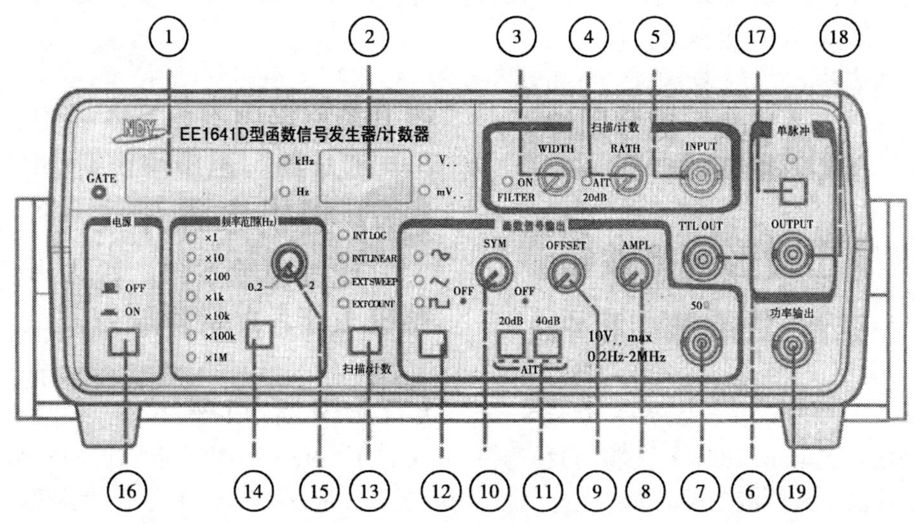

图 I.2.4　荧屏垂直光标 EE1641D 型函数信号发生器

⑦信号输出端:输出多种波形受控的函数信号,10 $V_{P\text{-}P}$(50 Ω 负载)。

⑧信号输出幅度调节旋钮:调节范围 20 dB。

⑨信号输出信号直流电平预置调节旋钮:直流电平调节范围:-5 ~ +5 V(50 Ω 负载),旋钮调置在中间位置时,则输出的直流电平为 0 电平。

⑩输出波形对称性调节旋钮:调节此旋钮可改变输出信号的对称性。旋钮调置在中间位置时,则输出为对称信号。

⑪信号输出幅度衰减按钮开关:选择合适衰减按钮,调节信号输出幅度。该衰减挡程为每衰减"20 dB",即信号衰减十倍。

⑫输出波形选择按钮:有 3 种波形可供选择,即正弦波、三角波、脉冲波。

⑬"扫描/计数"按钮:可选择扫描方式和对外测频方式。

⑭频率范围选择按钮:每按一次此按钮可改变输出频率的 1 个频段,即指示灯亮启的那个频段被选中。

⑮频率微调旋钮:调节此旋钮可微调输出信号频率。

⑯电源开关按钮:按一下此按钮,机内电源接通,整机进入工作状态;再按一下此按钮(即释放此按钮),即关闭整机电源。

⑰单脉冲按键:控制单脉冲输出,每按动一次此按钮,即输出单脉冲电平翻转一次。

⑱单脉冲输出端:单脉冲输出由此端口输出。

⑲功率输出端:提供 >4 W 的音频信号功率输出,此功能对 ×100, ×1 k, ×10 k 频率挡有效。

(3)数字万用表的使用

数字万用表具有很高的灵敏度和精度,显示清晰直观,功能齐全、性能稳定、便于携带。它可以测试交直流电压电流,亦可测试一些基本电子元器件,是一种用途较为广泛的仪表。下面以 UT52 型的数字万用表为例说明其使用方法。

1)外形结构及使用方法

该表有 8 种功能,共 30 挡,它的前、后面板主要包括:液晶显示器、电源开关、量程选择开关、h_{FE}插器、输入插孔、电池盒。

2)使用方法

①电源开关:在字母“POWER(电源)”下边注有“OFF”(关)和“ON”(开)。把电源开关拨至“ON”,接通电源,液晶显示器上出现“0”或“1”,即可使用仪表。测量时黑表笔接测量信号的“ - ”端,对应插入表面上的 COM 孔,红表笔接测量的信号,对应插入表面上的 V,Ω 孔,MA 孔或 10 A 孔内。

②测量电阻:测量时红黑表笔分别插入 V,Ω 及 COM 孔,又分别连接电阻的两端,“量程选择”开关置于“Ω”挡内适当挡程,若显示器只有“1”显示,则说明所测电阻大于该量程,要加大量程再测,若显示器出现某一数字,则说明所测电阻是在该量程以内的电阻,这数字就是该电阻的阻值。

③测量直流电压(DC V):先将“量程选择”开关置于“DC V”,即测量直流电压挡内,红黑表笔同上接法。按所测电压的大小选择量程,一般是从大量程拨至小量程,显示器显示的数字即是所测电压的值,若只显示“1”,即为所测电压大于该量程,应尽快取开表笔,改换大的量程再测试,其最大允许测试 1 000 V 的直流电压。

④测量交流电压(AC V):将“量程选择”开关拨到“AC V”范围内合适的量程,其他均同③,其最大允许输入 750 V(AC)或 750(DC)(误输入时)频率为 25 ~50 Hz。

⑤测量交流电流:将“量程选择”开关拨到“AC A”范围内合适的挡级,黑表笔同前,红表笔插入 mA 孔或 10 A 孔,测量前首先要分析输入电流的大小,若输入电流小于 200 mA,则红表笔插入 mA 孔,大于 200 mA,则红表笔插入 10 A 孔内,“量程选择”开关应拨到 20 mA/10 A 共用挡。

⑥测量直流电流:将“量程选择”开关拨到“DC A”范围内,其他接法与⑤相同。测量方法也相同。

⑦测量二极管:将“量程开拨挑到“△”二极管挡。红黑表笔接法如同测电阻接法。当两表笔分别接在二极管的两个极时,若是正向偏置(V,Ω 相对 COM 孔的电压为 2.8 V)时,显示器显示 0.15 ~0.30 V 时,则该二极管为锗管,若显示 0.500 ~0.700 V 时,则该二极管为硅管,而且此时红笔为“ + ”极,黑笔为“ - ”极。若是反向偏置时,均显“1”,由于该表开路电压为 2.8 V(典型值),测试电流为 2 ±0.5 mA。若显示数值不在这两个范围内,即可判为不可用(坏管)。该挡也可测出整流桥的 4 个极及其量。

⑧测量三极管:判定基极时可根据测量二极管的内容,亦可定出红笔接的是 NPN 管的基极 B。反之黑笔接的是管的基极 B。

测量方法为,将“量程选择”开关拨至二极管挡,红笔固定接某个电极,用黑笔依次接触另外两个电极。两次显示值基本相等(都在 0.7 V 左右或都为“1”),证明红表笔接的就是基极。如果两次显示值中,一次在 0.7 V 左右,另一次显示“1”,说明红笔接的不是基极,应改换其他电极重新测量。待测出两次数值基本相等时即已找到基极。

借助于 h_{FE}插口,也可以测出发射极、集电极。将“量程选择”开关拨到“NPN”或“PNP”挡,把管子的电极插入 h_{FE}插口的对应孔内,显示器就显示出在⑦的典型值下的 $h_{FE}(\beta)$参数。即三极管是由两个 PN 结构成,因此,可利用测量二极管的方法测量三极管 BE 结、BC 结的二极管特性,亦可判断出是 NPN 型管,以及硅管、锗管及其好坏。

若将两表笔的接法与测二极管的方法相调换，亦可判断为 PNP 型管，同样方法可判断是硅管、锗管及其好坏。

⑨检查线路及通断测试：将量程选择开关拨至"(((· "蜂鸣器挡，红黑表笔分别接"C · Ω"和"COM"孔。若需测量线路及元器件的阻值低于规定值(20 ± 10 Ω)，蜂鸣器即发出声音，以及显示器显示出数值(操作时间要短)，这数值即为该线路或元器件的电阻值。利用蜂鸣器来检查线路，既迅速又方便，因为操作者不需读出电阻值，仅凭听觉即可作出判断。

(4)实验步骤

1)基本训练

首先按上述内容进行操作，明确所调节旋钮的作用，且调节好，熟悉其功能，完成并记录下列内容：

将某一波形或校准信号 CAL 连接到 CH1，CH2 两个输入通道，在荧屏上观察波形的同时，注意观察并记录面板上与荧屏上显示的各个按钮开关处于什么状态，各个旋钮处于什么挡程。在实验报告中画出所测波形在荧屏上的显示状态，并说明各个按钮开关、各个旋钮的功能状态；将上述状态记录于表Ⅰ.2.1 中。

表Ⅰ.2.1

功能要求 状态及功能键	等幅同极	等幅反极	信号之差	信号之和	最小误差	扩展10倍	CAL参数

①使荧屏上的波形幅度相等,极性相同,所测试的波形幅度读数误差最小时。

②使荧屏上的波形幅度相等,极性相反,所测试的波形幅度读数误差最小时。

③在荧屏上所测试的波形为 CH1,CH2 两个输入信号之差时。

④在荧屏上所测试的波形为 CH1 与 CH2 的输入信号之和,其波形幅度读数误差最小时。

⑤在荧屏上显示的只有 CH1 或 CH2 输入信号之波形,其波形幅度读数误差最小时。

⑥观察 CH1 通道显示波形的原形与 CH2 通道显示该波形在水平方向扩展了 10 倍的波形,其波形周期读数误差最小时。

⑦测试某一矩形波或校准信号 CAL 的参数(即测试脉冲周期 T、脉冲幅度 V_m、脉冲宽度 T_w、上升时间 T_r、下降时间 T_f)。

2)测量直流电压

①分别用示波器,数字万用表测试直流稳压电源的输出电压。调节输出细调旋钮,使输出电压为 0.5,1,2,3,5,10 V 等。在报告中用画图表示。

②分别测量各段输出电压之范围(亦测量初调为 6,12,18 V 等各段电压的输出范围)。

③测量出实验学习机上的各直流电源的电压是否与标称值一致;记录以上各值,指出误差情况。在报告中用画图表示。

3)用示波器测量函数信号发生器的输出信号

①正弦信号:按压函数信号发生器面板上的信号选择按钮,当〔 ~ 〕符号旁的指示灯亮启时,即选中了正弦波形输出。按下〔**20 dB**〕〔**40 dB**〕输出幅度衰减按钮,选择适当的衰减挡程,调节**AMPL**函数信号输出幅度旋钮,用示波器、毫伏表测量其各衰减倍率时的输出电压范围;确定某一个电压值,按压频率选择按钮,当对应频率数字旁的指示灯亮启时,即选中了该频率段,调节频率微调旋钮,测出该频率段的输出频率范围;记录此时波形输出的频率、电压值;调节**OFFSET**旋钮,观察其输出波形在某一频率下,输出幅度调节旋钮不变时,有何变化,记录其现象。

②脉冲信号:按压函数信号发生器面板上的信号选择按钮,当〔 ▌▌〕符号旁的指示灯亮启时,即选中了脉冲波形输出。选择适当的衰减挡程,调节幅度旋钮,用示波器、毫伏表测量在对应的衰减倍率时的输出电压范围;然后选定某一个电压值,按下频率选择按钮,当对应频率数字旁的指示灯亮启时,即选中了该频率段,调频率微调旋钮,测出该频率段的输出频率范围;记录此时波形输出的频率、电压值;调节**OFFSET**旋钮,观察其输出波形在某一频率下,输出幅度调节旋钮不变时,有何变化,记录其现象。

③三角波信号: 按压函数信号发生器面板上的信号选择按钮,当〔 ╱╲╱╲ 〕符号旁的指示灯亮启时,即选中了三角波波形输出。选择适当的衰减挡程,调节幅度旋钮,用示波器、毫伏表测量在对应的衰减倍率时的输出电压范围;然后选定某一个电压值。按下频率选择按钮,当对应频率数字旁的指示灯亮启时,即选中了该频率段,调节频率微调旋钮,测出该频率段的输出频率范围?记录此时波形输出的频率、电压值;调节**OFFSET**旋钮,观察其输出波形在某一频率下,输出幅度调节旋钮不变时,有何变化,记录其现象。

注意:测量函数信号发生器输出的各种信号时,选择的输出幅度衰减按键和输出频率按键,不应选择固定在某一按键状态下,输出电压不应固定在某一数值下测量,即每测量一组数据必须调节改换信号发生器的输出电压、频率后再测量。

(5)仪器使用前的预习要求

①认真阅读本实验的所有内容,重点放在示波器面板的各旋钮、按键的功能及其使用上;回忆做物理实验时,使用示波器测试频率时的"李沙育图形"的方法。

②复习二极管,三极管的有关章节,明确二极管,三极管特性;考虑一下使用模拟万用表(指针式万用表红正黑负)测试二极管、三极管的极性、好坏,判断 NPN,PNP 管的方法,测量估计 β 值的范围;并简述其测试过程。

③了解数字万用表的使用方法。

附录Ⅰ.3　用示波器测量信号的频率和相位(李沙育图形法)

(1)李沙育图形法测频率

频率的测量是电子测量的基本内容之一,目前,采用的频率测量方法主要有示波器测量法,电子计数器测量法,拍频和差频测量法。这里介绍示波器测量法中的一种,即李沙育图形测频率的方法。

采用李沙育图形测频率的电路如图Ⅰ.3.1所示。测量时,将被测信号接于示波器 y 轴输入端,已知频率的信号(标准信号)接于 x 轴输入端(x 轴选择开头应置于衰减挡)。慢慢调节已知频率信号的频率,当两个信号的频率成整数倍时,荧光屏上将显示稳定的李沙育图形。李沙育图形的形成原理如图Ⅰ.3.2所示,图中两个信号的频率比为 $f_y:f_x=2:1$。

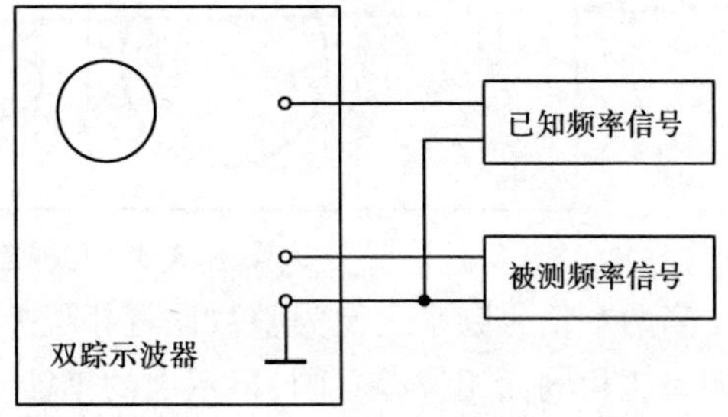

图Ⅰ.3.1　李沙育图形法测频率连接图

确定频率比的方法是:在垂直和水平方向各作一条直线,作直线的原则是此两条直线必须要与李沙育图形相交(注意,所作两条直线都不通过李沙育图形本身的任一个交点),设所作两条直线在垂直和水平方向与李沙育图形的交点数分别为 M_y,N_x,交点数的比值与两个信号频率比存在反比例关系,即

$$f_x : f_y = M_y : N_x$$

由此比例关系可求出未知频率信号的频率。

如图Ⅰ.3.3所示为几种常用频率比的李沙育图形。为了测量简便、准确,应尽可能调节已知频率,使荧光屏上显示的图形为一个圆。

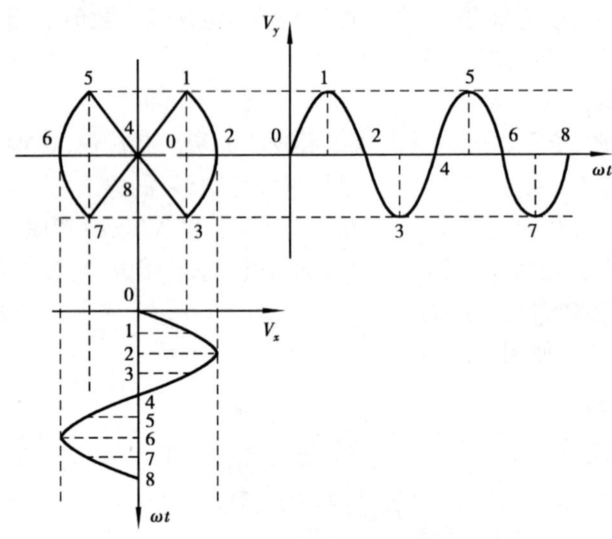

图Ⅰ.3.2　李沙育图形原理图(图中信号频率比值为f_y:f_x =2:1)

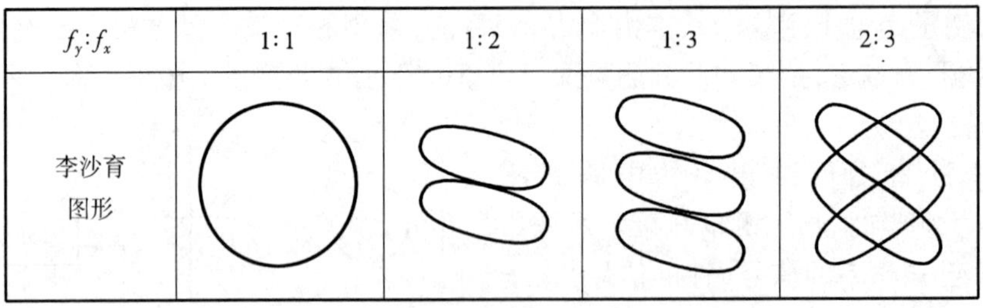

f_y:f_x	1:1	1:2	1:3	2:3
李沙育图形				

图Ⅰ.3.3　几种常用频率比的李沙育图形

当两个信号频率之比为整数比且相位差相同时,显示的李沙育图形是稳定的。如果两信号频率比相同而相位差不同,显示出的李沙育图形也不相同。因此,若两个信号之间的频率不成整数比或相位差不固定,显示的图形就不稳定。图Ⅰ.3.4 列出了几组频率比不同、相位差

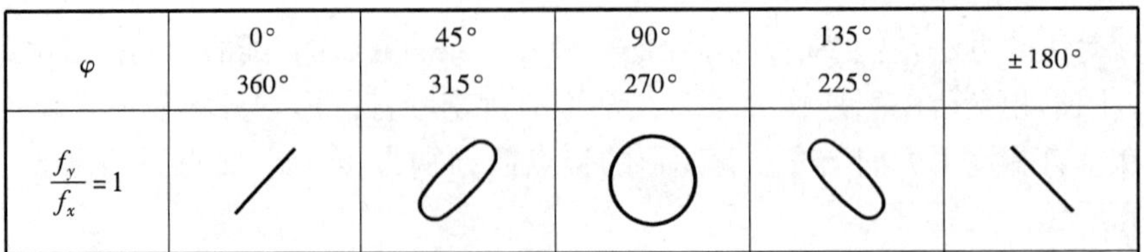

φ	0° 360°	45° 315°	90° 270°	135° 225°	±180°
$\frac{f_y}{f_x}=1$					
$\frac{f_y}{f_x}=\frac{2}{1}$					
$\frac{f_y}{f_x}=\frac{3}{1}$					
$\frac{f_y}{f_x}=\frac{3}{2}$					

图Ⅰ.3.4　不同频率比和相位差的李沙育图形

不同的李沙育图形。

李沙育图形测频率法适用于较低频率信号的测量,具有较高的准确度。

(2)相位的测量

在电子技术测量中,常常需要测量相同频率的两个正弦信号之间的相位差,比如测各种滤波器、移相网络的相频特性,在这些测量中,就需要对网络的输入信号与输出信号之间的相位差进行测量。测量相位差的主要方法有示波器法、比较法和直读法,这里只介绍采用单线示波器的测量方法。

1)两次波形显示法

测量电路如图Ⅰ.3.5所示。

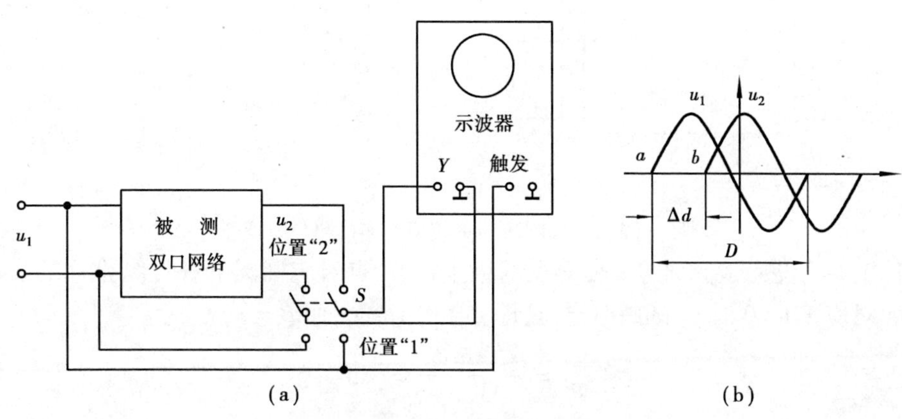

图Ⅰ.3.5 单踪示波器测量相位差

测量电路如图Ⅰ.3.5(a)所示。测试时,先将触发选择开关置于“外触发”(或“外同步”)位置,设被测信号之一为 u_1,将 u_1 接于“外触发”(或“外同步”)输入端(图Ⅰ.3.5(a)中,开关置“1”位),调节面板相关旋钮,使荧光屏上显示出一个完整周期的信号波形,量出该波形一个周期(对应于360°相位移)的长度、并记下波形上某特定点 a 在 x 轴上的位置,(见图Ⅰ.3.5(b)),注意保持示波器上各旋钮位置不变。然后将另一路信号 u_2 接入 y 放大器输入端(图Ⅰ.3.5(a)中开关置“2”位),荧光屏上显示出 u_2 的波形,记录 u_2 波形与 u_1 特定点 a 相对应的 b 点在 x 轴上的位置,则两波形的相位差为

$$\Delta\phi = 360^\circ \times \frac{d}{D}$$

式中,D 为波形的一个周期在示波器 x 轴线上所占的格数,(对应于360°相位移),Δd 为两信号波形两个特定点之间在 x 轴线一距离的格数(对应于相位差 $\Delta\phi$)。为使读数和计算更方便,可调节相关旋钮,使一个周期波形在 x 轴线上所占的刻度刚好为9格,这样,刻度值和每一格就代表 $\frac{360^\circ}{9}=40^\circ$。

2)椭圆法

椭圆法是根据不同形状的李沙育图形确定两个同频率信号之间相位差的方法。椭圆法的测量连接图及测量原理如图Ⅰ.3.6所示。设被测同频率的两个信号分别为 u_1 和 u_2,测量时,信号 u_1 接入示波器 y 轴输入端,信号 u_2 接入示波器 x 轴输入端(x 轴选择开关置衰减挡),调

节面板上相关旋钮,屏上出现一个椭圆(有时为一条直线或一个正圆),其形状随着两信号间的相位差不同而不同。因此,可根据椭圆的形状求出两正弦信号之间的相位差 $\Delta\phi$。

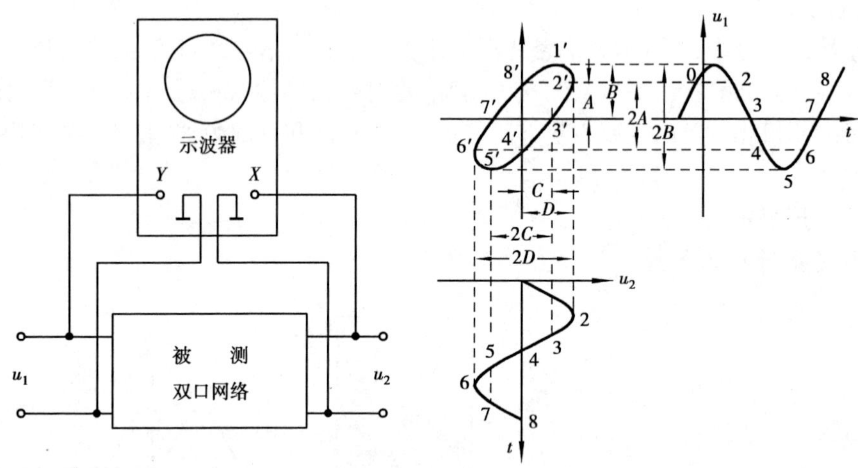

图Ⅰ.3.6 椭圆法测量相位差连接图与原理图

图Ⅰ.3.6 中设 A 是椭圆与 y 轴交点的纵坐标,B 点对应椭圆上各点纵坐标的最大值,由图可知,A 对应于 $t=0$ 时 u_1 的瞬时电压,即 $A=V_{m1}\sin\phi_1$,而 $B=V_{m1}$,

于是有
$$\frac{A}{B}=\frac{V_{m1}\sin\phi_1}{V_{m1}}=\sin\phi_1$$

则相位差
$$\Delta\phi=\arcsin\frac{A}{B}$$

或
$$\Delta\phi=\arcsin\frac{C}{D}$$

如图Ⅰ.3.7 所示为不同相位差时的李沙育图形。

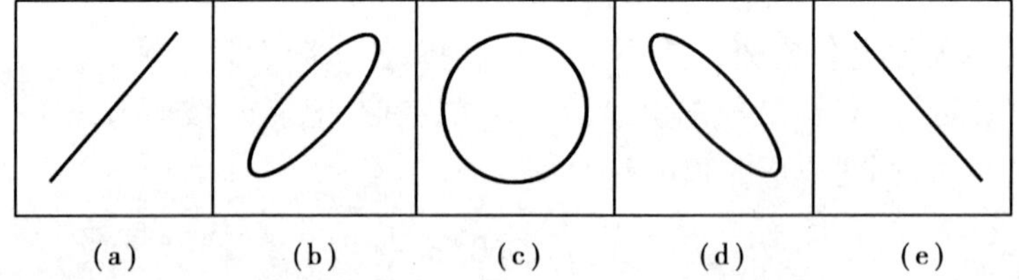

(a) (b) (c) (d) (e)

图Ⅰ.3.7 几种不同相位差时的图形

(a)$A/B=0$,0°或 360° (b)$A/B=0.5$,45°或 315° (c)$A/B=1$,90°或 270°

(d)$A/B=0.5$,135°或 225° (e)$A/B=0$,180°

由图Ⅰ.3.7 可知,如果椭圆的主轴在Ⅰ,Ⅲ象限,两信号相位差在 0°~90°或 270°~360°之间;若主轴在Ⅱ,Ⅳ象限内,相位差在 90°~180°或 180°~270°之间。

附录Ⅰ.4　常用电子仪器操作手册

(1) GOS-620 20 MHz **双轨迹示波器使用说明(附内部电路方块图**Ⅰ.4.9)

1　概述

1.1　简介

GOS-620 是频宽从 DC 至 20 MHz(-3 dB)的可携带式双频道示波器,灵敏度最高可达 1 mV/DIV,并具有长达 0.2 μs/DIV 的扫描时间,放大 10 倍时最高少扫描时间为 100 ns/DIV。

本示波器采用内附红色刻度线的直角阴极射线管,可获得精确的测量值。示波器坚固耐用,不仅易于操作,更具有高度可靠性。

1.2　特点

1.2.1　高亮度、高加速电压的阴极射线管

阴极射线管是采用 2 kV 高加速电压来达到强电子束传输,并具有高亮度特性,即使在高扫描速度时,亦可显示清晰的轨迹。

1.2.2　宽频带、高灵敏度

频宽高达 DC ~ 20 MHz(-3 dB),并且提供 5 mV/DIV(或放大 5 倍时,1 mV/DIV)的高灵敏度特性。频率于 20 MHz 时,可获得稳定的同步触发。

1.2.3　交替触发

当观察 2 个不同信号源的波形时,可交替触发获得稳定的同步。

1.2.4　TV 同步触发

内附 TV 同步分离电路,可清楚观测 TV-V 及 TV-H 视频信号。

1.2.5　CH1 讯号输出

于后面板上之 CH1 讯号输出端子可以作为频率计数之用,或连接至其他仪器配合使用。

1.2.6　Z 轴输入

提供 Z 轴输入时间或频率标记讯号来作为亮度调变,正向讯号将使轨迹遮没变暗。

1.2.7　X-Y

设定 X-Y 模式时,本示波器可成为 X-Y 示波器,CH1 可作为水平偏向(X-AXIS),CH2 可作为垂直偏向(Y-AXIS)。

2　规格(表Ⅰ.4.1)

表Ⅰ.4.1

规格 \ 机型		GOS-620 20 MHz 示波器
垂直系统	灵敏度	5 mV ~ 5 V/DIV,以 1-2-5 顺序共 10 文件
	灵敏准确度	≤3%,(×5 MAG:≤5%)
	频宽	DC ~ 20 MHz(×5 MAG:DC ~ 7 MHz)
		AC 耦合:最低限制频率 10 Hz(频响于 −3 dB 时,参考频率为 100 kHz,8 DIV)
	上升时间	约 17.5 ns(×5 MAG:约 50 ns)
	输入阻抗	约 1 Mohm∥约 25 pF
	方波特性	过激量:≤5%(在 10 mV/DIV 挡位时)其他失真度及其他挡位:上项数值加 5%
	DC 平衡漂移	可从面板上调整
	线性度	当在刻度线中央的 2DIV 波形垂直移动时,振幅变化 < ±0.1DIV
	垂直模式	CH1:CH1 单一频道
		CH2:CH2 单一频道
		DUAL:CH1&CH2 双频道显示,并可选择切换 ALT/CHOP 模式
		ADD:CH1 + CH2 代数相加
	重复斩波频率	约 250 kHz
	输入耦合方式	AC,GND,DC
	最大输入电压	300 V(DC + AC peak),AC:1 kHz 或较低之频率
	共模拒斥比	50 kHz 之正弦波时,为 50∶1 或更好(CH1 及 CH2 的灵敏度设定相同时)
	频道间的隔离比	50 kHz 时,> 1 000∶1 20 MHz 时 > 30∶1(在 5 mV/DIV 挡位时)
	CH1 信号输出	于 50 ohm 终端时,约 20 mV/DIV 以上,频率为 50 Hz ~ 5 MHz 以上
	CH2 INV 平衡	平衡点变化:≤1DIV(参考值在中央刻度线)
触发系统	触发源	CH1,CH2,LINE,EXT(CH1 及 CH2 仅可在垂直模式为 DUAL 或 ADD 时选用。在 ALT 模式中按下 TRIG. ALT 钮,即可交替触发两个不同的信号源)
	耦合	AC:20 Hz ~ 20 MHz
	极性	+/−
	灵敏度	20 Hz ~ 2 MHz:0.5DIV,TRIG-ALT:2DIV,EXT:200 mV 2 MHz ~ 20 MHz:1.5DIV,TRIG-ALT:3DIV,EXT:800 mV TV:同步脉波 1DIV(EXT:1V)
	触发模式	AUTO: 无触发输入信号时,以自由模式扫描 NORM: (适用于 25 Hz 或更高频之重复信号) 无触发信号时,轨迹将处于预备(Ready)状态而不会显示。 TV-V: 观测 TV 垂直讯号 TV-H: 观测 TV 水平讯号
	EXT 触发信号输入 输入阻抗 最大输入电压	 约 1 Mohm // 约 25 pF 300 V(DC + AC peak),AC:频率小于 1 kHz

续表

规格 \ 机型		GOS-620 20 MHz 示波器
水平系统	扫描时间	0.2 μs ~ 0.5 s/DIV,依 1-2-5 顺序共 20 文件
	扫描时间准确度	±3%
	可变扫描时间控制	≤面板显示值的 1/2.5
	扫描放大倍率	10 倍(最高扫描时间为 100 ns/DIV)
	×10MAG 扫描时间准确度	±5%(20 ns & 50 ns 未校准)
	线性度	±3%,(10MAG:±5%(20 ns & 50 ns 未校准)
	×10MAG 导致之位移	在 CRT 显示屏中央 2DIV 以内
X-Y 模式	灵敏度	与垂直轴相同(X 轴为 CH1 输入信号;Y 轴为 CH2 输入信号)
	频宽	DC ~ 500 kHz
	X-Y 轴相位差	DC ~ 50 kHz 时≤3%
Z 轴	灵敏度	5 $V_{p\text{-}p}$(输入正信号时轨迹会变暗)
	频宽	DC ~ 2 MHz
	输入阻抗	约 47 kohm
	最大输入电压	30 V(DC + AC peak,AC 频率≤1 kHz)
校正电压	波形	正向方波
	频率	约 1 kHz
	工作周期比	48 : 52 以内
	输出电压	2 $V_{p\text{-}p}$ ±2%
	输出阻抗	约 1 kohm
CRT	型式	内附刻度线之 6 in 直角型
	磷光质	P31
	加速电压	约 2 kV
	有效屏幕尺寸	8 × 10 DIV (1DIV = 10 mm 或 0.39 in)
	轨迹旋转	可调整
适用电源	电压	AC 115 V, 230 V ±15% (可自行选择)
	频率	50 Hz 或 60 Hz
	功率消耗	约 40 VA, 35 W (Max.)

续表

规格 \ 机型		GOS-620 20 MHz 示波器
操作环境	适用地点	室内
	适用海拔高度	达 2 000 m
	安全规格之温度	10 ~ 35 ℃或 50 ~ 95 °F
	操作温度	0 ~ 40 ℃或 32 ~ 104 °F
	相对湿度	最高 85% RH (非凝结状态)
	安装等级	Ⅱ
	污染程度	2
储存温度及湿度		-10 ~ 70 ℃, 70% RH (最高)
机身	尺寸	310(宽)mm × 150(高)mm × 455(深)mm
	重量	约 8 kg 或 17.6 磅
附件		电源线 ×1 使用手册 ×1 探棒 ×2

3 使用注意事项

3.1 操作环境

本示波器适用温度为 0 ~ 40 ℃(或 32 ~ 104 °F),若在此温度范围之外的环境中使用本仪器,可能导致电路损坏。此外,请勿将本仪器置放于磁场或电场附近,以免造成误差。

3.2 设备放置

本仪器机壳上的散热孔应保持良好的通风环境,假如不在指定的环境下使用,可能会造成仪器受损。

3.3 CRT 亮度

不要将波形轨迹调得太亮,或将光点长时间停驻一处,因为过高的亮度可能使你的眼睛疲劳,并且会永久性地损坏显示屏。

3.4 输入端子耐压

表Ⅰ.4.2 所列为本示波器及探棒输入端子所能承受的最大电压,请勿使用高于该范围的电压,以免仪器受损。

表Ⅰ.4.2

输入端子	CH1, CH2	EXT TRIG. IN	探 棒	Z 轴
最高适用电压	300 V (DC + AC peak)	300 V (DC + AC peak)	600 V (DC + AC peak)	30 V (DC + AC peak)

注:为避免损坏仪器,请勿使用过高的电压。最大输入电压的频率必须小于 1 kHz。

4 操作方法

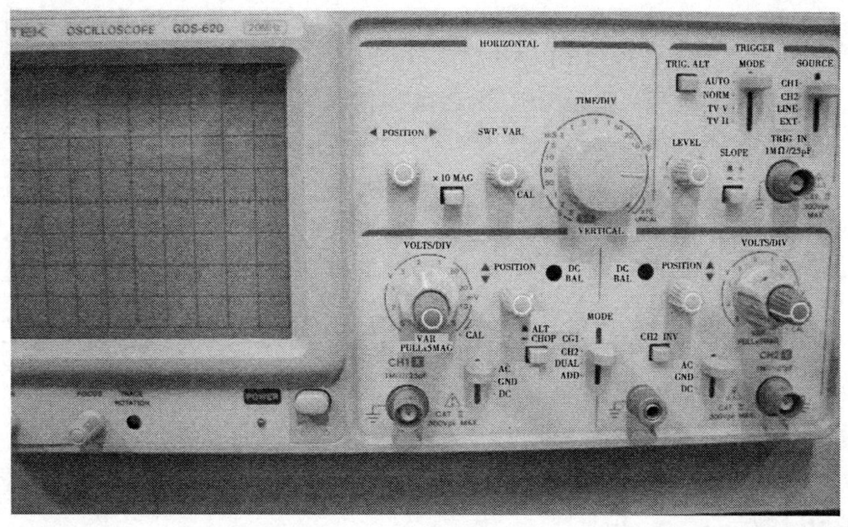

图 I.4.1　GOS-620 前面板

4.1　前面板说明

CRT 显示屏

②INTEN　　　　:轨迹及光点亮度控制钮。

③FOCUS　　　　:轨迹聚焦调整钮。

④TRACE ROTATION:使水平轨迹与刻度线成平行的调整钮。

⑥POWER　　　　:电源主开关,按下此钮可接通电源,电源指示灯⑤会发亮;再按一次,开关凸起时,则切断电源。

㉝FILTER　　　　:滤光镜片,可使波形易于观察。

VERTICAL 垂直偏向

⑦㉒VOLTS/DIV:垂直衰减选择钮,以此钮选择 CH1 及 CH2 的输入信号衰减幅度,范围为 5 mV/DIV ~ 5 V/DIV,共 10 挡。

⑩⑱AC-GND-DC:输入信号耦合选择按键组。

AC　　:垂直输入信号电容耦合,截止直流或极低频信号输入。

GND　　:按下此键则隔离信号输入,并将垂直衰减器输入端接地,使之产生一个零电压参考信号。

DC　　:垂直输入信号直流耦合,AC 与 DC 信号一齐输入放大器。

⑧CH1(X)输入:CH1 的垂直输入端;在 X-Y 模式中,为 X 轴的信号输入端。

⑨㉑VARIABLE:灵敏度微调控制,至少可调到显示值的 1/2.5。在 CAL 位置时,灵敏度即为挡位显示值。当此旋钮拉出时(×5 MAG 状态),垂直放大器灵敏度增加 5 倍。

⑳CH2(Y)输入:CH2 的垂直输入端;在 X-Y 模式中,为 Y 轴的信号输入端。

⑪⑲▲▼ POSITION　:轨迹及光点的垂直位置调整钮。

⑭VERT MODE　:CH1 及 CH2 选择垂直操作模式。

CH1　　:设定本示波器以 CH1 单一频道方式工作。

CH2 :设定本示波器以 CH2 单一频道方式工作。

DUAL :设定本示波器以 CH1 及 CH2 双频道方式工作,此时并可切换 ALT/CHOP模式来显示两轨迹。

ADD :用以显示 CH1 及 CH2 的相加信号;当 CH2 INV 键⑯为压下状态时,即可显示 CH1 及 CH2 的相减信号。

⑬⑰CH1&CH2 DC BAL. :调整垂直直流平衡点,详细调整步骤请参照 DC BAL 的调整。

⑫ALT/CHOP :当在双轨迹模式下,放开此键,则 CH1&CH2 以交替方式显示(一般使用于较快速之水平扫描文件位)。当在双轨迹模式下,按下此键,则 CH1&CH2 以切割方式显示。(一般使用于较慢速之水平扫描文件位)

⑯CH2 INV :此键按下时,CH2 的讯号将会被反向。CH2 输入讯号于 ADD 模式时,CH2 触发截选讯号(Trigger Signal Pickoff)亦会被反向。

TRIGGER 触发

㉖SLOPE :触发斜率选择键。

+ :凸起时为正斜率触发,当信号正向通过触发准位时进行触发。

– :压下时为负斜率触发,当信号负向通过触发准位时进行触发。

㉕EXT TRIG. IN :TRIG. IN 输入端子,可输入外部触发信号。欲用此端子时,需先将 SOURCE 选择器㉓置于 EXT 位置。

㉗TRIG. ALT :触发源交替设定键,当 VERT MODE 选择器⑭在 DUAL 或 ADD 位置,且 SOURCE 选择器㉓置于 CH1 或 CH2 位置时,按下此键,本仪器即会自动设定 CH1 与 CH2 的输入信号以交替方式轮流作为内部触发信号源。

㉓SOURCE :内部触发源信号及外部 EXT TRIG. IN 输入信号选择器。

CH1 :当 VERT MODE 选择器⑭在 DUAL 或 ADD 位置时,以 CH1 输入端的信号作为内部触发源。

CH2 :当 VERT MODE 选择器⑭在 DUAL 或 ADD 位置时,以 CH2 输入端的信号作为内部触发源。

LINE :将 AC 电源线频率作为触发信号。

EXT :将 TRIG. IN 端子输入的信号作为外部触发信号源。

㉕TRIGGER MODE :触发模式选择开关。

AUTO :当没有触发信号或触发信号的频率小于 25 Hz 时,扫描会自动产生。

NORM :当没有触发信号时,扫描将处于预备状态,屏幕上不会显示任何轨迹。本功能主要用于观察≤25 Hz 之信号。

TV-V :用于观测电视讯号之垂直画面讯号。

TV-H :用于观测电视讯号之水平画面讯号。

㉘LEVEL :触发准位调整钮,旋转此钮以同步波形,并设定该波形的起始点。将旋钮向“+”方向旋转,触发准位会向上移;将旋钮向“–”方向旋转,则触发准位向下移。

水平偏向

㉙TIME/DIV :扫描时间选择钮,扫描范围从0.2 μs/DIV 到0.5 μs/DIV 共20个挡位。X-Y:设定为X-Y模式。

㉚SWP. VAR :扫描时间的可变控制旋钮,若按下SWP. UNCAL键⑲,并旋转此控制钮,扫描时间可延长至少为指示数值的2.5倍;该键若未压下时,则指示数值将被校准。

㉛×10 MAG :水平放大键,按下此键可将扫描放大10倍。

㉜◀POSITION▶ :轨迹及光点的水平位置调整钮。

其他功能

①CAL($2V_{p-p}$) :此端子会输出一个$2V_{p-p}$,1 kHz的方波,用以校正测试棒及检查垂直偏向的灵敏度。

⑮GND :本示波器接地端子。

4.2 后面板说明

㉞Z AXIS INPUT :Z轴输入端子,此输入端的信号将作为外接亮度调变信号。

㉟CH1 OUTPUT :CH1输出端,以大约20 mV/DIV的电压输出CH1信号(须加50 Ω负载),此输出信号可作为计频器的输入信号源或其他用途。

AC电源输入电路

㊱AC电源线插座。

㊲保险丝及电源电压选择器。

㊳示波器脚垫,亦可作为电源线的绕线架。

后面板图(略)

4.3 单一频道基本操作法

本节以CH1为范例,介绍单一频道的基本操作法。CH2单频道的操作程序是相同的,仅需注意要改为设定CH2栏的旋钮及按键组。

插上电源插头之前,请务必确认后面板上的电源电压选择器已调至适当的电压文件位。确认之后,请依照表Ⅰ.4.3顺序设定各旋钮及按键。

表Ⅰ.4.3

项 目		设 定	项 目		设 定
POWER	⑥	OFF状态	SLOPE	㉖	凸起(+斜率)
INTEN	②	中央位置	TRIG. ALT	㉗	凸起
FOCUS	③	中央位置	TRIGGER MODE	㉕	AUTO
VERT MODE	⑭	CH1	TIME/DIV	㉙	0.5 ms/DIV
ALT/CHOP	⑫	凸起(ALT)	SWP. VAR	㉚	顺时针到底CAL位置
CH2 INV	⑯	凸起	◀POSITION▶	㉜	中央位置
POSITION ▲▼	⑪⑲	中央位置	×10 MAG	㉛	凸起
VOLTS/DIV	⑦㉒	0.5 V/DIV			
VARIABLE	⑨㉑	顺时针转到底CAL位置			
AC-GND-DC	⑩⑱	GND			
SOURCE	㉓	CH1			

按照上表设定完成后,请插上电源插头,继续下列步骤:

①按下电源开关⑥,并确认电源指示灯⑤亮起。约 20 s 后 CRT 显示屏上应会出现一条轨迹,若在 60 s 之后仍未有轨迹出现,请检查上列各项设定是否正确。

②转动 INTEN②及 FOCUS③钮,以调整出适当的轨迹亮度及聚焦。

③调 CH1 POSITION 钮⑪及 TRACE ROTATION④,使轨迹与中央水平刻度线平行。

④将探棒连接至 CH1 输入端⑧,并将探棒接上 2$V_{p\text{-}p}$校准信号端子①。

⑤将 AC-GND-DC⑩置于 AC 位置,此时,CRT 上会显示如图Ⅰ.4.2 的波形。

⑥调整 FOCUS③钮,使轨迹更清晰。

⑦欲观察细微部分,可调整 VOLTS/DIV⑦及 TIME/DIV㉙钮,以显示更清晰的波形。

⑧调整▲▼ POSITION⑪及◀POSITION▶㉜钮,以使波形与刻度线齐平,并使电压值($V_{p\text{-}p}$)及周期(T)易于读取。

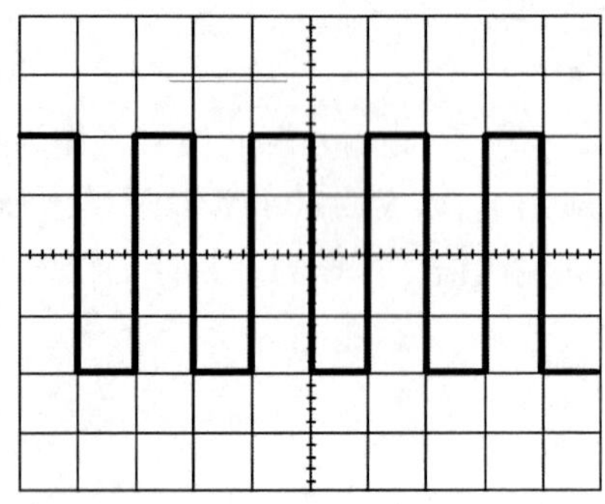

图Ⅰ.4.2

4.4　双频道操作法

双频道操作法与上述步骤大致相同,仅需按照下列说明略作修改:

①将 VERT MODE⑭置于 DUAL 位置。此时,显示屏上应有两条扫描线,CH1 的轨迹为校准信号的方波;CH2 则因尚未连接信号,轨迹呈一条直线。

②将探棒连接至 CH2 输入端⑳,并将探棒接上 2$V_{p\text{-}p}$校准信号端子①。

③按下 AC-GND-DC 置于 AC 位置,调▲▼ POSITION 钮⑪⑲,以使两条轨迹如图Ⅰ.4.3 所示。

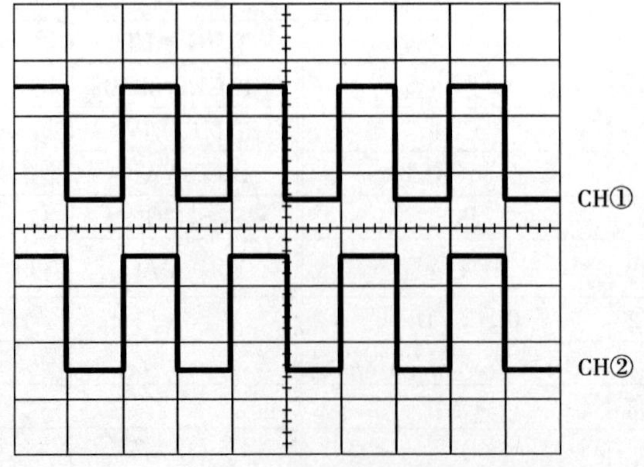

图Ⅰ.4.3

当 ALT/CHOP 放开时(ALT 模式),则 CH1&CH2 的输入讯号将以交替扫描方式轮流显示,一般使用于较快速之水平扫描文件位;当 ALT/CHOP 按下时(CHOP 模式),则 CH1&CH2 的输入讯号将以大约 250 kHz 斩切方式显示在屏幕上,一般使用于较慢速之水平扫描文件位。

在双轨迹(DUAL 或 ADD)模式中操作时,SOURCE 选择器㉓必须拨向 CH1 或 CH2 位置,选择其一作为触发源。若 CH1 及 CH2 的信号同步,二者的波形皆会是稳定的;若不同步,则仅有选择器所设定之触发源的波形会稳定,此时,若按下 TRIG. ALT 键㉗,则两种波形皆会同步稳定显示。

注意:请勿在 CHOP 模式时按下 TRIG. ALT 键,因为 TRIG. ALT 功能仅适用于 ALT 模式。

4.5 ADD 之操作

将 MODE 选择器⑭置于 ADD 位置时,可显示 CH1 及 CH2 信号相加之和;按下 CH2 INV 键⑯,则会显示 CH1 及 CH2 信号之差。为求得正确的计算结果,事前请先以 VAR. 钮⑨㉑将两个频道的精确度调成一致。任一频道的⇕ POSITION 钮皆可调整波形的垂直位置,但为了维持垂直放大器的线性,最好将两个旋钮都置于中央位置。

4.6 触发

触发是操作示波器时相当重要的项目,请依照下列步骤仔细进行。

4.6.1 MODE(触发模式)功能说明

AUTO:当设定于 AUTO 位置时,将会以自动扫描方式操作。在这种模式之下即使没有输入触发讯号,扫描产生器仍会自动产生扫描线,若有输入触发讯号时,则会自动进入触发扫描方式工作。一般而言,当在初次设定面板时,AUTO 模式可以轻易得到扫描线,直到其他控制旋钮设定在适当位置,一旦设定完后,时常将其再切回 NORM 模式,因为此种模式可以得到更好的灵敏度。AUTO 模式一般用于直流测量以及讯号振幅非常低,低到无法触发扫描的情况下使用。

NORM:当设定于 NORM 位置时,将会以正常扫描方式操作,扫描线一般维持在待备状况,直到输入触发讯号由调整 TRIG LEVEL 控制钮越过触发准位时,将会产生一次扫描线,假如没有输入触发讯号,将不会产生任何扫描线。在双轨迹操作时,若同时设定 TRIG. ALT 及 NORM 扫描模式,除非 CH1 及 CH2 均被触发,否则不会有扫描线产生。

TV-V:当设定于 TV-V 位置时,将会触发 TV 垂直同步脉波以便于观测 TV 垂直图场(field)或图框(frame)之电视复合影像讯号。水平扫描时间设定于 2 ms/DIV 时适合观测影像图场讯号,而 5 ms/DIV 适合观测一个完整的影像图框(两个交叉图场)。

TV-H:当设定于 TV-H 位置时,将会触发 TV 水平同步脉波以便于观测 TV 水平线(lines)之电视复合影像讯号。水平扫描时间一般设定于 10 μs/DIV,并可用转动 SWP. VAR控制钮来显示更多的水平线波形。

本示波器仅适用于负极性电视复合影像信号,也就是说,同步脉波位于负端而影像信号位于正端,如图Ⅰ.4.4 所示。

4.6.2 SOURCE 触发源功能说明

CH1:CH1 内部触发。

CH2:CH2 内部触发。加入垂直输入端的信号,自前置放大器中分离出来之后,透过

SOURCE 选择 CH1 或 CH2 作为内部触发信号。由于触发信号是自动调整过的,因此,CRT 上会显示稳定触发的波形。

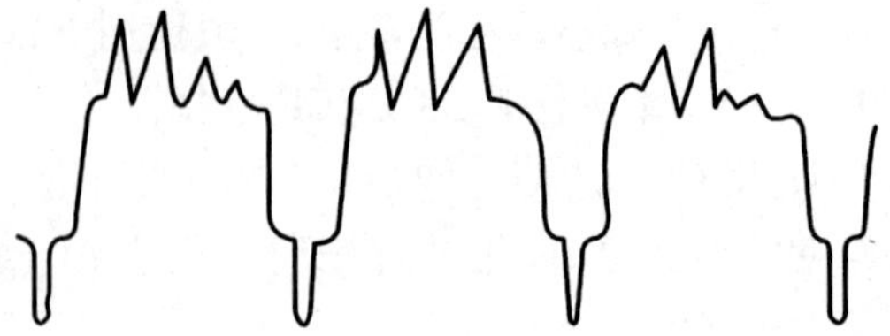

图Ⅰ.4.4

LINE:自交流电源中拾取触发信号,此种触发源适用于观察与电源频率有关的波形,尤其在测量音频设备与门流体等低准位 AC 噪声方面,特别有效。

EXT:外部信号加入外部触发输入端以产生扫描,所使用的信号应与被测量的信号有周期上的关系。被测量的信号若不作为触发信号,那么,此法将可以捕捉到想要的波形。

4.6.3 TRIG LEVEL(触发准位)及 SLOPE(斜率)功能说明

TRIG LEVEL 旋钮可用来调整触发准位以显示稳定的波形。当触发信号通过所设定的触发准位时,便会触发扫描,并在屏幕上显示波形。将旋钮向"+"方向旋转,触发准位会向上移动;将旋钮向"-"方向旋转,触发准位会向下移动;当旋钮转至中央时,则触发准位大约设定在中间值。调整 TRIG LEVEL 可以设定波形中任何一点作为扫描线的起始点,以正旋波为例,可以调整起始点来改变显示波形的相位。但请注意,假如转动 TRIG LEVEL 旋钮超出"+"或"-"设定值,在 NORM 触发模式下将不会有扫描线出现,因为触发准位已经超出同步信号的峰值电压。

当 TRIG SLOPE 开关设定在"+"位置,则扫描线的产生将发生在触发同步信号之正斜率方向通过触发准位时,若设定在"-"位置,则扫描线的产生将发生在触发同步信号之负斜率方向通过触发准位时,如图Ⅰ.4.5 所示。

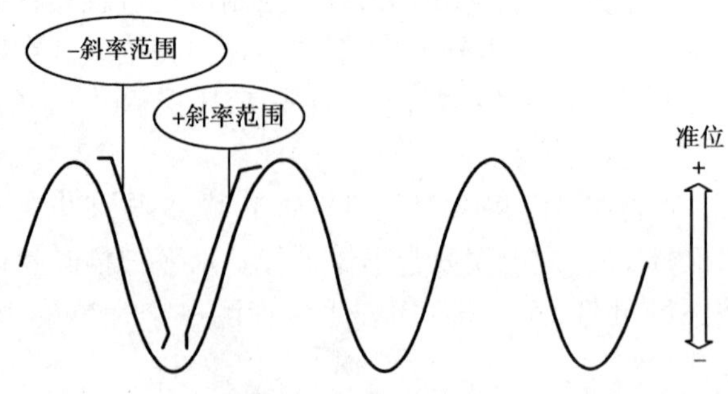

图Ⅰ.4.5

4.6.4 TRIG. ALT(交替触发)功能说明

TRIG. ALT 设定键一般使用在双轨迹并以交替模式显示时,作交替同步触发来产生稳定的波形。在此模式下,CH1 与 CH2 会轮流作为触发源信号各产生一次扫描。此项功能非常适合用来比较不同信号源之周期或频率关系,但请注意,不可用来测量相位或时间差。当在 CHOP 模式时按下 TRIG. ALT 键,则是不被允许的,请切回 ALT 模式或选择 CH1 与 CH2 作为触发源。

4.7 TIME/DIV 功能说明

此旋钮可用来控制所要显示波形的周期数,假如所显示的波形太过于密集时,则可将此旋钮转至较快速之扫描文件位;假如所显示的波形太过于扩张,或当输入脉波信号时可能呈现一条直线,则可将此旋钮转至低速挡,以显示完整的周期波形。

4.8 扫描放大

若欲将波形的某一部分放大,则需使用较快的扫描速度,然而,如果放大的部分包含了扫描的起始点,那么,该部分将会超出显示屏之外。在这种情况下,必须按下 ×10MAG 键,即可以屏幕中央作为放大中心,将波形向左右放大 10 倍,如图 I.4.6 所示。

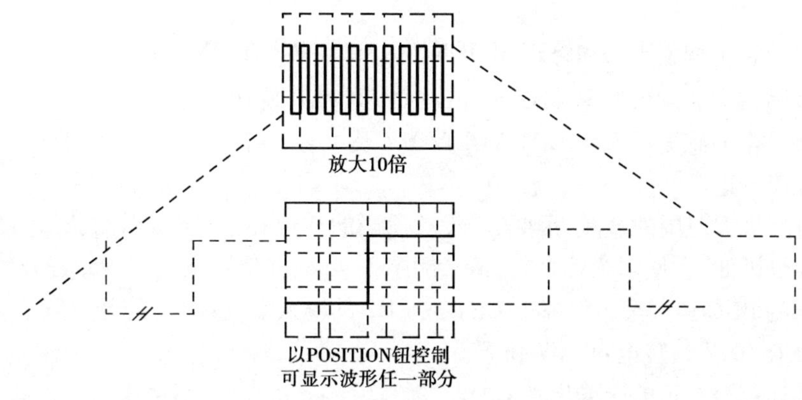

图 I.4.6

放大时的扫描时间为

$$(\text{TIME/DIV 所显示之值}) \times 1/10$$

因此,未放大时的最高扫描速度 1 μs/DIV 在放大后,可增加为 100 ns/DIV。

计算方式: 1 μs/DIV ×1/10 = 100 ns/DIV

4.9 X-Y 模式操作说明

将 TIME/DIV 旋钮设定至 X-Y 模式,则本仪器即可作为 X-Y 示波器。其输入端关系如图 I.4.7 所示。

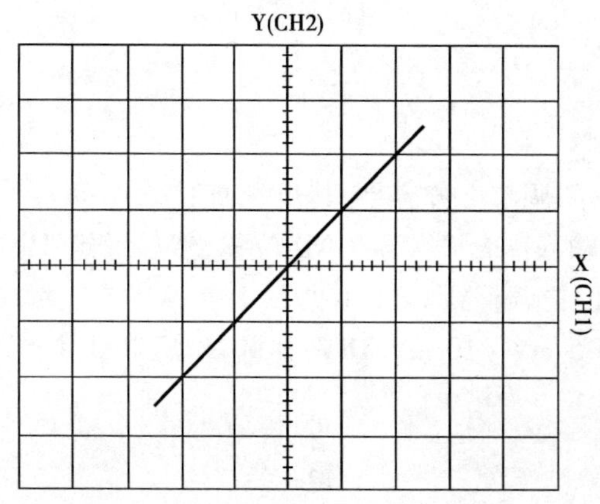

图 I.4.7

X 轴(水平轴)信号:CH1 输入端

Y 轴(垂直轴)信号:CH2 输入端

注意:当 X-Y 模式是操作在高频模式,注意 X 及 Y 轴的频宽及相位差。

X-Y 模式可以使示波器在无扫描的操作下进行相当多的测量应用。以 X 轴(水平轴)与 Y 轴(垂直轴)两端各输入电压来作显示,就如同向量示波器可以显示影像彩色条状图形一般。当然,假如能够利用转换器将任何特性(频率、温度、速度等)转换为电压讯号,那么,在 X-Y模式之下几乎可以作任何的动态特性区线图形,但请注意,当应用于频率响应测量时,Y 轴必须为讯号峰值大小,而 X 轴必须为频率轴。其一般设定调整如下:

设定 TIME/DIV 旋钮至 X-Y 位置(逆时钟方向至底),CH1 为 X 轴输入端,CH2 为 Y 轴输入端。

X 及 Y 之位置可调整水平◀▶POSITION 及 CH2 ▲▼ POSITION 旋钮。

垂直(Y 轴)偏向感度可调整 CH2 VOLT/DIV 及 VAR 旋钮。

水平(X 轴)偏向感度可调整 CH1 VOLT/DIV 及 VAR 旋钮。

4.10　探棒校正

探棒可进行极大范围的衰减,因此,若没有适当的相位补偿,所显示的波形可能会失真而造成测量错误。因此,在使用探棒之前,请参阅图Ⅰ.4.8,并依照下列步骤做好补偿:

①将探棒的 BNC 连接至示波器上 CH1 或 CH2 的输入端(探棒上的开关置于 ×10 位置)。

②将 VOLTS/DIV 钮转至 50 mV 位置。

③将探棒连接至校正电压输出端 CAL。

④调整探棒上的补偿螺丝,直到 CRT 出现最佳、最平坦的方波为止。

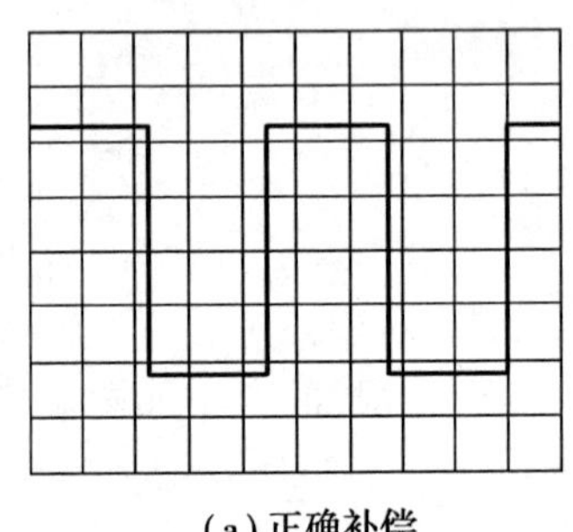

(a)正确补偿

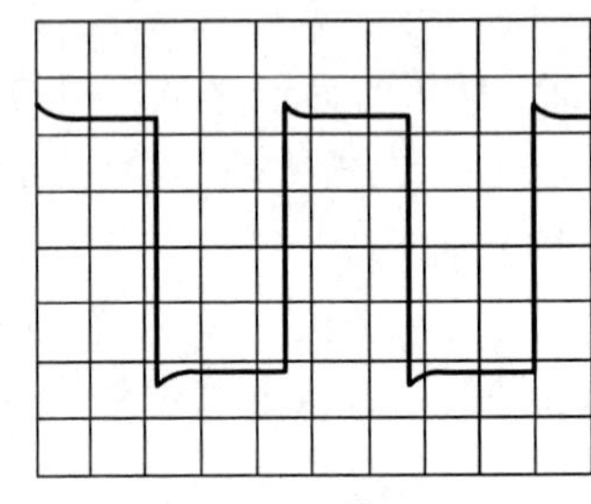

(b)过度补偿

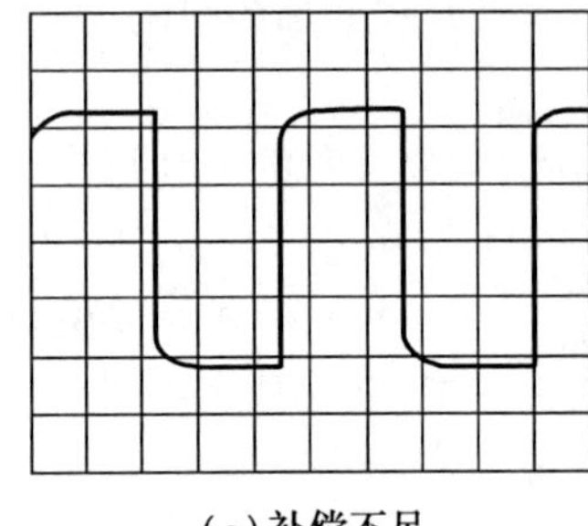

(c)补偿不足

图Ⅰ.4.8

4.11　DC BAL 的调整

垂直轴衰减直流平衡的调整十分容易,其步骤如下:

设定 CH1 及 CH2 之输入耦合开关至 GND 位置,然后设定 TRIG MODE 置于 AUTO,利用◀▶POSITION 将时基线位置调整到 CRT 中央。

重复转动 VOLT/DIV 5 mV ~ 10 mV/DIV,并调整 DC BAL 直到时基线不再移动为止。

5　保养维护

警　告

本节的所有说明皆须由合格的技术人员操作。若你不熟悉本示波器,切勿进行本说明书所列项目以外的任何动作,以免造成触电危险。

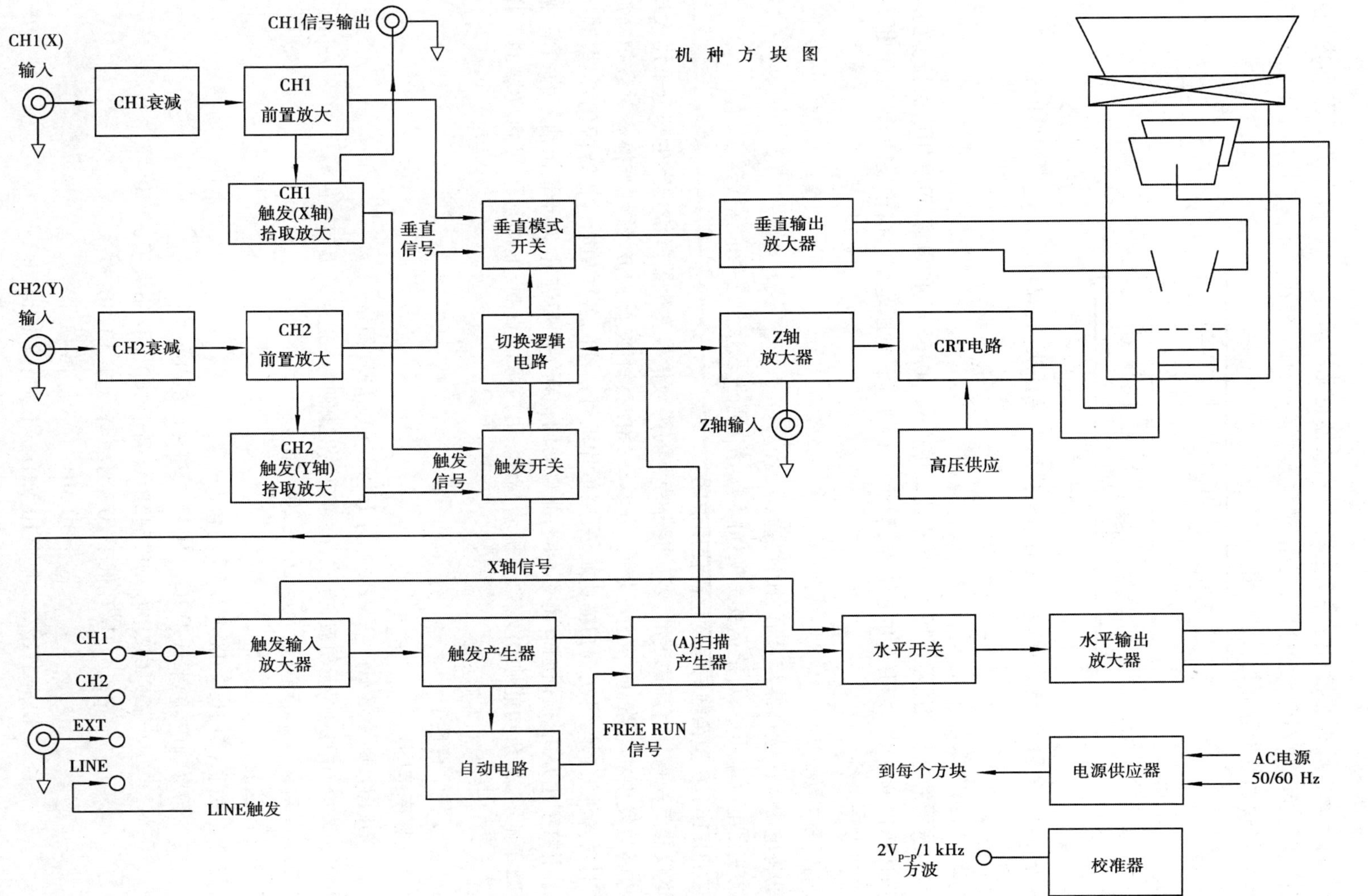

图 I .4.9　GOS-620型双轨迹示波器内部电路方框图

5.1　更换保险丝

若保险丝烧断,电源指示灯将不会发亮,示波器也无法动作。一般而言,除非仪器内部发生问题,否则保险丝不会无故烧断,因此,请先详细检查原因,然后参照下表更换一个标准规格保险丝。保险丝位于后面板,请参阅图Ⅰ.4.10。

电压	AC 115 V	AC 230 V
适用范围	97 ~ 132 V	195 ~ 250 V
保险丝	T 0.63 A 250 V	T 0.315 A 250 V

图Ⅰ.4.10

警告:为避免触电,更换保险丝之前请先拔出电源插头,且仅可使用适当规格的 250 V 保险丝。

5.2　切换电源电压

本示波器的电源变压器适用于 115 V 及 230 V AC 50/60 Hz 的电源,可利用后面板上的电源电压选择器㊲更换。新开封的示波器,后面板上的电源电压是出厂前预设的,若需变更,请依照下列步骤进行:

①拔下电源插头。

②将电源电压选择器转至适当的位置。

③变更电源电压后,可能需要更换保险丝,请参照上表换上适当的保险丝。

(2) DF1641B 型函数信号发生器使用说明

本仪器是一种具有高稳定度,多功能等特点的函数信号发生器。信号产生部分采用大规模单片函数发生器电路,能产生正弦波、方波、三角波、斜波、脉冲波、线性扫描和对数扫描波形,同时对各种波形均可实现扫描功能,采用单片机对仪器的各项功能进行智能化管理,频率调节采用数字化方式,根据调节速率不同,能自动调整频率的步进量,对于输出信号的频率、幅度由 LED 显示,其余功能则由发光二极管指示,用户可以直观、准确地了解到仪器的使用状况。

1　主要技术特性

1.1　频率范围:

DF1641B:0.3 Hz ~ 3 MHz　分七挡　5 位 LED 显示

1.2　波形:正弦波、三角波、方波、正向或负向脉冲波、正向或负向锯齿波

1.2.1　对称度调节范围:80 : 20 ~ 20 : 80

1.3　正弦波

1.3.1　失真:10 Hz ~ 100 kHz 不大于 1%

1.3.2　频率响应:频率低于 100 kHz 不大于 ±0.5 dB

DF1641B/C,DF1642B/C 高于 100 kHz 不大于 ±1 dB

DF1643B/C 低于 10 MHz　不大于 ±1 dB

高于 10 MHz　不大于 -3 dB

DF1651B/C　低于 10 MHz　不大于 ±1 dB

高于 10 MHz　不大于 -3 dB

1.4　方波前、后沿:

DF1641B 不大于 100 ns

1.5 TTL 输出

1.5.1 电平:高电平不小于2.4 V,低电平不大于0.4 V,能驱动20只TTL负载

1.5.2 上升时间:不大于30 ns

1.6 输出

1.6.1 阻抗:50 Ω ±10%

1.6.2 幅度:不小于 $20V_{p-p}$(空载) 3位LED显示

1.6.3 输出范围选择:(1 mV_{p-p},20 mV_{p-p},0.2V_{p-p},2V_{p-p},20V_{p-p})(衰减:60 dB,40 dB,20 dB,0 dB)

1.6.4 直流偏置:0~ ±10 V,可调

1.6.5 幅度显示误差:±10% ±2个字(输出幅度值大于最大输出幅度1/10时)

1.7 功率输出(C系列具有此功能,频率范围1 Hz~200 kHz)

1.7.1 幅度:不小于 $20V_{p-p}$

1.7.2 输出功率:不小于5 W

1.8 VCF 输入

1.8.1 输入电压:-5~0 V

1.8.2 最大压控比:大于1倍程

1.8.3 输入信号:DC~1 kHz

1.9 扫频

1.9.1 方式:线性、对数

1.9.2 速率:5 s~10 ms

1.9.3 宽度:大于1倍程

1.9.4 扫描输出幅度:$10V_{p-p}$

1.9.5 扫描输出阻抗:600 Ω

1.10 频率计

1.10.1 测量范围:10 Hz~100 MHz

1.10.2 输入阻抗:1 MΩ/20 pF

1.10.3 灵敏度:100 mVrms

1.10.4 最大输入:150 V(AC+DC)(按下输入衰减)

1.10.5 输入衰减:20 dB

1.10.6 滤波器截止频率:约为100 kHz

1.10.7 测量误差:不大于 3×10^{-5} ±1个字

1.11 电源适应范围

1.11.1 电压:220 V ±10%

1.11.2 频率:50 Hz ±2 Hz

1.11.3 功率:25 VA(B系列),35 VA(C系列)

1.12 工作环境

1.12.1 温度:0~40 ℃

1.12.2 湿度:小于90% RH

1.12.3　大气压力:86 kPa ~ 104 kPa

1.13　尺寸:280 mm × 255 mm × 100 mm($l \times b \times h$)(B 系列)

1.14　重量:3 kg

2　工作原理

本仪器的方框图如图Ⅰ.4.11 所示。

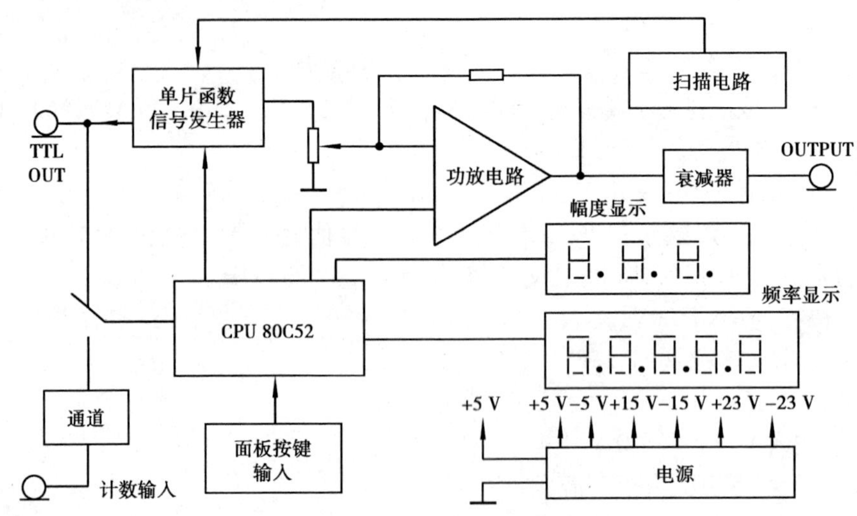

图Ⅰ.4.11　原理框图

2.1　波形发生电路

这部分电路由 MAX038 函数发生器及频率、占空比控制电路组成,波形的选择,频率、占空比的调节都是由单片机来控制。

2.2　单片机智能控制电路

该部分电路由单片机 80C52、面板按键输入、频率、幅度显示器及其他各种控制信号的输出及指示电路组成。其主要功能是:控制输出信号的波形,调节函数信号的频率,测量输出信号或外部输入信号的频率并显示,显示输出波形的幅度。

2.3　频率计数通道

该电路由宽带放大器及方波整形器组成,主要功能用于外测频率时对于信号的放大整形。

2.4　功率放大器

为了保证功率放大电路具有非常高的压摆率和良好的稳定性,功放电路采用双通道形式,整个功放电路具有倒相特性。

2.5　电源

本机采用 ±23, ±15, ±5, +5 V 共四组电源组成。±23 V 电源供功放使用, ±15, ±5 V 电源供波形发生电路使用, +5 V 电源主要供单片机智能控制电路使用。

3　结构特性

本仪器采用全金属结构,外形新颖美观,体积小,结构牢固,电路元件分别安装在 2 块印刷电路板上,各调整元件均置于明显位置,当仪器进行调整、维修时,拧下后面框下部的 2 个螺钉,拆去上、下盖板即可。

4　使用与维护

4.1 面板标志说明及功能如表Ⅰ.4.4、图Ⅰ.4.12、图Ⅰ.4.13 和图Ⅰ.4.14 所示。

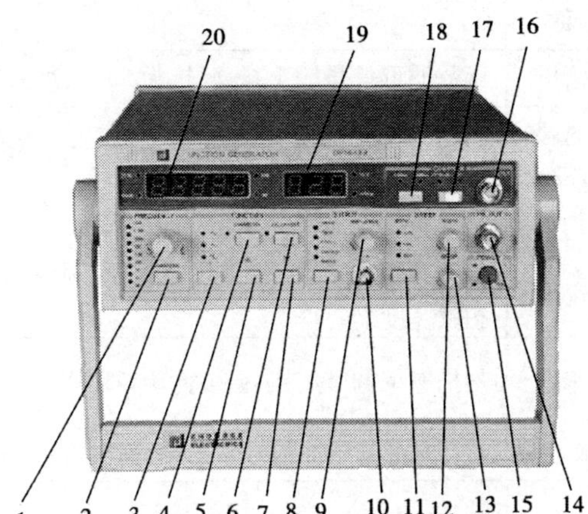

图Ⅰ.4.12 前面板

表Ⅰ.4.4

序号	面板标志	名 称	作 用
1		频率调节	频率调节按钮,顺时针调节使输出信号的频率提高,逆时针方向调节反之;当缓慢地调节此旋钮时,频率的变化率约为 0.1%,同时能根据调节的速率不同,能自动调整步进量
2	RANGE/Hz	频率范围选择	按住此按键,频率倍乘将从低→高→低循环,当所需频段的指示灯亮时,释放此按键即可,按一下此按键可改变信号的频段;与"1"配合选择输出信号频率
3		波形选择	按此按键可选择正弦波、三角波、方波,同时与此对应的指示灯亮;与"4"、"5"、"7"配合使用可选择正向或负向斜波,正向或负向脉冲波。
4	SYMMETRY	对称度	对称度控制按钮,指示灯亮时有效;对称度调节范围为 20∶80 ~ 80∶20
5	Δ	对称度直流偏置调节按钮	当对称度控制(指示灯亮)有效时或直流偏置(指示灯亮)有效时,按此按键可以改变波形的对称度或直流偏置;若对称度或直流偏置指示灯同时亮时,则此按键对最后一次选择的功能有效
6	DC OFFSET	直流偏置	输出信号直流偏置控制按钮,指示灯亮有效;直流偏置调节范围为 -10 ~ +10 V
7	∇	对称度直流偏置调节按钮	主要功能同"5",但调节方向与"5"相反
8		输出衰减	按此按键,可选择输出信号幅度的衰减量,分别为 0,20,40,60 dB。同时与此相对应的指示灯亮
9	AMPLITUDE	输出幅度调节	函数波形信号输出幅度调节旋钮与"8"配合,用于改变输出信号的幅度

续表

序号	面板标志	名　称	作　　用
10	OUTPUT	电压输出	函数波形信号输出端,阻抗为 50 Ω,最大输出幅度为 $20V_{p\text{-}p}$
11	MODE	扫频选择对数/线性/外扫描	扫频方式选择按钮,按一下按键可分别选择对数扫频,线性扫频,以及外接扫频
12	WIDTH	扫频宽度	扫频宽度调节旋钮,当仪器处于扫频状态时调节该旋钮,用以调节扫频宽度
13	SPEED	扫描速率	扫描速率调节旋钮,调节此旋钮用以改变扫描速率
14	TTL OUT	TTL 输出	TTL 电平的脉冲信号输出端,输出阻抗为 50 Ω
15	POWER	电源开关	按下开关,机内电源接通,整机工作。此键释放为关掉整机电源
16	INPUT	计数器输入	B 系列外测频率时,信号从此端输入;与“17”配合使用;C 系列此端子在后面板上
	OUTPUT	功率输出	C 系列的功率信号输出端,绿色发光二极管亮时,输出端有输出,最大输出功率为 5 Wmax,当输出信号频率高于 200 kHz 时,无信号输出
17	ATT20 dB LPF	衰减/低通滤波器	当计数选择外接时,当输入信号幅度较大时,按一下此键 ATT20 dB 指示灯亮有效;再按一下则 LPF 灯亮(带内衰减,截止频率约为 100 kHz)
18	10 MHz/100 MHz	计数选择 10 MHz/100 MHz	频率计的内测、外测选择按键,当 10,100 MHz 灯都不亮时为测量内部信号源的频率;当选择外测时,10 MHz 灯亮时外测频率范围为 10 Hz ~ 10 MHz;100 MHz 灯亮时外测频率范围为 10 MHz ~ 100 MHz;如输入端无信号,约 10 s 后,频率计显示为 0
19		输出信号幅度显示	显示输出信号幅度的峰-峰值(空载);若负载阻抗为 50 Ω 时,负载上的值应为显示值的二分之一,当需要输出幅度小于幅度电位器置于最大时的 1/10,建议使用衰减器;$V_{p\text{-}p}$,$mV_{p\text{-}p}$输出电压幅度的峰-峰值指示,灯亮有效
20		频率显示	显示输出信号的频率,或外测频率信号的频率;GATE 灯闪烁时,表示频率计正在工作,当输入信号的频率高于 100 MHz 时,OV. FL 灯亮。Hz,kHz 为频率单位指示,灯亮有效

4.2　后面板各部分的名称和作用

4.2.1　电源插座:为交流市电 220 V 输入插座。同时带有保险丝座,保险丝容量为0.5 A。

4.2.2　VCF IN/SWP OUT 端子

a. 外接电压控制频率输入端,输入电压为 -5 ~0 V。

b. 扫描信号输出端,当扫频方式选择为对数或线性时,扫描信号在此端子输出。

4.2.3　COUNTER IN:C 系列外测频率信号输入端。

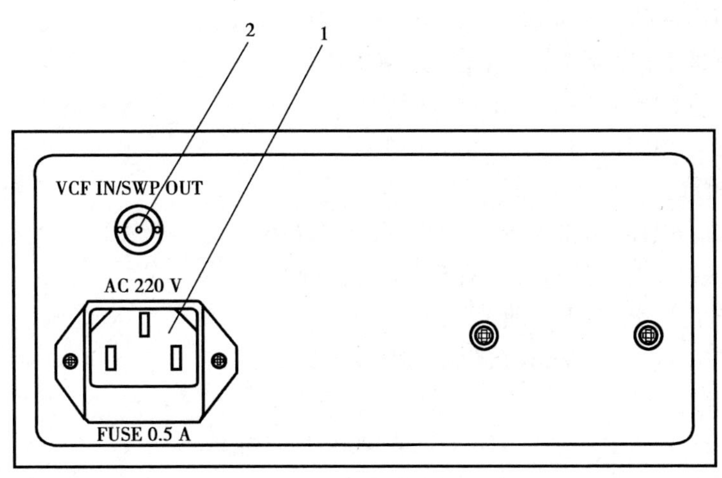

图Ⅰ.4.13　B 系列后面板

4.3　维护与校正:

本仪器在规定条件下可连续工作,由于采用大规模的集成电路,校正相对比较方便,为保持良好性能,建议每3个月左右校正一次,校正的顺序如下:

4.3.1　校失真

将仪器输出幅度旋至最大,波形选择正弦波,频率为1 kHz,将输出接至失真度计,调节RP101使失真符合技术要求。

4.3.2　校输出幅度

输出接示波器,在4.3.1状态,测此时输出幅度峰-峰值,调节RP103,使指示值与输出幅度符合技术要求。

4.3.3　校频率

将频率计置于"外接",将外部标准振荡器的10 MHz信号输入到"外接计数器"端口,调节C5使LED显示9 999.9 kHz。将标准振荡器的幅度调至100 mVrms,调节RP401使LED稳定显示9 999.9 kHz。

4.4　故障排除

故障排除应在熟悉仪器工作原理的情况下进行,根据故障的现象按工作原理初步分析出故障电路的范围,先排除直观故障,然后再以必要的手段对故障电路进行静态、动态检查,查出确切故障后再进行处理,使仪器恢复正常工作。

(3)DF2173B 型交流电压表使用说明

1　概述

本仪器是通用型电压表,适用于30 μV~300 V,5 Hz~2 MHz交流信号电压有效值的测量。

DF2173B为单通道单针毫伏表,测量精度高,输入阻抗高,且有监视输出功能,可作放大器使用。

2　技术参数

2.1　电压测量范围:100 μV~300 V

2.2　电压刻度:DF2173B

2.3　dB 刻度:-60 ~ +50 dB(0 dB = 1 V)(DF2173B)

2.4　电压测量工作误差:≤5%满刻度(400 Hz)

2.5　频率响应:100 Hz ~ 100 kHz　±5%

10 Hz ~ 1 MHz　±8%

2.6　输入阻抗:1 MΩ　45 pF

2.7　最大输入电压:不得大于 AC 450 V(DF2174B 不得大于 AC 150 V)

2.8　噪声:输入端良好短路时,低于满刻度值的 5%

2.9　监视输出(DF2172B 无此功能)

开路输出电压:1 Vrms(满刻度时)≤5%

输出阻抗:600 Ω

频率响应:50 Hz ~ 200 kHz ± 3 dB(400 Hz 基准)

失真系数:小于 3%(输入量程 1 V 挡)

2.10　电源:220 V ± 10%　50 ± 2 Hz

2.11　工作环境

环境温度:0 ~ +40 ℃

环境湿度:RH 不大于 90%

大气压力:86 ~ 104 kPa

3　工作原理

仪器由输入保护电路、前置放大器、衰减控制器、放大器、表头指示放大电路、监视输出放大器及电源组成。当输入电压过大时,输入保护电路工作,有效地保护了场效应管。衰减控制器用来控制各挡衰减的开通,使仪器在各量程挡均能高精度地工作。监视输出功能可使本仪器作放大器使用。直流电压由集成稳压器产生。

4　使用方法

4.1　前后面板控制说明如图Ⅰ.4.14 所示。

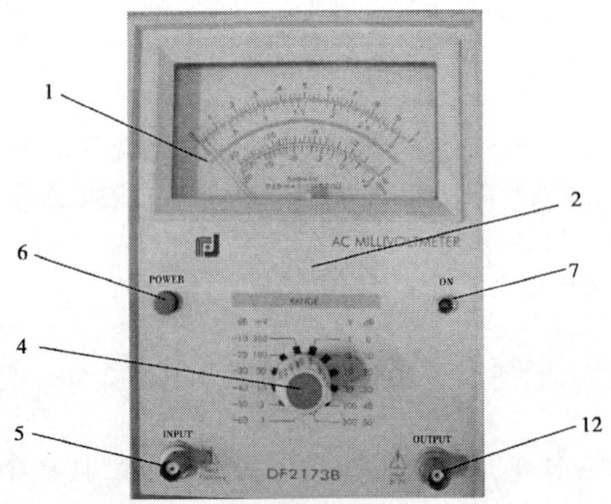

图Ⅰ.4.14

1—表头;2—机械零位调整;4—量程开关;5—通道输入;
6—电源开关;7—电源指示灯;12—监视输出正端

4.2　通电前,先调整电表指针的机械零位。

4.3　接通电源,按下电源开关,发光二极管灯亮仪器立刻工作。但为了保证性能稳定可预热 10 min 后使用,开机后 10 s 内指针无规则摆动数次是正常的。

4.4　先将量程开关置于适当量程,再加入测量信号。若测量电压未知,应将量程开关置最大挡,然后逐级减小量程。

4.5　当输入电压在任何一量程挡指示为满度时,监视输出端输出电压为 1 Vrms。

4.6　若要测量高电压时,输入端黑柄鳄鱼夹必须接在"地"端。

5　维护与校正

5.1　为了保证仪器正常工作,使用半年后应进行维护和校正。

5.2　仪器应在正常工作条件下使用,不允许在日光曝晒、强烈振动及空气中含有腐蚀性气体的场合下使用。

5.3　读数指示校正:将量程开关置于"1 mV"挡,输入 1 mV 标准信号,此时电压表应指示在满度值上,其误差在 ±3% 范围内即为合格,如超差则可适当调整 *RP*1,使表头指示符合技术要求。其余各"mV"挡级一般不需校正,如有超差则调整相应衰减挡级电阻即可。再将量程开关置于"3 V"挡(DF2173B 为"10 V"挡),输入 3 V(DF2173B 为 10 V)标准信号,调节电阻器 *R*2 及电容器 *C*2,使电压精度及频响均符合技术条件。

5.4　监视输出校正:将量程开关置于"100 mV"挡,输入 100 mV 标准信号,此时电压表指示满度,测量监视输出端,输出电压应为 1 Vrms,如超差可调正 *R*43,使其符合技术要求。

5.5　故障排除

排除故障应在熟悉电原理图的基础上进行,首先检查直流稳压电源(+15 V)是否正常,然后可用示波器观察后面板的监视输出来确定故障产生的部位,如监视输出是无信号或信号失真,则故障在前置放大或监视输出放大电路, 如监视输出正常而表头工作不正常,则表头放大电路发生故障。总之,仪器故障应从输入到输出逐级检查,发现哪一级发生故障, 应更换对应的晶体管和阻容元件。

(4) DF1731SLL3A 一种单路输出的直流稳定电源使用说明

DF1731SLL3A 是由二路可调输出电源和一路固定输出电源组成的高精度电源。其中,可调输出电源具有稳压与稳流自动转换功能,其电路由调整管功率损耗控制电路、运算放大器和带有温度补偿的基准稳压器等组成。因此,电路稳定可靠,电源输出电压能从 0 ~ 标称电压值之间任意调整,在稳流状态时,稳流输出电流能从 0 ~ 标称电流值之间连续可调。在双路输出时二路可调电源间又可以任意进行串联或并联,在串联和并联的同时又可由一路主电源进行电压或电流(并联时)跟踪。串联时最高输出电压可达两路电压额定值之和、并联时最大输出电流可达两路电流额定值之和。另一路固定输出 5 V 电源,控制部分是由单片集成稳压器组成。三组电源均具有可靠的过载保护功能,输出过载或短路都不会损坏电源。本电源具有体积小,性能好,款式新颖等特点。

表 I.4.5

型　号		DF1730SL5A	DF1730SL10AT	DF1731SL2A	DF1731SLL3A
额定输出	电压	0 ~ 30 V	0 ~ 36 V	2 ×0 ~ 30 V	2 ×0 ~ 30 V
	电流	0 ~ 5 A	0 ~ 10 A	2 ×0 ~ 2 A	2 ×0 ~ 3 A
重 量		5.5 kg	12 kg	10 kg	11.2 kg

1　技术参数

1.1　输入电压:AC220 V ±10% 50 Hz ±2 Hz

1.2　双路可调整电源

1.2.1　额定输出电压:见表Ⅰ.4.5(连续可调)

1.2.2　额定输出电流:见表Ⅰ.4.5(连续可调)

1.2.3　电源效应:$CV \leq 2\times10^{-4}+1$ mV

$CC \leq 5\times10^{-3}+3$ mA

1.2.4　负载效应:$CV \leq 1\times10^{-4}+2$ mV

$CV \leq 5\times10^{-4}+2$ mV(额定电流大于5 A)

$CC \leq 5\times10^{-3}+5$ mA

1.2.5　纹波与噪声:CV≤1 mV(rms)

CC≤3 mA(rms)

CC≤5 mA(rms)(额定电流大于5 A)

1.2.6　保护:电流限制及短路保护,并能自动恢复。

1.2.7　指示表头:

3位半数字电压表和电流表

精度:±1% +2个字

1.2.8　其他:双路电源可进行串联和并联,串、并联时可由一路主电源进行输出电压调节,此时从电源输出电压严格跟踪主电源输出电压值。并联稳流时也可由主电源调节稳流输出电流,此时从电源输出电流严格跟踪主电源输出电流值。

1.3　固定输出电源

1.3.1　额定输出电压:5 V ±3%

1.3.2　额定输出电流:3 A

1.3.3　电源效应:$\leq 1\times10^{-4}+1$ mV

1.3.4　负载效应:$\leq 1\times10^{-3}$

1.3.5　纹波与噪声:≤1 mV(rms)

1.3.6　保护:电流限制及短路保护

1.4　工作环境

1.4.1　温度:0 ~ +40 ℃

1.4.2　相对湿度:最大RH85%

1.5　工作时间:8小时连续工作

2　工作原理

可调电源由整流滤波电路;辅助电源电路;基准电压电路;稳压、稳流比较放大电路;调整电路及稳压稳流取样电路等组成。其方框图如图Ⅰ.4.15所示。

当输出电压由于电源电压或负载电流变化引起变动时,则变动的信号经稳压取样电路与基准电压相比较,其所得误差信号经比较放大器放大后,放大电路控制调整管使输出电压调整为给定值。因为比较放大器由集成运算放大器组成,增益很高,因此,输出端有微小的电压变动,也能得到调整,以达到高稳定输出的目的。

稳流调节与稳压调节基本一样,因此,同样具有高稳定性。

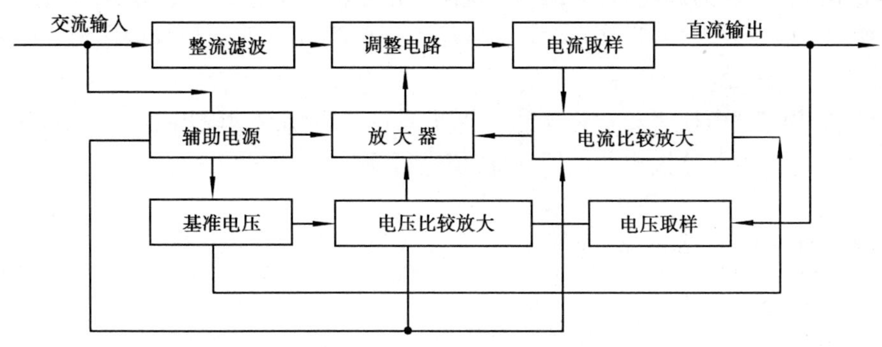

图Ⅰ.4.15

以 DF1731SL3A 为例,电路内各主要元件的作用如下:

输入的 220 V 50 Hz 交流市电,经变压器降压后分别供给主回路整流器和辅助电源整流器。主回路整流器是通过变压器绕组选择电路(即调整管功率损耗控制电路)接到与输出电压相对应的变压器绕组上。整流滤波电路由 $V_7 \sim V_{10}$,C_6所构成,采用桥式整流,大容量电容滤波,因此,输出的直流电压交流分量较少。

辅助电源是由 N_3,$V_1 \sim V_4$,V_6,$C_1 \sim C_3$及有关电阻构成辅助电源电路,它主要作为集成运算放大器正负电源和 V_5集成基准稳压器使用。变压器绕组选择电路是由 N_4(LM324 四运算放大器)、$V_{23} \sim V_{28}$,$R_{20} \sim R_{34}$,$K_1 \sim K_2$等组成,稳压电源的输出电压经电阻分压,分别加到二个运算放大器的同相端,二个运算放大器的反相端分别接 2 个基准电压,当输出电压在 0 ~ 7.5 V,7.5 ~ 15 V,15 ~ 22.5 V,22.5 ~ 30 V 范围变化时,2 个运算放大器的输出有 4 种不同的组合,即 K_1,K_2继电器有 4 种不同的通断组合,也就是使加在主整流滤波回路上的交流电压有 4 个不同的值,它们与稳压电源的输出电压相对应,当输出电压高时交流电压高,当输出电压低时交流电压也相应的低。从而保证了大功率调整管的功耗不会过高。

基准电压电路是由 V_5和 R_1,C_4组成,由辅助电源产生的 +12 V 电压经过限流电阻 R_1在带有温度补偿的集成稳压器上产生,因此,基准电压非常稳定。

输出电压取样、电压比较放大电路是由 N_1电压比较器和有关电阻电容等组成。取样电压直接取自输出接线端子 X_2,接到 N_1电压比较放大器的反相端。基准电压经由电阻 R_{16},电位器 RP_2,RP_5分压后接到 N_1电压比较器的同相端。由于是二级稳压且带有温度补偿,因此,该基准电压具有很好的稳定性。RP_5电位器是装在面板上,调节 RP_5电位器的阻值就可以改变比较放大器同相输入端的基准值,从而起到调节输出电压值的作用。

稳流取样及比较放大电路是由 N_2和电阻 $R_9 \sim R_{12}$及电位器 RP_1,RP_4等组成。输入运算放大器 N_2反相端的电压是输出电流流过 R_{10},R_{12}后产生的电压降,因此,N_2运算放大器反相输入端电压高低反映了输出电流的大小。同相端的输入电压是由基准电压分压后产生的。当同相端电压高于反相端电压时,运算放大器输出高电平,稳流电路不起作用,电源处于稳压状态。当同相端电压低于反相端电压时,运算放大器输出低电平,稳流电路起作用,电路进入稳流状态。例如,负载电阻减小时,输出电流就要增加,同 R_{10},R_{12}电阻两端的电压降也将增大,即运算放大器 N_2反相端输入电压上升,由于同相端基准电压未变,因此,运算放大器输出端电压将下降,使输出电压降低,从而保证了输出电流恒定。因此,改变 RP_4的阻值即改变了基准电压,就可以改变恒定输出电流值。

V_{17},V_{18}是两只并联的调整管,为维持一定的输出电流且保证足够的功率,选择了具有相同参数的大功率三极管并联,并且在发射极串入了均衡电阻(R_{10},R_{12})以免因电流分配不均而损坏调整管。

本电源采用电压、电流表或三位半数字电压、电流表各两只对输出电压和电流进行适时显示。因此,可以适时对各路输出的电压、电流值进行观察。

3 使用方法

面板排列如图Ⅰ.4.16所示。

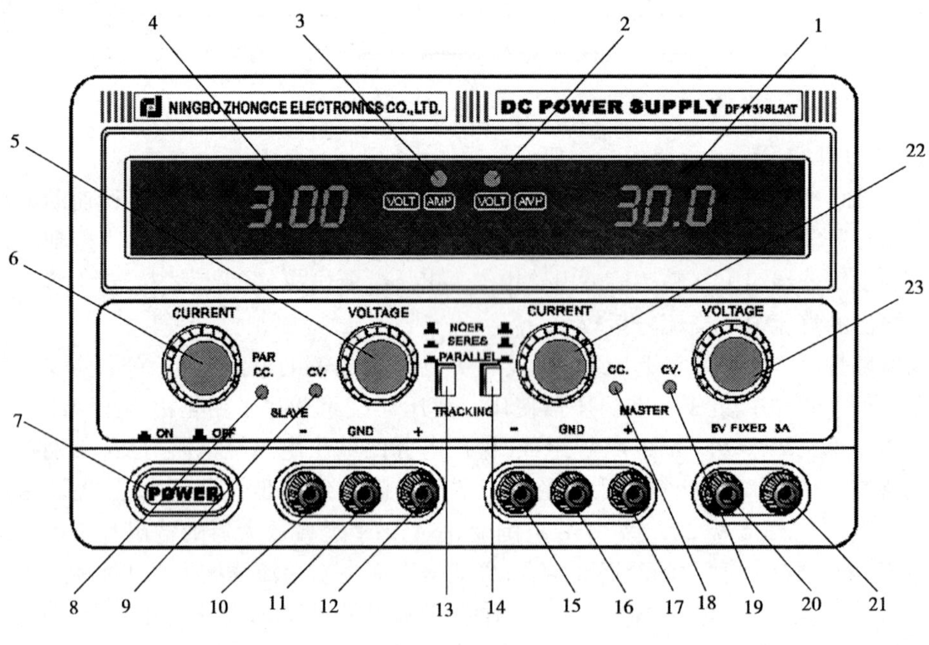

图Ⅰ.4.16

3.1 面板各元件的作用

3.1.1 单路电源

①电压显示:指示输出电压。

④电流显示:指示输出电流。

⑤输出电压粗调调节旋钮:粗调输出电压值。

⑥稳流电流粗调调节旋钮:粗调限流保护点。

⑦电源开关:当此电源开关被置于“ON”时(即开关被揿下时),机器处于“开”状态,此时稳压指示灯亮或稳流指示灯亮。反之,机器处于“关”状态(即开关弹起时)。

⑧稳流指示:当机器处于稳流状态时,此指示灯亮。

⑨稳压指示:当机器处于稳压状态时,此指示灯亮。

⑩输出负端:接负载负端。

⑪机壳接地端:机壳接大地。

⑫输出正端:接负载正端。

⑬稳流电流细调调节旋钮:细调限流保护点。

⑭输出电压细调调节旋钮:细调输出电压值。

3.1.2 多路电源

①数字电表:指示主路输出电压、电流值。

②主路输出指示选择开关:选择主路的输出电压或电流值。

③从路输出指示选择开关:选择从路的输出电压或电流值。

④数字电表:指示从路输出电压、电流值。

⑤从路稳压输出电压调节旋钮:调节从路输出电压值。

⑥从路稳流输出电流调节旋钮:调节从路输出电流值(即限流保护点调节)。

⑦电源开关:当此电源开关被置于“ON”时(即开关被揿下时),机器处于“开”状态,此时稳压指示灯亮或稳流指示灯亮。反之,机器处于“关”状态(即开关弹起时)。

⑧从路稳流状态或二路电源并联状态指示灯:当从路电源处于稳流工作状态时或二路电源处于并联状态时,此指示灯亮。

⑨从路稳压状态指示灯:当从路电源处于稳压工作状态时,此指示灯亮。

⑩从路直流输出负接线柱:输出电压的负极,接负载负端。

⑪机壳接地端:机壳接大地。

⑫从路直流输出正接线柱:输出电压的正极,接负载正端。

⑬二路电源独立、串联、并联控制开关。

⑭二路电源独立、串联、并联控制开关。

⑮主路直流输出负接线柱:输出电压的负极,接负载负端。

⑯机壳接地端:机壳接大地。

⑰主路直流输出正接线柱:输出电压的正极,接负载正端。

⑱主路稳流状态指示灯:当主路电源处于稳流工作状态时,此指示灯亮。

⑲主路稳压状态指示灯:当主路电源处于稳压工作状态时,此指示灯亮。

⑳固定5 V直流电源输出负接线柱:输出电压负极,接负载负端。

㉑固定5 V直流电源输出正接线柱:输出电压正极,接负载正端。

㉒主路稳流输出电流调节旋钮:调节主路输出电流值(即限流保护点调节)。

㉓主路稳压输出电压调节旋钮:调节主路输出电压值。

3.2 使用

3.2.1 可调电源独立使用。

3.2.1.1 将⑬和⑭开关分别置于弹起位置(即▁▆▁位置)(多路电源)。

3.2.1.2 可调电源作为稳压源使用时,首先应将稳流调节旋钮⑥、㉔(细调)和㉒顺时针调节到最大,然后打开电源开关⑦,并调节电压调节旋钮⑤、㉕(细调)和㉓,使输出直流电压至需要的电压值,此时稳压状态指示灯⑨和⑲发光。

3.2.1.3 可调电源作为稳流源使用时,在打开电源开关⑦后,先将稳压调节旋钮⑤、㉕(细调)和㉓顺时针调节到最大,同时将稳流调节旋钮⑥、㉔(细调)和㉒反时针调节到最小,然后接上所需负载,再顺时针调节稳流调节旋钮⑥、㉔(细调)和㉒,使输出电流至所需要的稳定电流值。此时稳压状态指示灯⑨和⑲熄灭,稳流状态指示灯⑧和⑱发光。

3.2.1.4 在作为稳压源使用时稳流电流调节旋钮⑥、㉔(细调)和㉒一般应该调至最大,但是本电源也可以任意设定限流保护点。设定办法为:打开电源,反时针将稳流调节旋钮⑥、㉔(细调)和㉒调到最小,然后接上负载,并顺时针调节稳流调节旋钮⑥、㉔(细调)和㉒,使输出电流等于所要求的限流保护点的电流值,此时限流保护点就被设定好了。

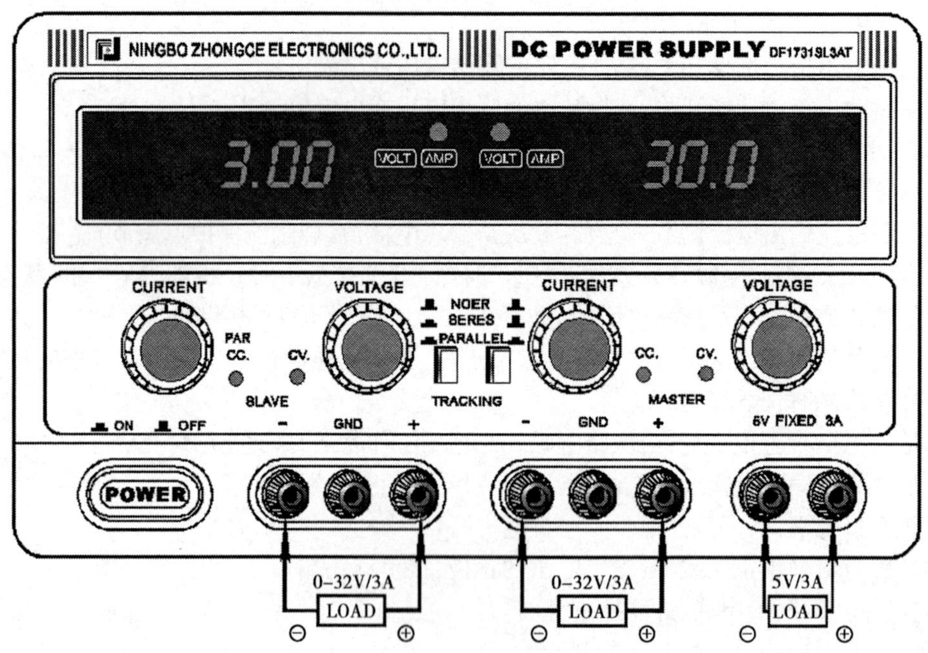

图Ⅰ.4.17

3.2.1.5　若电源只带一路负载时,为延长机器的使用寿命减少功率管的发热量,请将负载接在主路电源上。

3.2.2　双路可调电源串联使用

3.2.2.1　将开关⑬按下(即▬位置)⑭开关置于弹起(即▙位置)此时调节主电源电压调节旋钮㉓,从路的输出电压严格跟踪主路输出电压。使输出电压最高可达两路电流的额定值之和(即端子⑩和⑰之间电压)。

3.2.2.2　在两路电源串联以前应先检查主路和从路电源的负端是否有联接片与接地端相联,如有则应将其断开,不然在两路电源串联时将造成从路电源的短路。

3.2.2.3　在两路电源处于串联状态时,两路的输出电压由主路控制但是两路的电流调节仍然是独立的。因此,在两路串联时应注意电流调节旋钮⑥的位置,如旋钮⑥在反时针到底的位置或从路输出电流超过限流保护点,此时从路的输出电压将不再跟踪主路的输出电压。因此,一般两路串联时应旋钮⑥顺时针旋到最大。

3.2.2.4　在两路电源串联时,如有功率输出则应用与输出功率相对应的导线将主路的负端和从路的正端可靠短接。因为机器内部是通过一个开关短接的,因此,当有功率输出时短接开关将通过输出电流。长此下去将无助于提高整机的可靠性。

3.2.3　双路可调电源并联使用

3.2.3.1　将开关⑬按下(即▬位置)⑭开关也按下(即▬位置)此时两路电源并联,调节主电源电压调节旋钮㉓,两路输出电压一样。同时从路稳流指示灯⑧发光。

3.2.3.2　在两路电源处于并联状态时,从路电源的稳流调节旋钮⑥不起作用。当电源做稳流源使用时,只需调节主路的稳流调节旋钮㉒,此时主、从路的输出电流均受其控制并相同。其输出电流最大可达二路输出电流之和。

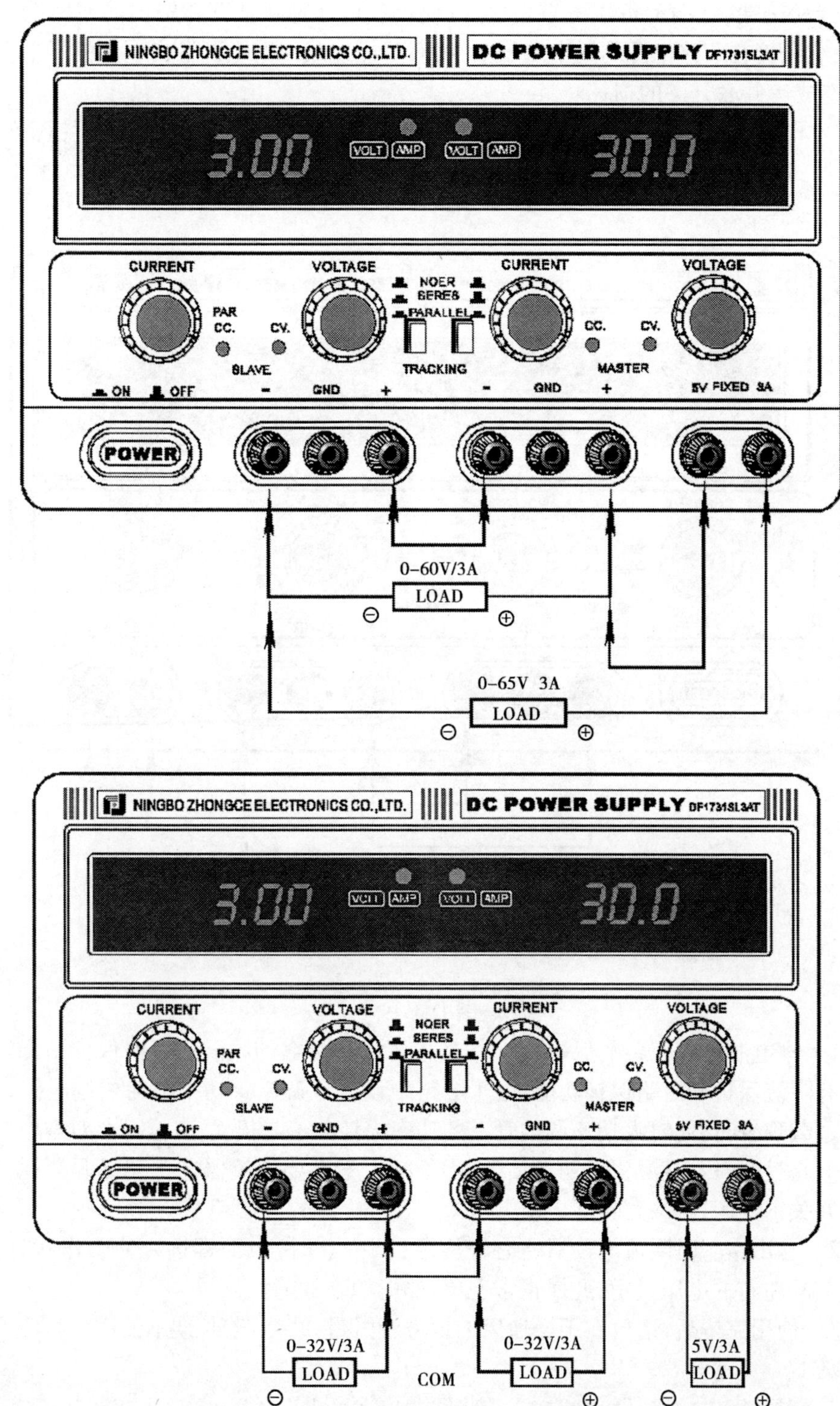

图 I .4.18

3.2.3.3　在两路电源并联时,如有功率输出则应用与输出功率对应的导线分别将主、从电源的正端和正端、负端和负端可靠短接,以使负载可靠地接在两路输出的输出端子上。不然,如将负载只接在一路电源的输出端子上,将有可能造成两路电源输出电流的不平衡,同时,也有可能造成串并联开关的损坏。

3.3　本电源的输出指示为三位半,如果要想得到更精确值需在外电路用更精密测量仪器校准。

3.4　注意事项

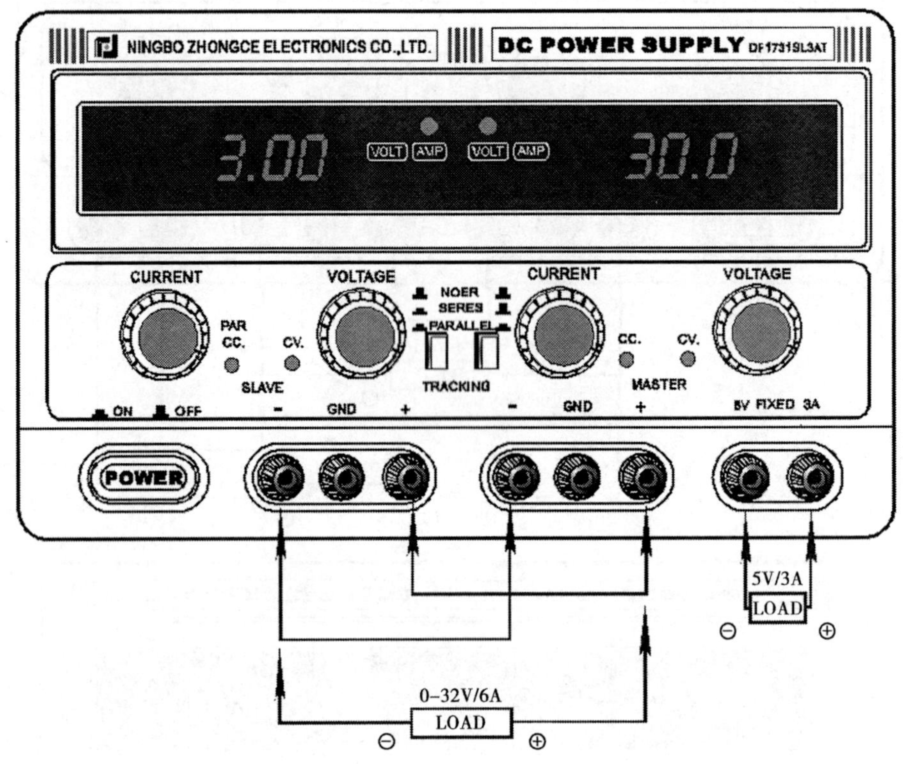

图Ⅰ.4.19

3.4.1　本电源设有完善的保护功能,5 V 电源具有可靠的限流和短路保护功能。两路可调电源具有限流保护和短路保护功能,由于电路中设置了调整管功率损耗控制电路,因此,当输出发生过载现象时,此时大功率调整管上的功率损耗并不是很大,完全不会对本电源造成任何损坏。但是过载时本电源仍有功率损耗,为了减少不必要的机器老化和能源消耗,因此,应尽早发现并关掉电源,将故障排除。

3.4.2　输出空载时限流电位器逆时针旋足(调为 0 时)电源即进入非工作状态,其输出端可能有 1 V 左右的电压显示,此属正常现象,非电源之故障。

3.4.3　使用完毕后,请放在干燥通风的地方,并保持清洁,若长期不使用应将电源插头拔下后再存放。

3.4.4　对稳定电源进行维修时,必须将输入电源断开。

3.4.5　因电源使用不当或使用环境异常及机内元器件失效等均可能引起电源故障,当电源发生故障时,输出电压有可能超过额定输出最高电压,使用时务请注意!谨防造成不必要的负载损坏。

3.4.6　三芯电源线的保护接地端,必须可靠接地,以确保使用安全!

附录Ⅰ.5　模拟电路实验箱使用说明

(1)MS3 电源板使用说明

本电源板是根据 MS3 和 DMS2 模拟数字实验箱所作实验需用的电压和信号而设计的,仅适用于本实验箱使用。

1)当接通 220 V,50 Hz 交流电压后,本电源可输出:

① +5 V(0.6 A)固定稳定电压;

② ±12 V(0.6 A)固定稳定电压;

③ ±2 ~ ±15 V(0.4 A)可调稳定电压。

在使用过程中,如有短路或过载时,本电源有自动保护,同时相应的指示灯熄灭,还有声音报警,故障排除后自动恢复工作。

在电源板接通电源后,同时还可以为实验提供所需的两种信号。

2)两组 -5 ~ +5 V 直流电压信号连续可调,可作电平使用,不能作电源使用。

3)函数信号发生器(简易型)的频率变化范围为 1 Hz ~ 100 kHz,分五挡粗调和细调。可提供方波、三角波和正弦波。

①方波:幅度大于 8 V,占空比近似 50%,当频率大于 50 kHz 时,方波前后沿随频率增加而响应变差。

②三角波:幅度大于 6 V。

③正弦波:幅度为 4 V,失真度小于 10%。

如需用小信号(一至几 mV)时,若信号源无衰减,为减小干扰和容易调试,可用 680 Ω 电位器分压获得,如图Ⅰ.5.1 所示。

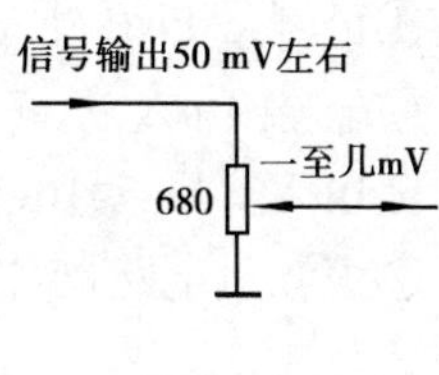

图Ⅰ.5.1

(2)模拟电路实验箱底板使用说明

①本实验板地线除整流、滤波、稳压部分外,其他各部分地线都是连通的。

②并联稳压实验采用 8.2 V 稳压管,最大输出电流为 15 mA。

③交流放大电路中采用的三极管为 9011,$\beta = 70 \pm 5$。

④运放Ⅰ,Ⅱ采用集成运 741,正负电源有二极管保护。

⑤作集成功率放大实验时,必须将 8 Ω 扬声器与 20 Ω 电阻串联(20 Ω 电阻在 OCL 功放电路的输出端),作 2030 放大器的负载,如图Ⅰ.5.2 所示,或者只用 20 Ω 电阻作负载。

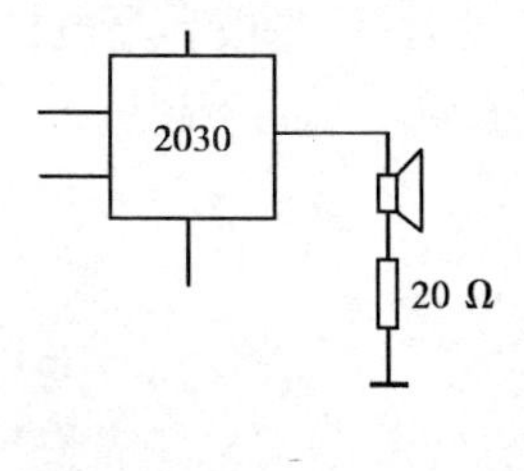

图Ⅰ.5.2

⑥实验的连线尽量短,否则会出现自激现象。

⑦实验板扩展区(在下边)的最下边一排元件插孔为 $\phi1$ 孔。可插较大的元件,其他元件插孔为 $\phi0.6$,可插一般常用元件。

附录Ⅰ.6　三极管β值测量电路

(1)实验目的

①学习元件的选择及用万用表检测电子器件。

②学习数码显示技术的基本原理与方法。

③学会电路调试技术。

(2)实验仪器及材料

①函数信号发生器(DF1641A 型)	1 台
②双踪示波器(COS5020C 型)	1 台
③交流电压表(DF2173B)	1 台
④模拟电路学习机	1 台
⑤数字万用表	1 只
⑥短导线	若干

(3)设计要求

1)简要说明

三极管的β值可由晶体管特性图示仪测量,但存在读数不直观、误差较大等缺点。因此,为了避免上述情况的出现,本题要求设计一个三极管β值数显示测量电路,用数码管和发光二极管显示出被测三极管的β值,因而读数直观,误差小。

2)设计要求

①可测量 PNP 硅三极管的直流电流放大系数β(设$\beta \leqslant 200$),测试条件如下:

a. $I_B = 10\ \mu A$,允许误差$\pm 2\%$。

b. $14\ V \leqslant V_{CE} \leqslant 16\ V$,且对于不同的β值的三极管,$V_{CE}$值基本不变。

②该测量电路制作好后,在测试过程中不需要进行手动调节,便可自动满足上述测试条件。

③用两只 LED 数码管和一只发光二极管构成数字显示器。发光二极管用来显示最高位,它的亮状态和灭状态分别代表 1 和 0,两只数码管分别用来显示个位和十位,即数字显示器可显示不超过 199 的正整数和零。

④测量座设有三极管的 3 个插孔,分别标 e,b,c。当被测三极管的发射极、基极和集电极分别插入 e,b,c 插孔时,打开电源后,数字显示器自动显示被测三极管β值,响应时间不超过 2 s。

(4)实验报告

①独立设计、组装、调试三极管的β值测量电路。

②写出实验的心得、体会。

附录Ⅰ.7　观察晶体管特性曲线电路

(1)实验目的

①了解晶体管共射极输出特性及工作原理。

②学习用555芯片与晶体管等元件组成简易的晶体管输出特性曲线观察电路。

③学会用万用表检测电子器件。

④学会电路调试技术。

(2)实验仪器及材料

①函数信号发生器(DF1641A型)	1台
②双踪示波器(COS5020C型)	1台
③交流电压表(DF2173B)	1台
④模拟电路学习机	1台
⑤ 数字万用表	1只
⑥短导线	若干

(3)设计要求

利用学过的模拟电子技术的知识,分别设计观察PNP(NPN)型晶体管的输出特性曲线的电路。

设计提示:

①用555芯片组成多谐振荡器,作为电路的方波发生器。

②用PNP,NPN型晶体管组成阶梯波发生器,作为被测晶体管的基极的输入信号。

③用R,C组成积分电路,产生锯齿波作为被测晶体管的集电极电压。

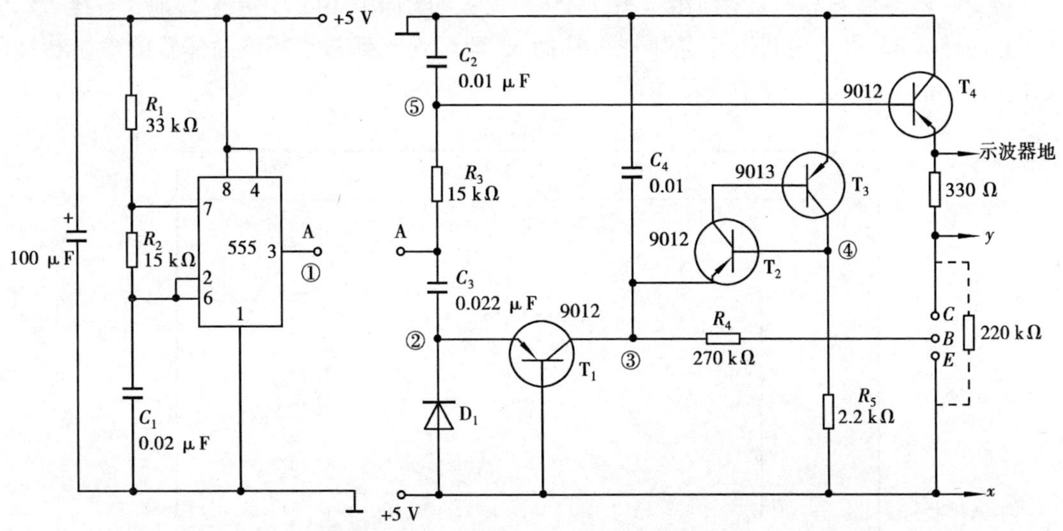

图Ⅰ.7.1　测试PNP型晶体管的输出特性曲线电路图

(4)参考电路

1)测试 PNP 型晶体管的输出特性曲线

由 555 芯片与晶体管等元件可以组成简易的 PNP 型晶体管输出特性曲线观察电路。电路如图Ⅰ.7.1 所示。电源选 5 V 直流电源,555 芯片与 $R1$,$R2$,$C1$ 组成无稳态多谐振荡器,振荡频率可由 $f=1.44/(R_1+2R_2)\times C1$ 计算,该电路的频率为 1.1 kHz,即 $A1$ 的 3 脚可输出频率为 1.1 kHz 的方波。

具体原理如下:C_3,D_1,T_1,T_2,T_3 及 C_4 为阶梯波发生器,C_4 上的充电电压使 T_3 导通,C_4 的充放电形成台阶,该电路可观察到若干个阶梯。经 R_4 加至被测晶体管的基极。由 C_2,R_3 组成的积分电路所产生的锯齿波经 t_4 射极随输出加至被测管的集电极。

调试各点波形参考:

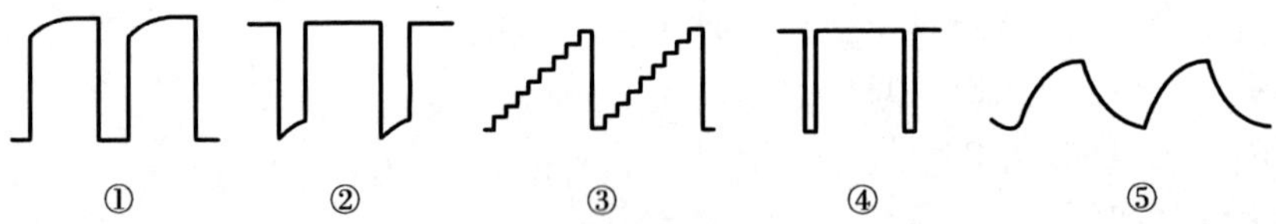

①测试各点波形

测试图中①~⑤点的各点波形,记录于表Ⅰ.7.1 中。

表Ⅰ.7.1

1	2	3	4	5

②曲线的观察

将双踪示波器调节到 x,y 使用状态,按图Ⅰ.7.1,分别将图中 x,y,示波器地 3 点接入示波器的相应输入端,将被测 PNP 型晶体三极管插入,即可观察到若干条该晶体管的输出特性曲线,将观测到的波形绘于表Ⅰ.7.2 中。

表Ⅰ.7.2

波　　形
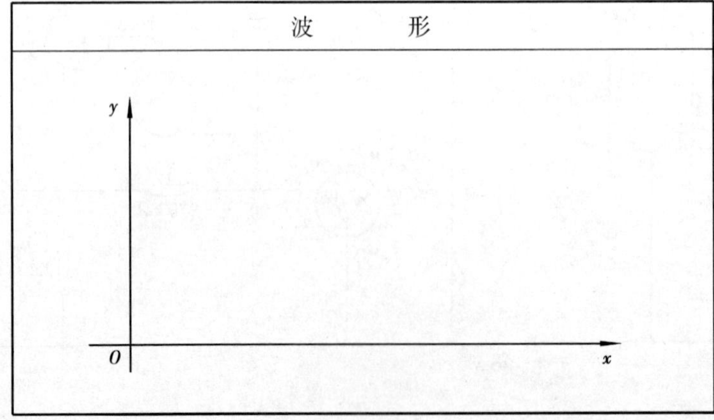

2)测试 NPN 型晶体管的输出特性曲线电路

若观察 NPN 型晶体管的输出特性曲线，将图 Ⅰ.7.1 电路中的 D_1，T_1，T_2，T_3，T_4 均更换极性相反的晶体管。同时注意供电电源的极性（555 电路除外），如图 Ⅰ.7.2 所示。

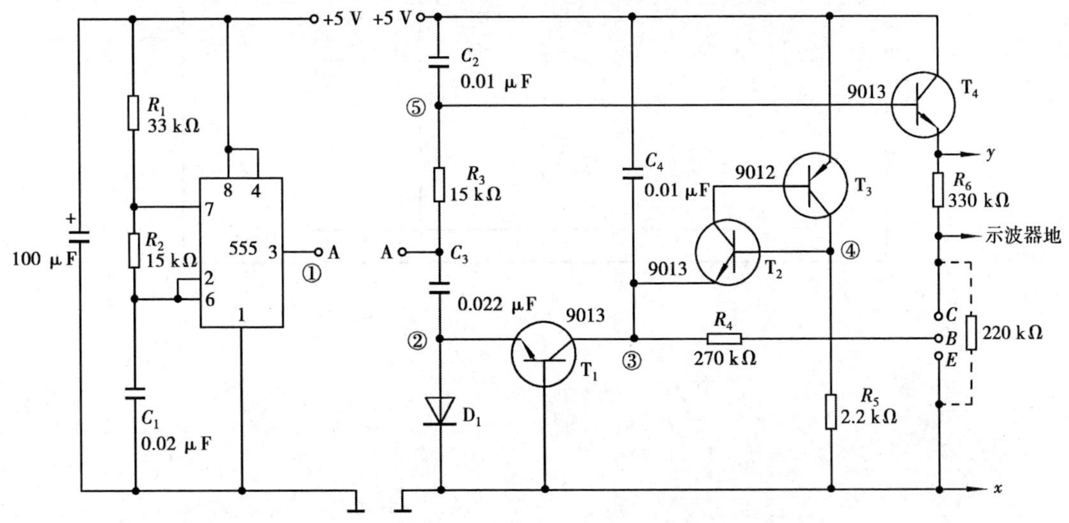

图 Ⅰ.7.2　测试 NPN 型晶体管的输出特性曲线电路图

调试各点波形参考：

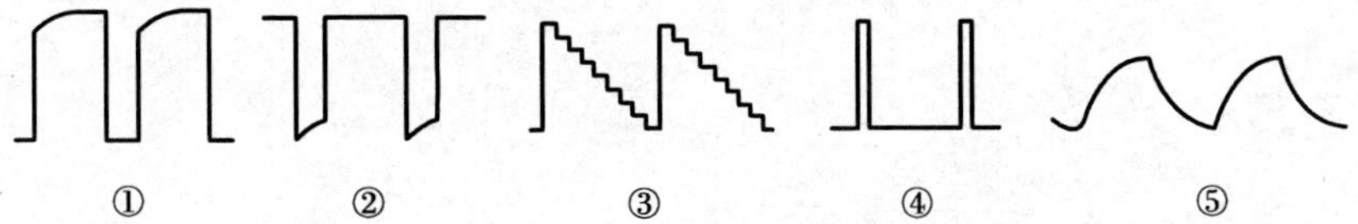

- 测试各点波形

测试图中①～⑤点的各点波形，记录于表 Ⅰ.7.3 中。

表 Ⅰ.7.3

1	2	3	4	5

- 曲线的观察

将双踪示波器调节到 x，y 使用状态，按图 Ⅰ.7.1，分别将图中 x，y，示波器地 3 点接入示波器的相应输入端，将被测 NPN 型晶体三极管插入，即可观察到若干条该晶体管的输出特性曲线，将观测到的波形绘于表 Ⅰ.7.4 中。

(5) 实验报告

①独立设计、组装、调试“观察 PNP（NPN）型晶体管的输出特性曲线的电路”。

②写出本实验的心得、体会。

表Ⅰ.7.4

波　　形
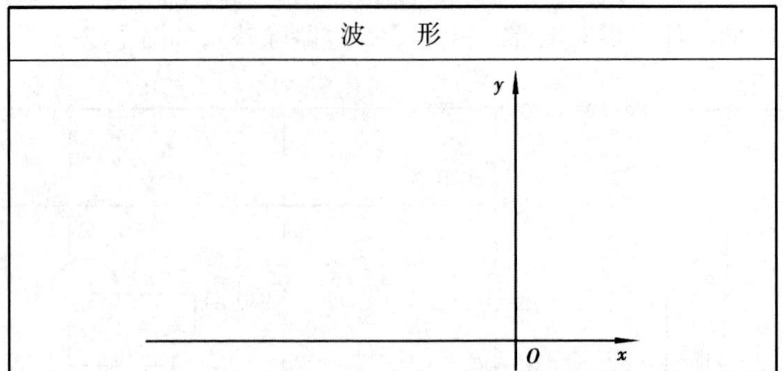

第2篇 模拟电路课程设计

第6章 音频域放大电路的设计

6.1 低频电子线路课程设计概述

(1)低频电子线路课程设计的课程性质

音频域(以下简称音频)放大电路是音频放大设备中电子线路的主要部分,也是模拟电路中最基本、应用最广泛的电路。许多其他功能的电路都是以它为基础,经过演变派生或组合而成的。因此,本课程设计选题为音频放大电路。

目前,尽管模拟集成电路已广泛应用在模拟电路的设计中,使之设计工作量大大简化。但本设计以教学训练为目的而侧重于分立元件电路,因为分立元件电路设计往往需要涉及更多的器件和电路的基本概念、工作原理和分析计算。此举对初学者而言是合适的,况且在采用集成块设计中也常常要配置必要的分立元件电路。

本课程设计是《低频电子线路》及《模拟电子技术基础》课程内具有较强综合性的电子技术应用型设计课程,这是一个极具特色的设计性教学环节。

(2)本课程设计的主要目的

①掌握音频放大电路的工作原理;

②掌握综合应用各种单元电路来设计小型电子系统的方法;

③掌握用 Pspice 软件进行单元电路和整机电路的绘制、仿真分析、调试和验证的方法;

④掌握元器件的选取原则和方法;掌握编写课程设计报告的步骤及方法;

⑤培养科学性、系统性及全面性的设计素质;开拓设计思路,增强理论与实践相结合的能力。

(3)本课程设计的教学要求

①每位学生必须在指导教师的指导下在 1 周内独立地完成课题要求,实现其全部功能(仿真实现),并在设计过程中能踊跃创新;

②每位学生必须在仿真实验室完成规定的任务,并提交一份完整的设计报告。

6.2 音频放大电路的设计原理

(1)音频放大电路的功能简介

音频放大电路是将由收音机、录音机、电唱机等电声设备输出的信号进行放大,以获得较大的额定输出功率(如 5,8,10,15 W 等)来推动扬声器工作,以便得到音质优美而且音量大小可调的声音信号。

另外,在设计中要求该装置能对其中的高频和低频信号(即常说的高低音)分别进行调节(如加强高音或衰减低音等);并且能够调节音量的大小。

(2)音频放大电路的设计思路及性能指标

1)设计思路

一般而言,电子设备中的执行机构(称为负载)若要正常工作,电子电路必须给它提供合格的电功率。音响设备中的音频放大电路,其功能就是将经传感器(如话筒、拾音器等)变换而来的微弱电信号“放大”为执行机构(扬声器)工作所要求的电信号值。

既然设计的是放大电路,就是要形成一条从信号输入端到输出端的放大通路,使被放大的音频信号能够按自己的设计要求放大输出到扬声器。因此,一般来说,设计可以顺着信号流程分为 4 部分来做,这 4 部分分别是:输入级、中间级、推动级和偏置电路。然后,在主要电路的基础上,根据个人的特殊要求增加一些特定功能的电路。

2)性能指标

音频放大电路的性能指标如表 6.2.1 所示:

表 6.2.1

性能指标	举 例
额定输出功率 P_o	$P_o \geqslant 6$ W
负载阻抗 R_L	R_L(扬声器) = 8 Ω
频率响应:$f_L \sim f_H$	50 Hz ~ 20 kHz
音调控制:低频 f_{LX} 时,提升、衰减量(±γdB)	低音:10 Hz 时, ±12 ~ 30 dB
高频 f_{HX} 时,提升、衰减量(±γdB)	高音:100 kHz 时, ±12 ~ 30 dB
输入阻抗 R_i	≥500 kΩ
灵敏度 V_i(在一定的 R_i 值时)	在 $R_i \geqslant 500$ kΩ 时,$V_i \leqslant 10$ mV
非线性失真 γ	γ < 3%
其他	

(3)电路组成方框图

音频域放大电路应是一个可以输出较大功率的多级放大电路,电路设计的组成方框图如图 6.2.1 所示。

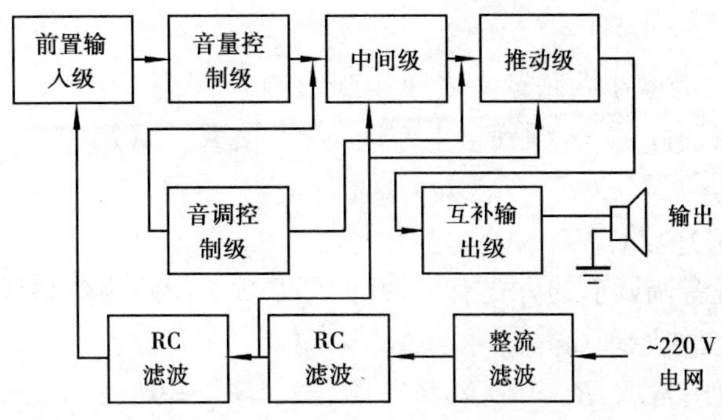

图 6.2.1

(4)每部分功能简介

方框图中各级是按从输入到输出所处位置来称呼的。从实际应用要求出发,可拟定多个设计音频放大电路必须满足的性能指标,如表 6.2.1 所示。不同位置的各级,对整个电路性能的贡献也有所不同,因此,对各级放大电路的性能要求也不相同,简述如下:

1)输入级

要求:输入阻抗高、噪声低、稳定性好、输出阻抗低,频带宽。

一般由结型场效应管组成共漏级放大电路,输入电阻高,输出电阻小,电压放大倍数接近于 1 的特点,后面再一级放大,整个 $A_v = 3 \sim 5$ 倍。

2)中间级

要求:放大倍数高,为整机的主要放大部分,同时具有高输入阻抗和低输出阻抗。而且,一般对高、低音的提升为 30 dB 左右,又由于同时要具有对高、低频的调节作用,就要考虑由电阻电容组成的选频网络,这一网络的选频作用可以使高、低音的提升和衰减均可达 30 dB。

3)推动级

要求:能给输出级提供所需要的激励信号幅值。

4)输出级

要求输出较大功率。

这一级的电压放大倍数一般约为3~5倍。常用乙类互补式功率放大电路,在激励信号作用下,高效率的为负载提供合格的功率。

同时,为保证有良好的低频特性,所有的耦合电容均足够大。由于级数多,高频又有提升,均需注意消振。另外设计还应考虑整机所需的正负直流电源,各级的RC去耦滤波电路,以避免各放大级间因电源电压波动而互相影响,并减小100 Hz的脉动。

5)在高中档音响设备中,为使功能完善、音质优良、音调可控制,一般还设置有多路混合放大级,音调控制级等。

(5)典型单元电路设计原理

1)根据原理框图,框图中的细节电路要求学生自行设计,包括每一元件的选取和参数的计算;同时进行仿真验算。

2)多路信号混合-放大

要求“混合”时,各路之间相互影响应尽可能小。常用“混合-放大”电路如图6.2.2(a)、(b)两种类型。

在图6.2.2(a)中,为减小两路输入之间相互影响,接入了R_1-C_1(R_2-C_2)。因输入级电路的输出电阻小,当一路调音量R_{w1}调到最上端时,若不接R_1-C_1(R_2-C_2),必然会使另一路输出信号受到严重的衰减。

3)音调调节(控制)电路

音响设备中,实现音调调节的方式有多种,如图6.2.3所示为典型反馈式音调调节电路。

音调调节电路的工作原理简介:

为了设计计算方便,常取:$R_1 = R_2 = R_3 = R, R_{w1} = R_{w2} = 9R, C_1 = C_2 \gg C_3$。

①低频区(低音)

因为$C_1 = C_2 \gg C_3$ 所以C_3-R_4支路可以近似视为开路,电路简化为图6.2.4。由于运放性能优良,图中忽略了R_3,又因前级输出电阻小,图中忽略了R_{w1}。

由图可以很直观地知道(定性分析):

当R_{w2}动点置于中点时,$\frac{\dot{V}_o}{\dot{V}_i} = 1$。

当R_{w2}动点移至A点时,$\frac{\dot{V}_o}{\dot{V}_i} > 1$,即对低频(低音)起提升作用。

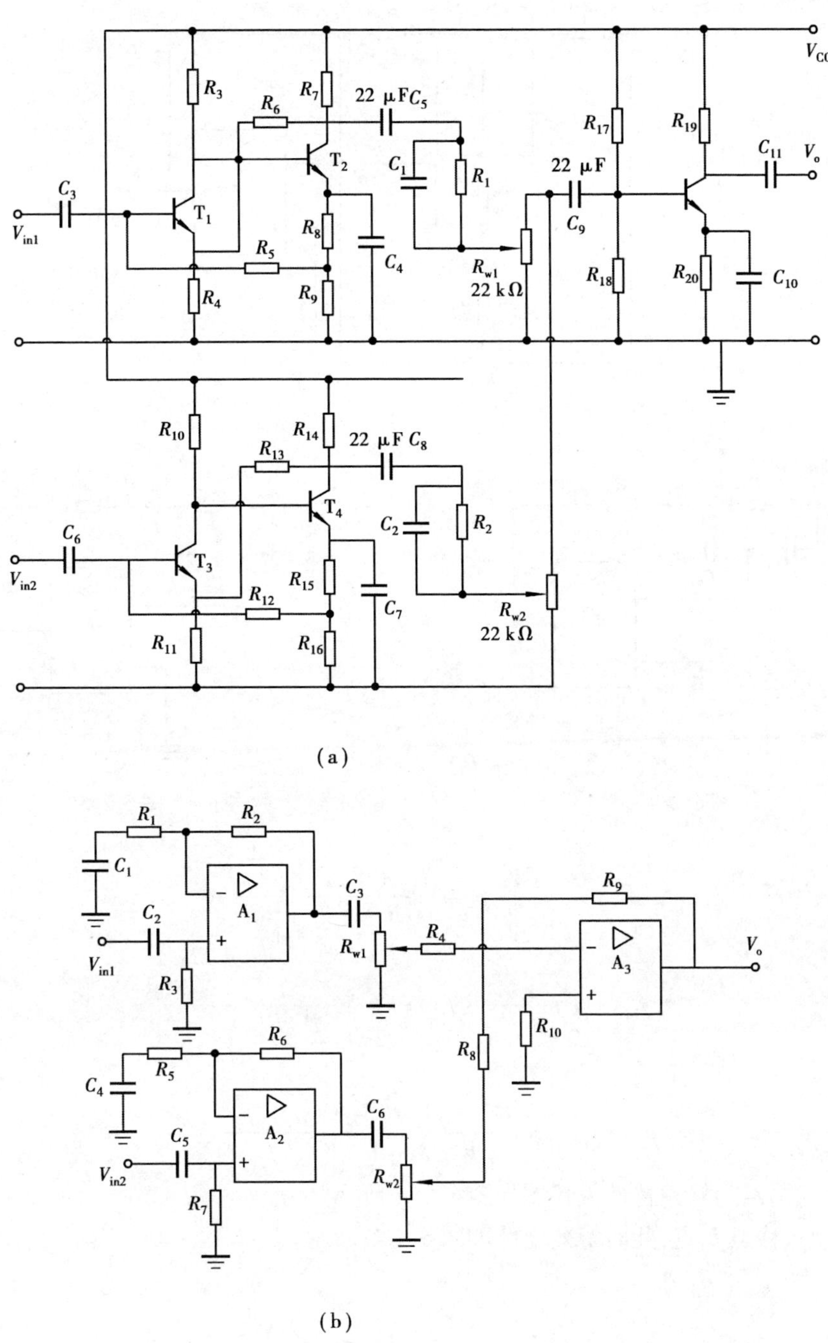

(a)

(b)

图6.2.2

当 R_{w2} 动点移至 B 点时，$\dfrac{\dot{V}_o}{\dot{V}_i}<1$，即对低频(低音)起衰减作用。

a. R_{w2} 动点移至 A 点：此时相应等效电路如图6.2.5所示。

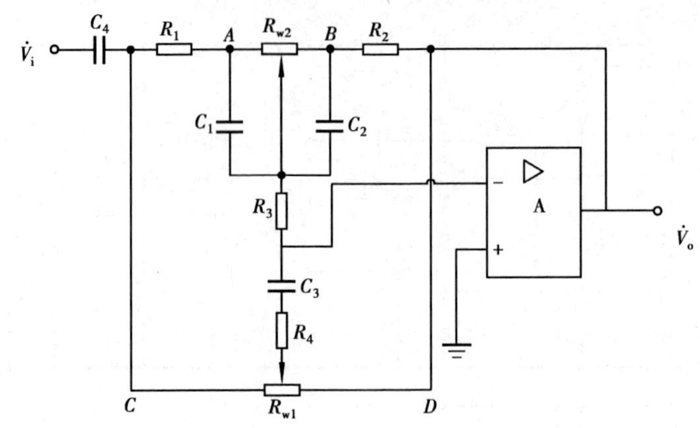

图 6. 2. 3

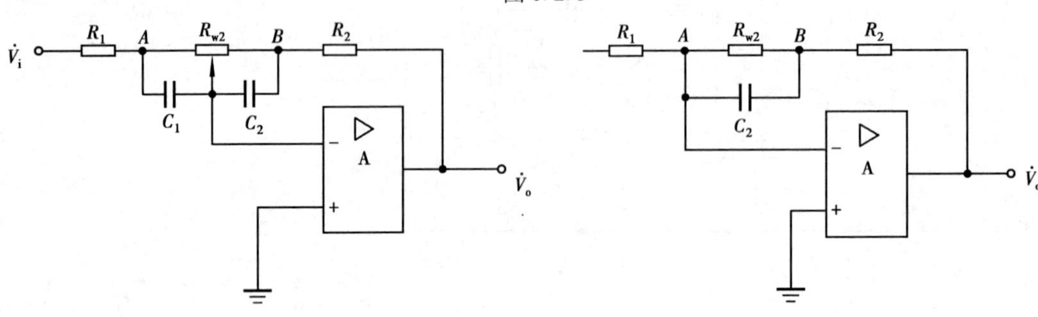

图 6. 2. 4　　　　图 6. 2. 5

$$\dot{A}_{vf} = \frac{\dot{V}_o}{\dot{V}_i} = -\frac{R_{w2}+R_2}{R_1}\frac{1+j\dfrac{f}{f_{L2}}}{1+j\dfrac{f}{f_{L1}}}$$

其中

$$f_{L1} = \frac{1}{2\pi R_{w2}C_2} \cdot f_{L2} = \frac{1}{2\pi\left(\dfrac{R_{w2}R_2}{R_{w2}+R_2}\right)\cdot C_2}$$

$$|\dot{A}_{vf}| = \frac{R_{w2}+R_2}{R_1}\sqrt{\frac{1+(f/f_{L2})^2}{1+(f+f_{L1})^2}}$$

图 6. 2. 5 电路的幅频特性波特图如图 6. 2. 6 所示。

b. R_{w2}动点移至 B 点:此时等效电路如图 6. 2. 7 所示。

由图可得

$$\dot{A}_{vf} = \frac{\dot{V}_o}{\dot{V}_i} = -\frac{R_2\left(1+j\dfrac{f}{f_{L2}}\right)}{(R_1+R_{w2})\left(1+j\dfrac{f}{f_{L1}}\right)}$$

$$f_{L1} = \frac{1}{2\pi R_{w2}C_1}, f_{L2} = \frac{1}{2\pi\left(\dfrac{R_1R_{w2}}{R_1+R_{w2}}\right)C_1}$$

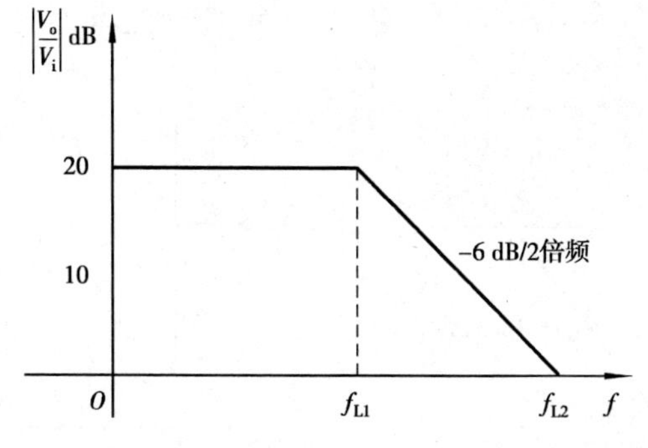

图 6.2.6

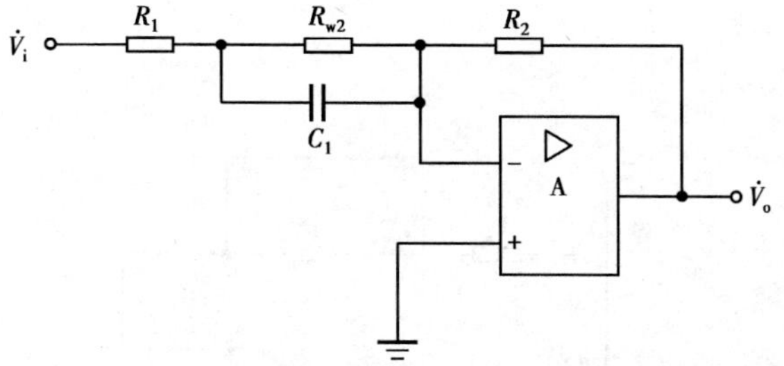

图 6.2.7

$$|\dot{A}_{vf}| = \frac{R_2}{R_1 + R_{w2}}\sqrt{\frac{1 + \left(\frac{f}{f_{L2}}\right)^2}{1 + \left(\frac{f}{f_{L1}}\right)^2}}$$

此时电路的幅频特性波特图如图 6.2.8 所示。

②高频区（高音）

此频区，C_1，C_2 视为短路，电路可以简化为图 6.2.9。为方便起见，再将电路变化为图 6.2.10，图中 R_c 的作用可以忽略。

其中，$R_a = R_b = R_c = 3R$。

由图 6.2.9 电路可以定性分析而知：

当 R_{w1} 动点置于中点时，$\frac{\dot{V}_o}{\dot{V}_i} = 1$。

当 R_{w1} 动点移至 C 点时：$\left|\frac{\dot{V}_o}{\dot{V}_i}\right| > 1$，最大值为 $\frac{R_b}{R_a /\!/ R_4}$，即电位器动点移向 C 端（左移），对高音起提升作用，相应的等效电路如图 6.2.11（a）所示。

当 R_{w1} 动点移至 D 点时：$\left|\frac{\dot{V}_o}{\dot{V}_i}\right| < 1$，最小值为 $\frac{R_b /\!/ R_4}{R_a}$，即对高音起衰减作用，等效电路为图 6.2.11（b）。

此时通过对电路的定量分析，可得

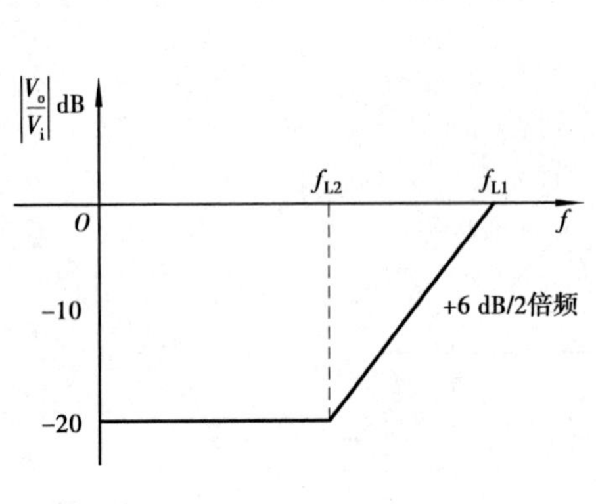

图 6. 2. 8

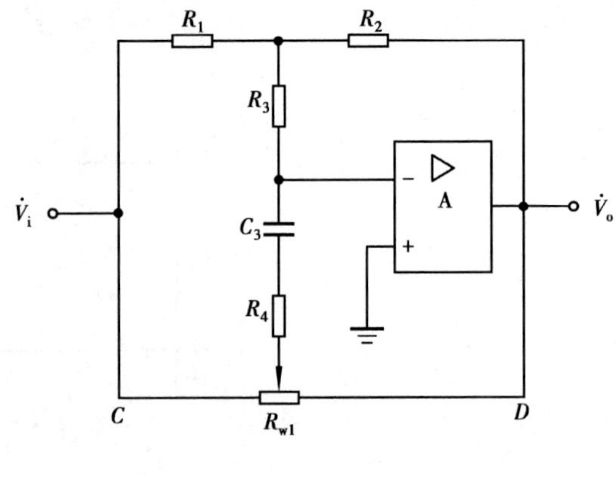

图 6. 2. 9

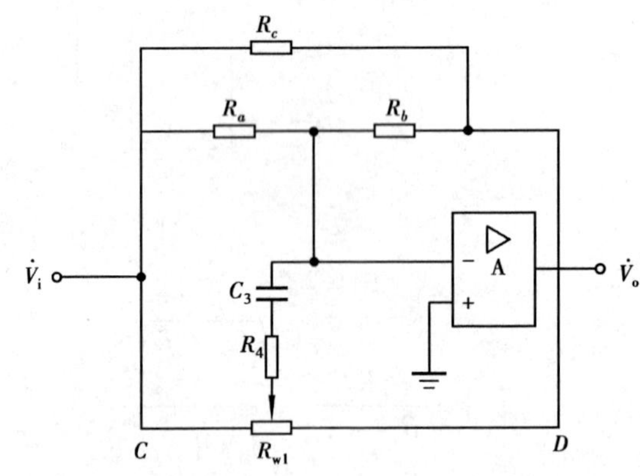

图 6. 2. 10

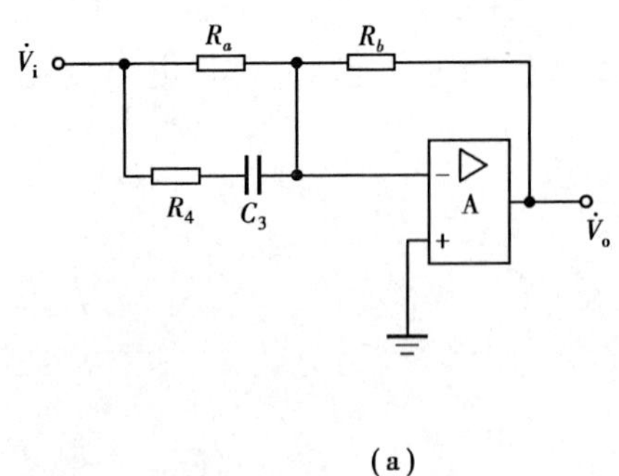

(a)

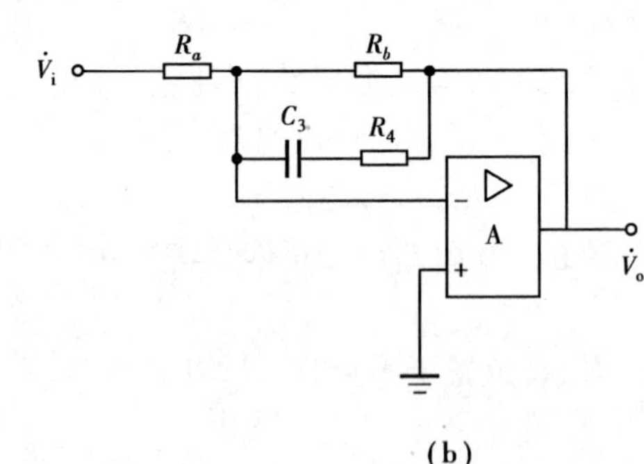

(b)

图 6. 2. 11

高音最大提升量为 $\frac{R_b}{R_a /\!/ R_4}=\frac{R_4+3R}{R_4}$

高音最大衰减量为 $\frac{R_b /\!/ R_4}{R_a}=\frac{R_4}{R_4+3R}$

其中,有两个转折频率,分别为

$$f_{H1}=\frac{1}{2\pi C_3(R_a+R_4)}$$

$$f_{H2} = \frac{1}{2\pi C_3 R_4}$$

只要适当选取 R_4 值，就可以得到与低频区相同的幅频特性曲线，斜率也可为 ±6 dB/2 倍频，如图 6.2.12 所示：

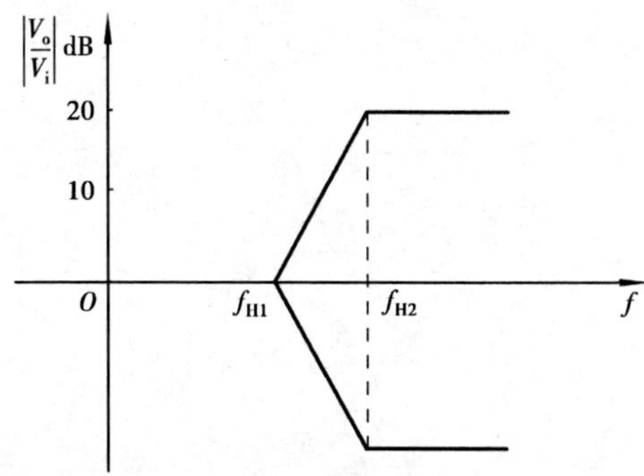

图 6.2.12

下面表示在高、低音均调至最大提升和衰减时的幅频特性波特图的总曲线，图中虚线表示音调调节过程中曲线的变化情况。

该曲线的变化规律表明：

反馈型音调调节电路的特点是：当 $f_{L1} < f_{Lx} < f_{L2}$，$f_{H1} < f_{Hx} < f_{H2}$ 时，斜率为 ±6 dB/2 倍频。

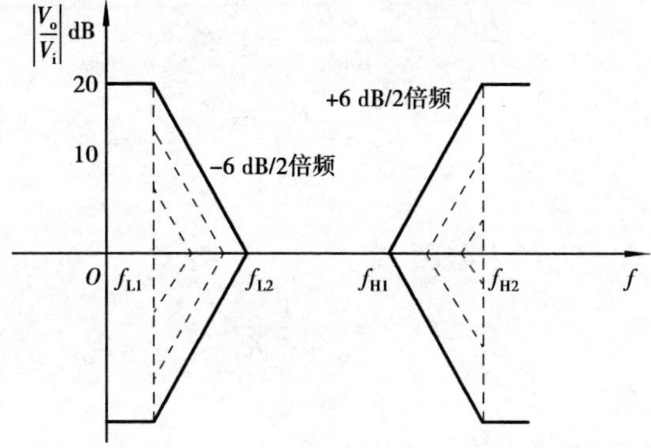

图 6.2.13

根据这一特点，若指定在低频 f_{Lx} 和高频 f_{Hx} 点上的提升或衰减量为 ΔydB 可得下面两式：

$$f_{L2} = f_{Lx} \cdot 2^{\frac{\Delta y(\text{dB})}{6(\text{dB})}}$$

$$f_{Hx} = f_{H1} \cdot 2^{\frac{\Delta y(\text{dB})}{6(\text{dB})}}$$

由这两个关系式及 f_{L1}，f_{L2}，f_{H1}，f_{H2} 表示式就可设计计算出网络元件的数值。

设计方法：已知 f_{Lx}，f_{Hx} 及 ±ΔydB。

①确定转折频率 f_{L2}，f_{H1}

$$f_{L2} = f_{Lx} \cdot 2^{\frac{\Delta y}{6}}$$

$$f_{H1} = f_{Hx} \cdot 2^{\frac{\Delta y}{6}}$$

②选 R_{w1}，R_{w2} 电位器

因运放 R_{w1} 很高，因此，两个电位器值可选为

几十 kΩ 至几百 kΩ,如 150 kΩ。

③其他元件值

因为$f_{L1}=\frac{1}{2\pi R_{w2}C_1}$,若令$f_{L1}=f_L$($f_L$为放大电路的下限频率)。

$$C_1 = \frac{1}{2\pi R_{w2} f_{L1}}$$

取

$$C_2 = C_1$$

又

$$f_{L2} = \frac{R_2 + R_{w2}}{2\pi C_2 R_2 R_{w2}}$$

因为

$$\frac{f_{L2}}{f_{L1}} = \frac{R_2 + R_{w2}}{R_2} = 1 + \frac{R_{w2}}{R_2}$$

所以

$$R_2 = \frac{R_{w2}}{\frac{f_{L2}}{f_{L1}} - 1}$$

取

$$R_1 = R_2 = R_3 = R$$

$$f_{H1} = \frac{1}{2\pi C_3 (R_a + R_4)} \cdot f_{H2} = \frac{1}{2\pi C_3 R_4}$$

其中,$R_a = 3R$

$$\frac{f_{H2}}{f_{H1}} = \frac{R_4 + R_a}{R_4} = 1 + \frac{R_a}{R_4}$$

所以

$$R_4 = \frac{R_a}{\frac{f_{H2}}{f_{H1}} - 1}$$

常令$f_{H2}=f_H$(f_H为放大电路的上限频率)。

$$C_3 = \frac{1}{2\pi f_{H2} R_2}$$

④输入端的耦合电容 C

因音调调节电路在调节中最小输入电阻为 R_1

$$C \geqslant (3 \sim 10)\frac{1}{2\pi f_1 R_1}$$

6.3 常用音频放大电路

为了设计音频域放大电路,应当首先了解、熟悉一些常用的音频放大电路,以提高系统设计能力。

本节介绍两个常用的简单音频放大电路。

(1)常用电路一(如图 6.3.1 所示)

该电路输出功率为 10 W 左右。

①输入级由场效应管 3DJ6 组成源极输出电路。

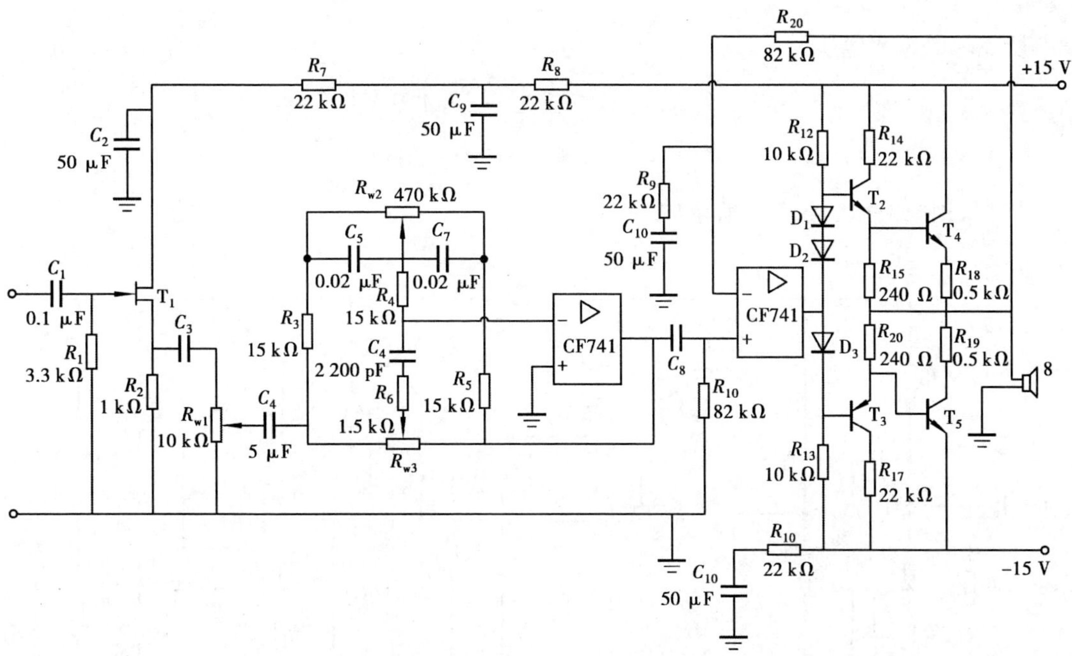

图 6. 3. 1

输入阻抗 $R_i \approx 3.3\ \text{M}\Omega$，电压增益 $A_{v1} \approx 1$。

②运放 CF741(Ⅰ)与反馈网络一起组成音调控制电路，通过计算，可知控制特性如图6. 3. 2所示。

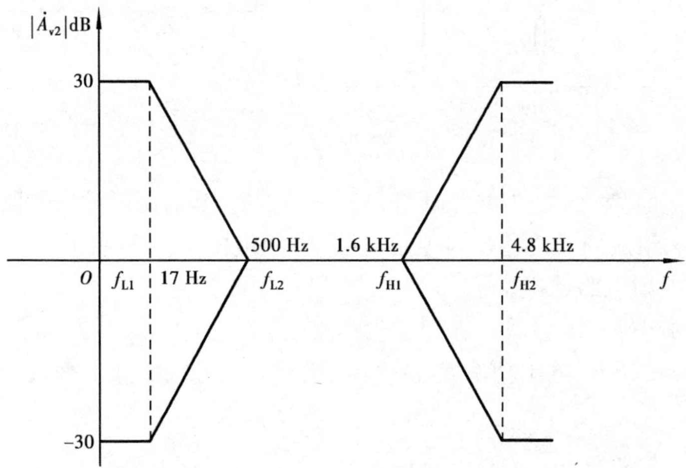

图 6. 3. 2

③CF741(Ⅱ)为推动级。

$T_2 \sim T_5$组成准互补输出级。推动级与输出级连接构成负反馈(电压串联)。

电压增益 $A_{vf} \approx \dfrac{R_9 + R_{20}}{R_9} \approx 4.7$

因为运放 CF741(Ⅱ)最大输出可达 ±14 V，在充分激励时，输出功率 $P_{OM} \approx \dfrac{(15-2.5)^2}{2 \times 8} =$

9.8 W

所需求的输入电压为

$$V_{\mathrm{i}(有效值)} = \frac{12.5\ \mathrm{W}}{\sqrt{2} \times 4.7} = 1.9\ \mathrm{V}$$

(2) 常用电路如图 6.3.3 所示(二)

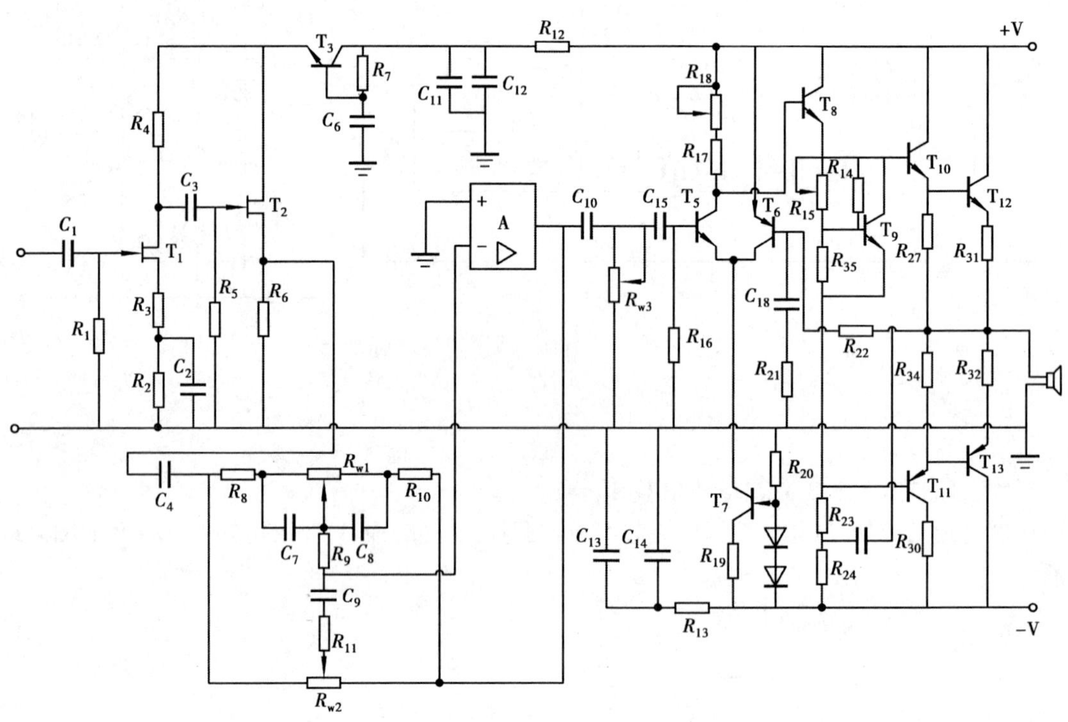

图 6.3.3

该电路中,T_1组成输入级:为共源电路,$A_{v1} \approx -g_{m1}R_4$,$T_2$为源极输出电路,将输出信号以低阻抗方式供给运放组成的反馈型音调控制电路,中间级由 $T_5 \sim T_6$组成的差动放大电路承担,推动级由 T_8连成共射电路承担。

C_{19}-R_{29}为自举电路。

该电路若 $V = \pm 15\ \mathrm{V}$,输出功率 $P_{OM} \geqslant 8\ \mathrm{W}$,而输入信号仅需几十毫伏。

6.4 设计工作应完成的内容

下面简述设计中应考虑的问题和设计步骤。

(1) 拟定电路方案

1) 电路组成和各级电压增益的分配

①设计时,为使电路输出功率留有余量,通常取电路最大输出功率 $P_{om} = (1.5 \sim 2) P_o$。

若输出级选用互补式 OCL 电路:

$$因为 P_{om} = \frac{V_{om}^2}{2R_L}$$

故
$$V_{om} = \sqrt{2P_{om}R_L}$$

整机电路中频增益：$A_v = \dfrac{V_{om}}{V_{im}}$

音频放大电路一般应由多级组成，为减小非线性失真或提高稳定度，还应在电路中适当的级间连负反馈，如图 6.4.1 所示方框图。

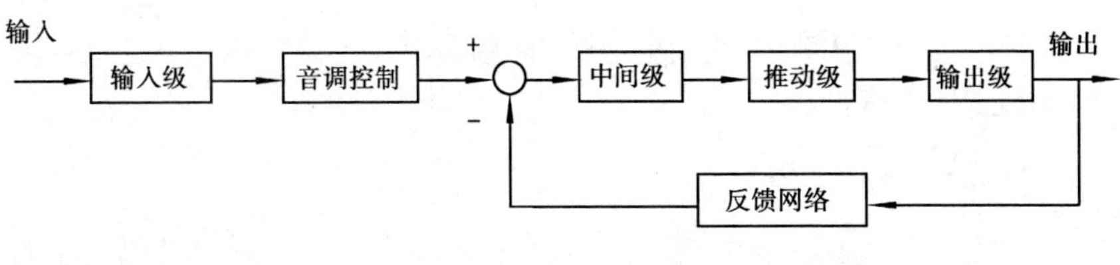

图 6.4.1

②各级增益分配

输入级对整机噪声影响最大，因此，该级增益宜低为好，一般 $A_{v1} = 5 \sim 10$ 倍，对音调控制电路无增益要求，即 $A_{v2} = 1$，中间级别要实现放大，增益应高。推动级应给输出级提供所需激励信号值。在图 6.4.1 组成框图中，在输出级、中间级之间连为负反馈，以减小失真。

设该负反馈放大器的电压增益为 A_{vf3}，则

$$A_{vf3} \geqslant \frac{A_v}{A_{v1} \cdot A_{v2}}$$

2）各级电路选用形式，可参考图 6.3.1、图 6.3.3 所示。

3）各级所用器件型号，应满足：

①$f_1 \geqslant (5-10)f_H$，以满足指标所规定的高频特性。

②各器件的极限参数值（即 $V_{CED(BR)}$，P_{CM}，I_{CM} 值）应满足器件所在级工作的要求。

（2）各级电路元件参数值的设计计算

根据已选定的电路形式和对各级增益的要求，从输出级到输入级，依次进行计算，在计算中既要考虑交流指标和级间影响，也要考虑静态工作点的相互配合。下面以图 6.3.3 电路为例进行说明。

1）功率输出级电路计算

已知参数：P_{om}，R_L，γ，$f_L \sim f_H$。

①确定电源电压 $\pm V$

因为 $V_{om} = \sqrt{2P_{om}R_L}$

“OCL”电路，当输出功率最大时，$V_{om} \approx V - V_{CES}$，在功率放大电路中一般 $V_{CES} = 2 \sim 3$ V。

故电源电压值 $|\pm V| \geqslant V_{om} + (2 \sim 3\ \text{V})$

②功率管 T_{12}，T_{13}

管子的参数应满足下列要求：

$$V_{CEO(BR)} \geqslant 2V$$
$$P_{CM1} \geqslant 0.2P_{om} + I_{CQ} \cdot V$$

$$I_{CM} \geqslant \frac{V}{R_L}$$

I_{CQ}为T_{12},T_{13}的静态电流一般$I_{CQ}=10\sim20$ mA,按以上参数查有关资料,选定管子,并测出β_{12},β_{13}的值。

③互补管T_{10},T_{11}以及R_{31},R_{32},R_{27},R_{30},R_{34}。

选T_{10},T_{11},要求

$$V_{CEO(BR)} \geqslant 2V; I_{CM} \geqslant 1.5\frac{I_{cm12}}{\beta_{12}}, P_{CM} \geqslant 1.5\frac{P_{CTM12}}{\beta_{12}}$$

按以上参数选定T_{10},T_{11},并测出β_{10},β_{11}为减小功率损失,一般选$R_{31}=R_{32}=(0.05\sim0.1)R_L$,例如,选0.5 Ω(用电阻丝绕制)。

因为$R_{i12}=r_{be12}+(1+\beta_{12})R_{31}$

功率管$r_{be}\approx10$ Ω

$R_{27}=R_{30}$应大于R_{i12},一般

$$R_{27}=R_{30}=(5\sim10)R_{i12}$$

R_{34}为平衡电阻,$R_{34}=R_{27}/R_{i12}$,由此选R_{34}值。

2)推动级电路计算

①为了不出现失真,$I_{CQ8}=3\times\dfrac{I_{c10max}}{\beta_{10}}$

②T_9组成的偏置电路:

选用T_9为小功率管(如3DG6,$\beta_9=50$)。

因为$I_{CQ9}\approx I_{CQ8}$,流过偏置电阻$(R_{24}/R_{25})+R_{23}$的电流为

$$I_R=10\frac{I_{CQ9}}{\beta_9}$$

$$R_{23}=\frac{V_{BE9}}{I_R}$$

所以

$$R_{25}/\!/R_{24}\approx2R_{23}$$

(若$R_{23}=1.4$ kΩ,则$R_{25}/\!/R_{24}\approx3$ kΩ,则R_{24}用6.2 kΩ 电阻,而R_{25}用6.2 kΩ 电位器)

故

$$R_{28}+R_{29}=\frac{V-V_{BE11}}{I_{CQ8}}$$

其中,自举电阻R_{29},从交流通路可知,它与R_L并联,不能太小,而T_8管的交流负载基本上为R_{28},不能太小,否则使推动级增益小。因此,R_{29}一般按下取值

$$\frac{1}{3}(R_{28}+R_{29}) \geqslant R_{90} \geqslant 20R_L$$

选定了R_{29},即可确定R_{28}值。

③T_8管的选择

T_8工作在甲类,其参数要求为

$$P_{CM} \geqslant 5V\cdot I_{CQ8}$$

$$V_{CEO(BR)} \geqslant 2V$$

④自举电容C_{19}

$$C_{19} \geqslant 10\frac{1}{2\pi f_L R_{29}}$$

3)中间级

①差分管工作电路一般取为 $I_{CQ5}=I_{CQ6}=0.5\sim1$ mA。

恒流管 I_{CQ7}, R_{18}, R_{19}, R_{20}

$$R_{17}+R_{18}=\frac{|V_{BE8}|}{I_{CQ5}}\quad(R_{18}\text{ 选用电位器,作调零用})$$

$$R_{19}=\frac{V_{D1}+V_{D2}-V_{BE7}}{I_{CQ7}}$$

$$R_{20}=\frac{V-(V_{D1}+V_{D2})}{I_D}\quad(I_D\text{ 可取 }1\sim3\text{ mA})$$

②T_5, T_6, T_7:

要求差分管 T_5, T_6,参数为

$$P_{CM}\geqslant 5V\cdot I_{CQ5}\quad V_{CEO(BR)}\geqslant V$$

$$\beta\geqslant 50$$

恒流管 T_7可选与 T_5, T_6相同型号管,一般选用3DG6 即可。

③反馈网络计算

选 $R_{16}=R_{22}$,几十 kΩ 即可

按深度负反馈,$R_{21}\approx\frac{R_{22}}{A_{vf3}-1}$

$$G_{18}\geqslant 10\frac{1}{2\pi f_L R_{21}}$$

④耦合电容 C_{15}

$$G_{15}\geqslant\frac{10}{2\pi f_L(R_{16}\,/\!/\,r_{be5})}$$

4)音调控制电路

已知(表6.2.1 中举例的参数):

$$f_{L1}=100\text{ Hz 时},\ \pm12\text{ dB}$$

$$f_{H1}=10\text{ kHz 时},\ \pm12\text{ dB}$$

频率响应为　$f_L=50$ Hz, $f_H=20$ kHz

①选集成运放 F007 组成反馈式控制电路

②求出:$f_{L2}=f_{LX}\cdot 2^{\frac{12}{6}}=400$ Hz

$$f_{H1}=\frac{f_{HX}}{2^{12/6}}=2.5\text{ kHz}$$

③选电位器 $R_{w1}=R_{w2}=150$ kΩ

④计算网络其他元件:

$$C_7=\frac{1}{2\pi R_{w2}f_{L1}}=0.021\ \mu\text{F}\quad(f_{L1}=f_L=50\text{ Hz})$$

取 $C_7=C_8=0.022$ μF

$$R_{10}=\frac{R_{w2}}{\frac{f_{L2}}{f_{L1}}-1}=21\ \text{k}\Omega$$

取 $R_8=R_{10}=R_9=20\ \text{k}\Omega$

$$R_{11}=\frac{R_a}{\frac{f_{H2}}{f_{H1}}-1}=8.5\ \text{k}\Omega$$

取 R_{11} 为 8. 2 kΩ, $R_a=3R_8$, $f_{H2}=f_H=20\ \text{kHz}$

$$C_9=\frac{1}{2\pi f_{H2}R_{11}}=970\ \text{pF}\quad 取\ C_9\ 为\ 1\ 000\ \text{pF}$$

⑤耦合电容 C_4, C_{10}

$$C_4\geqslant\frac{10}{2\pi f_L R_8}=4\ \mu\text{F}\quad 取\ C_4\ 为\ 10\ \mu\text{F}$$

$$C_{10}\geqslant\frac{10}{2\pi f_L(R_{w3}\ /\!/\ R_{16}\ /\!/\ r_{be})}=4\ \mu\text{F}\quad 取\ C_{10}\ 为\ 10\ \mu\text{F}$$

5)前置级电路

已知:R_1, R_o, V_i, $f_L\sim f_H$　A_{V1}, T_1组成的共源电路计算。

①T_1选择 3DJ6,测出其参数 I_{DSS}, $V_{GS(off)}$, g_m值。

②考虑 V_{im}大小,同时为使噪声小,因此,工作点应低为宜。

$$V_{GS1}=-V_{S1}\quad V_{S1}\ 选为(\frac{1}{3}\sim\frac{1}{4})V_{DD}$$

求 $I_{DQ1}=I_{DSS}(1-\frac{V_{GS}}{V_{GS(off)}})^2$

③计算 R_2, R_3, R_4

$$R_2+R_3=\frac{V_{S1}}{I_{DQ}}$$

T_1工作在恒流区,必须 $V_{DSI}>|V_{GD(off)}|-|V_{GS}|$　从而选定 V_{DSI}值。

故 $R_4=\frac{V_{DD}-V_D}{I_{DQ1}}$　$V_D=V_{DS}+V_S$

因为 $|A_{Vi}|\approx\frac{R_4}{R_3}$,故 $R_3=\frac{R_4}{A_{V1}}$

$$R_2=(R_2+R_3)-R_3$$

④为保证 R_i,应选 $R_1>R_i$

⑤$C_1\geqslant\frac{10}{2\pi f_L R_1}$

$C_2\geqslant\frac{10}{2\pi f_L[R_2/\!/(R_3+\frac{1}{g_{m1}})]}$

$C_3\geqslant\frac{10}{2\pi f_L(R_4+R_5)}$　(R_5 选为 1 MΩ 即可)

6)T_2组成的跟随电路计算。

①选 T_2 为 3DJ6(也可用 3DG6 管)

②一般可选取 $V_{GS2}=\frac{V_{GS2(off)}}{2}$

计算 $I_{DQ2}=I_{DSS}(1-\frac{V_{GS2}}{V_{GS(off)}})^2$

③$R_6=\frac{V_{S2}}{I_{DQ2}}$

7)电路指标核算

①电压增益

根据实际元件选定值,分别计算各级增益值为

$$A_{v1}=\frac{g_{m1}R_4}{1+g_{m1}R_3}$$

$$g_{m1}=-\frac{2}{V_{GS(off)_1}}\sqrt{I_{DQ1}\cdot I_{DSS1}}$$

$$A_{v2}=\frac{g_{m2}(R_6\parallel R_8)}{1+g_{m2}(R_6\parallel R_8)},g_{m2}=-\frac{2}{V_{GS(off)}}\sqrt{I_{DQ2}\cdot I_{DSS2}}$$

$$A_{vf3}=\frac{A}{1+AF}$$

$$A\approx\frac{\beta_5[(R_{18}+R_{17})/r_{be8}]}{2r_{be5}}\times\frac{\beta_8\beta_{28}}{r_{be8}}$$

$$F=\frac{R_{21}}{R_{21}+R_{22}}$$

要求:$A_{v1}\cdot A_{v2}\cdot A_{vf3}$应大于整机电路规定的电压增益$\frac{V_{om}}{V_{im}}$的值。

②音调控制

根据反馈网络中实际取定值,计算出 4 个转折频率f_{L1},f_{L2},f_{H1},f_{H2}和高、低音最大提升、衰减量为

$$f_{L1}=\frac{1}{2\pi R_{w2}C_8}\approx 48\ \text{Hz}$$

$$f_{L2}\frac{R_{w2}+R_{10}}{2\pi C_8R_{w2}R_{10}}\approx 410\ \text{Hz}$$

$$f_{H1}=\frac{1}{2\pi C_9(R_{11}+3R_8)}\approx 2.3\ \text{kHz}$$

$$f_{H2}=\frac{1}{2\pi C_9R_{11}}\approx 19\ \text{kHz}$$

低音:提升量(最大)　$A_v^+=\frac{R_{10}+R_{w2}}{R_8}=8.5(18.6\ \text{dB})$

衰减量(最大)　$A_v^-=\frac{R_8}{R_{10}+R_{w2}}=0.118(-18.6\ \text{dB})$

高音:提升量(最大)　$A_v^+=\frac{R_{11}+3R_8}{R_{11}}=8.3(18.4\ \text{dB})$

衰减量(最大) $A_v^- = \frac{R_{11}}{R_{11}+3R_8} = 0.12(-18.4\ \text{dB})$

在 100 Hz 时;最大提升量为

$$18.6(\text{dB}) - 18.6(\text{dB})\frac{\lg\frac{410}{100}}{\lg\frac{410}{48}} \approx 12.22\ \text{dB}$$

最大衰减量也为:-12.22 dB,满足音调控制设计要求。

同理,在 10 kHz 时的提升,衰减量作计算,必须满足电路设计要求。

6.5 电子元件的参考参数

(仅供设计时选择使用)

(1)晶体管(见表 6.5.1)

表 6.5.1

型　号	$V_{CED(BR)}$ =/V	I_{CM}/A	P_{CM}/W	I_{CBO}/μA	h_{FE}	fSt(MHz)
3DD4B	≥50	1.5	10 加散热片	100	10~20	10
3DD5A	≥30	3	30	100	10~20	10
3DD57A	≥30	2	10 加散热片		60	≥1
3DG4B	≥15	0.03	0.3	≤1	20~100	200
3DG6B	≥30	0.02	0.1	≤0.01	20~150	150
3CG8 B			0.3			
3CG8 D	≥45	0.03	<1~91	≤0.3		50
3CG8 C	$V_{DS(BR)}$ ≥15 V	I_{DSS}2~3		>0.5 ms		
3CJ6F						

(2)集成运放 F007(CF741,μA741)(见附录)

(3)电阻、电位器、固定电容的标称值及偏差

其数值如表 6.5.2 所示(或表列数值再乘 10n,n 可为正、负数)。

表 6.5.2

E24	E12	E6	E3	E24	E12	E6	E3
偏　差				偏　差			
±5%	±10%	±20%	±20%	±5%	±10%	±20%	±20%
1.0	1.0	1.0	1.0	3.9	3.9		
1.1				4.3			
1.2	1.2			4.7	4.7	4.7	4.7
1.3				5.1			
1.5	1.5	1.5		5.6	5.6		
1.6				6.2			
1.8	1.8			6.8	6.8	6.8	
2.0				7.5			
2.2	2.2	2.2	2.2	8.2	8.2		
2.4				9.1			
2.7	2.7						
3.0							
3.3	3.3	3.3					
3.6							

注：①容量为 1 ~ 10 μF 的有机介质电容标称值还有：1，10，15，50，100；

②容量≤1 μF 的有机介质电容为表 E6，E12。

6.6　本课程设计的教学安排

(1)课程设计的设计步骤

①拟定电路方案：

a. 确定放大电路级数和各级电压增益(先计算总增益，再分配各级增益)。

b. 确定电路形式和结构。

c. 选择各级晶体管或集成运放的型号。

d. 选定各级静态电流、电压。

②各级电路元件参数计算，并选定元件(可以查各种手册来确定)。

③指标校对：用 Pispice 仿真验算。

④验算：能仿真的一定要仿真验算，不能仿真的可用笔验算。

⑤编写出正式《设计说明》和元器件清单。

(2)课程设计的设计报告主要内容

①设计目的。

②设计原理框图。

③单元电路工作原理阐述及分步计算，元器件的选取及其依据。

④总电路工作原理阐述和功能实现。

⑤单元电路仿真过程及调试报告。

⑥整机电路图。

⑦元器件清单。

⑧设计说明书。

(3)本课程设计的成绩评定

由各指导教师根据每位同学的课堂上机情况和设计报告的编写质量按五级制评定成绩。

参考文献

1 童诗白主编. 模拟电子技术基础. 第三版. 北京:高等教育出版社,2001

2 谢嘉奎主编. 电子线路(线性部分). 第四版. 北京:高等教育出版社,1999

3 王秀杰主编. 模拟集成电路应用. 第一版. 西安:西北工业大学出版社,1994

4 秦世才,王朝英编著. 集成运算放大器应用原理. 天津:天津人民出版社,1983

5 《中华人民共和国国家标准 GB4728. 13—85 电气图用图形符号模拟单元》. 北京:中国标准出版社,1986

6 《电气图形符号国家标准应用指南》第一版. 北京:中国标准出版社,1993

7 孙肖子主编. 实用电子电路手册(模拟电子分册). 第一版. 北京:高等教育出版社,1991

8 黄冬明主编. 模拟电路实验指导书. 第三版. 重庆:重庆大学出版社,1996